1€

VDI-Buch

Weitere Inform
http://www.sp

Dietrich Schlottmann · Henrik Schnegas

Auslegung von Konstruktionselementen

Sicherheit, Lebensdauer
und Zuverlässigkeit im Maschinenbau

3. Auflage

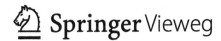

Dietrich Schlottmann
Rostock, Deutschland

Henrik Schnegas
FB Ingenieurwissenschaften
Hochschule Wismar
Wismar, Deutschland

VDI-Buch
ISBN 978-3-662-48806-5   ISBN 978-3-662-48807-2   (eBook)
DOI 10.1007/978-3-662-48807-2

Die Deutsche Nationalbibliothek verzeichnet diese Publikation in der Deutschen Nationalbibliografie; detaillierte bibliografische Daten sind im Internet über http://dnb.d-nb.de abrufbar

Springer Vieweg
© Springer-Verlag Berlin Heidelberg 2016
Das Werk einschließlich aller seiner Teile ist urheberrechtlich geschützt. Jede Verwertung, die nicht ausdrücklich vom Urheberrechtsgesetz zugelassen ist, bedarf der vorherigen Zustimmung des Verlags. Das gilt insbesondere für Vervielfältigungen, Bearbeitungen, Übersetzungen, Mikroverfilmungen und die Einspeicherung und Verarbeitung in elektronischen Systemen.
Die Wiedergabe von Gebrauchsnamen, Handelsnamen, Warenbezeichnungen usw. in diesem Werk berechtigt auch ohne besondere Kennzeichnung nicht zu der Annahme, dass solche Namen im Sinne der Warenzeichen- und Markenschutz-Gesetzgebung als frei zu betrachten wären und daher von jedermann benutzt werden dürften.
Der Verlag, die Autoren und die Herausgeber gehen davon aus, dass die Angaben und Informationen in diesem Werk zum Zeitpunkt der Veröffentlichung vollständig und korrekt sind. Weder der Verlag, noch die Autoren oder die Herausgeber übernehmen, ausdrücklich oder implizit, Gewähr für den Inhalt des Werkes, etwaige Fehler oder Äußerungen.

Gedruckt auf säurefreiem und chlorfrei gebleichtem Papier

Springer-Verlag GmbH Berlin Heidelberg ist Teil der Fachverlagsgruppe Springer Science+Business Media (www.springer.com)

Vorwort zur 3. Auflage

Die Berechnung von Sicherheit, Lebensdauer und Zuverlässigkeit technischer Gebilde erweist sich immer wieder als wesentlicher aber auch anspruchsvoller Bestandteil der Arbeit des in der Konstruktion tätigen Ingenieurs.

Höhere Leistungsparameter, Energie- und Ressourceneffizienz bei verbesserter Verfügbarkeit und einer nach Möglichkeit instandhaltungs- und reparaturoptimalen Nutzungszeit kennzeichnen zunehmend auch die Erzeugnisse des Maschinen- und Anlagenbaus. Neue Produktsicherheitsgesetze und -richtlinien verlangen nach Auslegungsmethoden, die z.B. die Forderung nach einer notwendigen Lebensdauer mit einer möglichst kalkulierbaren Ausfallwahrscheinlichkeit unter Berücksichtigung von Kosten bereits im Produktentstehungsprozess berücksichtigen.

Das vorliegende Buch ist hervorgegangen aus Vorlesungen für Maschinenelemente, Konstruktionslehre und Zuverlässigkeit technischer Systeme, aus praktischen Erfahrungen der Autoren in der Auslegungspraxis auf dem Gebiet des Schiffs-, Maschinen- und Anlagenbaus, sowie aus Forschungs- und Entwicklungsaufgaben am Institut für Konstruktionstechnik der Universität Rostock und der Fachgruppe Konstruktionstechnik der Hochschule Wismar. Es erhebt keinen Anspruch, neue Forschungsergebnisse z.B. auf Gebieten wie der Betriebsfestigkeitslehre oder der Tribologie zu verbreiten. Es verfolgt das Anliegen, multivalent und unkompliziert nutzbare Methoden für die Auslegung und zuverlässigkeitstheoretische Bewertung von Maschinen- und Apparateelemente für die Konstruktionspraxis sowie für Studierende konstruktiv geprägter Fachrichtungen zu vermitteln. Neben Bruch und Ermüdung stehen hierbei auch Verschleiß, Korrosion und andere flächenabtragende Schädigungsprozesse im Fokus dieses Buches. Für die statistische und wahrscheinlichkeitstheoretische Auswertung und Beschreibung von technischen Schädigungsarten werden einfache Algorithmen und Werkzeuge zur Verfügung gestellt. Da auch die Produktkosten bereits im Konstruktionsprozess eine immer größere Rolle spielen, runden Kostenbetrachtungen mit Bezug auf Lebensdauer, Sicherheit und Zuverlässigkeit das vorliegende Buch ab.

Ich gebe der Hoffnung Ausdruck, dass die 3. Auflage viele Leser und Interessenten erreichen wird. Ein ganz großes Dankeschön gilt meiner Familie, die mit viel Verständnis das abendliche Schreiben an diesem Buch ertragen hat und der Geduld und der Unterstützung der Mitarbeiter des Lektorates des Springer-Verlages. Gleichzeitig soll diese 3. Auflage ein ehrendes Gedenken an *Prof. Dr. sc. techn. Dietrich Schlottmann* (*27.02.1936 – ✝17.09.2012) sein, der bereits in den 60er Jahren die Zuverlässigkeit als „optimales" Auslegungskriterium erkannte, mich während des Studiums und später als Wissenschaftlicher Mitarbeiter für dieses Thema begeisterte und vielen Studenten und mir das notwendige Rüstzeug für die heutige Tätigkeit mitgab.

Henrik Schnegas

Inhaltsverzeichnis

1 Auslegung von Maschinen- und Konstruktionselementen – eine wesentliche Aufgabe des Ingenieurs 1
    1.1   Berechnung von Sicherheit, Lebensdauer und Zuverlässigkeit als historisch gewachsene Auslegungsmethoden 1
    1.2   Einordnung der Auslegung von Konstruktionselementen und Maschinen in den Konstruktionsprozess 3
    Quellen und weiterführende Literatur 6

2 Auslegung von Konstruktionselementen durch Berechnung der „Sicherheit" 7
    2.1   Auslegung, dargestellt am klassischen Sicherheitsbegriff 7
    2.2   Berechnung der „vorhandenen" Spannungen 9
    2.3   Versagen durch bleibende Verformung, Gewalt- und Schwingbruch 12
    2.4   Bestimmung der Sicherheit bei Schwingbeanspruchung 17
        2.4.1   Überlastfall 1 17
        2.4.2   Überlastfall 2 18
        2.4.3   Überlastfall 3 18
        2.4.4   allgemeiner Fall 18
    2.5   Örtliche Spannungserhöhungen; Konzept der Sicherheitsberechnung nach örtlichen Spannungen 19
    2.6   Einflüsse auf die Schwingfestigkeit; das Nennspannungskonzept 24
    2.7   Zusammengesetzte oder kombinierte Beanspruchung stabförmiger Bauteile; Vergleichsspannung und Gesamtsicherheit 30
    2.8   Vergleichsspannung und Sicherheitsnachweis für nichtstabförmige Bauteile; Grenzen des Konzeptes der örtlichen Spannungen 35
    2.9   Erforderliche Sicherheit; Sicherheit unter wahrscheinlichkeitstheoretischem Aspekt 37
    2.10   Ermittlung der übergeordneten Sicherheit; Produktsicherheit 41
    2.11   Anhang 46
    Quellen und weiterführende Literatur 66

3 Schädigung und Versagen technischer Gebilde ... 67
- 3.1 Ausfallverhalten, statistische Grundlagen ... 67
- 3.2 Grundlagen der Zuverlässigkeitstheorie ... 70
  - 3.2.1 Mathematische Zusammenhänge ... 70
  - 3.2.2 Spezielle Verteilungsfunktionen und Anwendung ... 73
  - 3.2.3 Verteilungsfunktionen, Ermittlung charakteristischer Größen ... 76
  - 3.2.4 Berechnung der Ausfallwahrscheinlichkeit und Zuverlässigkeit ... 80
  - 3.2.5 Systemzuverlässigkeit ... 82
- 3.3 Mathematische Beschreibung von Schädigung und Versagen technischer Gebilde ... 86
  - 3.3.1 Systematisierung von Schädigung und Versagen ... 86
  - 3.3.2 Schädigung durch Ermüdung ... 90
  - 3.3.3 Schädigung durch Verschleiß ... 96
  - 3.3.4 Schädigung durch Erosion, Korrosion und andere flächenabtragende Prozesse ... 104
  - 3.3.5 Mehrfache Schädigung ... 106
  - 3.3.6 Komplexe Schädigungen ... 107
- 3.4 Anhang ... 111
- Quellen und weiterführende Literatur ... 122

4 Berechnung der Lebensdauer bei nomineller und variabler Zuverlässigkeit ... 123
- 4.1 Allgemeine Grundlagen der Lebensdauerberechnung ... 123
  - 4.1.1 Klassische Lebensdauerberechnung ... 123
  - 4.1.2 Lebensdauerberechnung bei Kollektivbeanspruchung ... 126
  - 4.1.3 Lebensdauerberechnung bei Äquivalenzbelastung ... 131
  - 4.1.4 Lebensdauerberechnung mit Äquivalenzfaktor ... 133
- 4.2 Lebensdauerberechnung bei variabler Zuverlässigkeit ... 135
  - 4.2.1 Zuverlässigkeitsbasierte Lebensdauerberechnung bei konstanter Beanspruchung und Gaußverteilung ... 136
  - 4.2.2 Zuverlässigkeitsbasierte Lebensdauerberechnung bei konstanter Beanspruchung und Weibullverteilung ... 137
  - 4.2.3 Zuverlässigkeitsbasierte Lebensdauerberechnung bei variabler Beanspruchung und Normpunkt ... 138
  - 4.2.4 Zuverlässigkeitsbasierte Lebensdauerberechnung bei Kollektivbeanspruchung und Normpunkt ... 140
- 4.3 Anhang ... 141
- Quellen und weiterführende Literatur ... 146

5 Zusammenhänge zwischen Sicherheit, Lebensdauer und Zuverlässigkeit – eine neue Auslegungsphilosophie ... 147
- 5.1 Systematisierung und Zielstellung ... 147
- 5.2 Zusammenhang zwischen Lebensdauer und Sicherheit im Zeitfestigkeitsbereich bei variabler Zuverlässigkeit ... 147

5.3	Zusammenhang zwischen Lebensdauer und Sicherheit im Zeitfestigkeitsbereich bei gleichbleibender Zuverlässigkeit	149
5.4	Zusammenhang zwischen Zuverlässigkeit bzw. Schadenswahrscheinlichkeit und Sicherheit bei gleichbleibender Lebensdauer	151
5.5	Aktuelle Zuverlässigkeit von Wälzlagern	154
5.6	Zuverlässigkeit bzw. Schadenswahrscheinlichkeit bei Kollektivbeanspruchung	156
5.7	Zuverlässigkeitstheoretische Interferenzmodelle	159
	5.7.1 „Statisches" Interferenzmodell	159
	5.7.2 „Dynamisches" Interferenzmodell	161
	5.7.3 Interferenzmodell für Verschleiß	162
5.8	Anforderungen an Zuverlässigkeit und Ausfallwahrscheinlichkeit	164
5.9	Sicherheit, Lebensdauer, Zuverlässigkeit und Ausfallwahrscheinlichkeit – eine neue Auslegungsphilosophie	165
	Quellen und weiterführende Literatur	169

6 Kosten im Lebenszyklus technischer Gebilde – wie teuer dürfen Qualität und Zuverlässigkeit sein? ... 171

6.1	Kostenverantwortung bei der Entwicklung eines technischen Gebildes	171
6.2	Lebenslaufkosten eines technischen Gebildes und Modelle für ihre Berechnung	174
	6.2.1 Lebenslaufkosten eines technischen Gebildes	174
	6.2.2 Lebenslaufkostenmodell und Bestimmung der optimalen Nutzungsdauer eines technischen Gebildes	174
6.3	Herstellerseitige Lebenslaufkosten und Zuverlässigkeit	179
	6.3.1 Allgemeine Kostenstruktur bei der Entwicklung und Herstellung technischer Gebilde	179
	6.3.2 Kostenentwicklungsgesetze und Zuverlässigkeit	181
	6.3.3 Zusammenhang von Kosten, Zuverlässigkeit und Bauteilgröße am Beispiel der Wälzlagerauslegung	184
6.4	Anwenderseitige Lebenslaufkosten und Zuverlässigkeit	187
	6.4.1 Allgemeine Kostenstruktur bei der Nutzung technischer Gebilde	187
	6.4.2 Kosten und Zuverlässigkeit bei der Instandhaltung	189
6.5	Target Costing – ein Werkzeug für die retrograde Bestimmung erlaubter Kosten – wie teuer dürfen Sicherheit, Lebensdauer und Zuverlässigkeit sein?	193
	6.5.1 Grundbegriffe des Target Costing	193
	6.5.2 Aufteilung der Kosten auf die auszulegenden Systemkomponenten	195
	Quellen und weiterführende Literatur	197

7 Sicherheit – Lebensdauer – Zuverlässigkeit Anwendungsfälle und Beispiele 199
Beispiel 1: Sicherheit gegen Streck- und Fließgrenzenüberschreitung,
Einfluss der Vergleichsspannungshypothesen 200
Beispiel 2: Sicherheitsnachweis bei Schwingbeanspruchung für
Dauer- Schwingfestigkeit (Nennspannungskonzept); Abschätzung der
Ausfallwahrscheinlichkeit 201
Beispiel 3: Lebensdauernachweis und Sicherheit im Kurzlebigkeitsbereich
(Zeitfestigkeit) bei einem Beanspruchungshorizont 203
Beispiel 4: Lebensdauerberechnung mittels linearer
Schadensakkumulationshypothesen bei Ermüdung
(Kollektivbelastung) 206
Beispiel 5: Auswertung von Ermüdungsversuchen (Gauß / Weibull) Generieren
eines Wöhlerdiagramms Lebensdauer und Zuverlässigkeitsberechnung 209
Beispiel 6: Bestimmung von Verteilungsparametern (Weibull) aus einem
Wöhlerlinienfeld. Generieren einer Wöhlerliniengleichung. Lebensdauer und
Zuverlässigkeitsberechnung unter Kollektivbelastung 218
Beispiel 7: Auswertung von Verschleißgrößen 223
Beispiel 8: Systemzuverlässigkeit einer Zweikreisbremse 227
Beispiel 9: Wälzlager mit erhöhter Einzelzuverlässigkeit.
Systemzuverlässigkeit für 4 Lager 228
Beispiel 10: Aktuelle Zuverlässigkeit am Beispiel eines Zahnrades
mit Evolvente 231
Beispiel 11: Zuverlässigkeit und ökonomische Nutzungsdauer 235

Stichwortverzeichnis 237

Auslegung von Maschinen- und Konstruktionselementen – eine wesentliche Aufgabe des Ingenieurs

1.1 Berechnung von Sicherheit, Lebensdauer und Zuverlässigkeit als historisch gewachsene Auslegungsmethoden

Bevor für den konstruktionstechnisch interessierten Leser die „Auslegung von Konstruktionselementen" eine entsprechende Einordnung in den konstruktiven Gesamtprozess erfahren wird, soll in einer historisch angelegten Darstellung verdeutlicht werden, welchem wissenschaftlichen Anliegen und welchem Ziel das vorliegende Buch zuzuordnen ist.

Bei der Auslegung von Maschinen, Baugruppen und Elementen wird nach der Festlegung der Prinziplösung über Hauptabmessungen, Topologie, Form und Gestalt und damit über Masse, Lebensdauer und Zuverlässigkeit entschieden. Informationsverarbeitung und Rechentechnik haben das Tätigkeitsbild des Konstrukteurs in den letzten Jahrzehntenverändert.

Neben den Möglichkeiten des Computer Aided Designs (CAD) lassen sich im Rahmen des Computer Aided Engineerings (CAE) Berechnungen durchführen, die noch vor Jahren wegen des hohen Arbeits- und Zeitaufwandes nicht denkbar waren. Natürlich hat diese Entwicklung auch die „Auslegung" von Konstruktionselementen beeinflusst. Denken wir nur an die Methoden der Finiten Elemente (FEM), die es gestattet, die vorhandenen Spannungen in kompliziertesten Bauteilen zu berechnen oder deren Anwendung bei der Strukturoptimierung, bei der Suche nach kleinstmöglichen Konstruktionselementen.

Trotzdem bleibt die Rechentechnik für die Ermittlung von Sicherheit, Lebensdauer und Zuverlässigkeit ein Hilfsmittel, da das Ausfallverhalten von Konstruktionselementen und Maschinen damit nur auf der Basis mathematischer Modelle simuliert werden kann.

Das Problem des Ausfalles bzw. des Versagens von Geräten und schließlich auch Bauwerken dürfte so alt sein wie die Menschheit selbst. Die Erfahrung des Menschen lieferte jedoch offensichtlich ein relativ sicheres Gefühl für die Belastbarkeit der beeindruckenden Bauwerke des Altertums.

Erste wissenschaftliche Ansätze einer „Auslegungsrechnung" gehen auf Galilei (1564–1642) zurück, der den Methoden und Modellen der heutigen Festigkeitslehre bereits sehr nahe kam (vgl. z. B. [1.07, 1.08]). So verwendete er den Begriff der Spannung und berechnete diese für den Einspannungsquerschnitt eines Kragarmes. Auch wenn die angenommene Spannungsverteilung und damit das Ergebnis falsch war, erkannte er die Bedeutung der Spannung als Vergleichsgröße für das Eintreten des Bruches. Mit Recht wird deshalb der Name Galilei mit der einfachsten Bruchtheorie, nämlich der Hauptnormalspannungshypothese in Verbindung gebracht (vgl. Kap. 3).

Natürlich war es bis zur Gestaltänderungsenergiehypothese (1913) nach v. Mises [1.03] noch ein weiter Weg. Die v. Mises'sche Hypothese dürfte für das Fließen und den Bruch infolge statischer Beanspruchung insbesondere für metallische Werkstoffe der Realität am nächsten kommen.

Neue Rätsel gaben die sich immer schneller drehenden Maschinen ihren Schöpfern insbesondere bzgl. ihrer Haltbarkeit auf. Berechnungen mit Kräften analog den statischen Lasten erwiesen sich als völlig unzutreffend. Es ist das bleibende Verdienst von Wöhler, das Ermüdungsverhalten von Werkstoffen und Bauteilen mit dem nach ihm bezeichneten „Wöhlerdiagramm" anschaulich und zweckmäßig beschrieben zu haben [1.10].

Ein Grundanliegen des vorliegenden Buches besteht darin, der von Wöhler für die Ermüdung entwickelten Methodik auch für andere Versagensarten wie Verschleiß und Korrosion zu folgen.

Die erstmals von Wöhler entdeckte „Dauerfestigkeit" metallischer Werkstoffe, d. h. ihre Unempfindlichkeit gegenüber schwingender Beanspruchung unterhalb eines bestimmten Beanspruchungsniveaus, führte zu relativ einfachen Berechnungsmethoden auch für den Ermüdungsbereich. Wie bei statischer Belastung werden „Sicherheitszahlen" als Quotient aus zum Versagen führender und vorhandener Beanspruchung berechnet. Obwohl diese einfache ingenieurmäßige Methode in Kap. 3 teilweise einer kritischen Betrachtung unterzogen wird, dürfte sie auch in Zukunft ihre Bedeutung behalten.

Andererseits ist es gerade die Schädigung durch „Ermüdung", die sich in den letzten Jahrzehnten durch eine hohe Forschungsdichte auszeichnet und als „Betriebsfestigkeitslehre" zu einer selbstständigen Teildisziplin der Festigkeitslehre geworden ist.

Leider hat sich die Betriebsfestigkeitslehre bisher nicht von der Empirie lösen können, und es muss vielleicht gerade deshalb beklagt werden, dass sie nicht in gebührendem Maße bei der Auslegung von Bauteilen des Maschinenbaus zur Anwendung gekommen ist. Die Berechnungsstandards gehen bisher weitgehend davon aus, dass eine Maschine auf „Dauerfestigkeit" ausgelegt wird – und das ist gleichbedeutend mit einer zumindest theoretisch unendlichen Lebensdauer.

Die Erfahrung lehrt aber, dass Maschinen nach endlichen Zeiten ausfallen – und dass nicht nur durch Gewalt- oder Ermüdungsbruch, sondern auch durch Verschleiß, Korrosion und andere Versagensarten. So gesehen stellt die von Palmgren [1.05] bereits 1924 vorgeschlagene Methode der Lebensdauerberechnung von Wälzlagern eine der Zeit vorausgehende Pionierleistung dar, deren Entwicklung sich aufdrängte, da Wälzlager keinen Dauerfestigkeitsbereich aufweisen.

Neben der Wöhlerlinie wird die von Palmgren eingeführte und von Miner [1.02] verallgemeinerte Methode der Lebensdauerberechnung in der vorliegenden Publikation als eine ingenieurmäßig zweckmäßige Vorgehensweise angesehen, die auch bei Schädigungsmechanismen wie Ermüdung, Verschleiß und Korrosion anzuwenden ist.

Auch wenn diese Schädigungen ursächlich kaum Gemeinsamkeiten aufweisen, soll der Versuch unternommen werden, eine phänomenologisch begründete gleichartige Berechnungsmethode zu entwickeln, um eine ingenieurmäßig einheitliche Berechnung von Schädigungen im Sinne der Auslegungsrechnung zu erreichen.

Es sei hervorgehoben, dass die vorgeschlagene Vorgehensweise nur aus der Sicht des Konstrukteurs ihre Begründung findet. Sie erhebt keinen Anspruch, auf den Teilgebieten wie der Ermüdung, des Verschleißes oder der Korrosion einen auf die Grundlagen gerichteten Beitrag leisten zu wollen. Trotzdem dürfte die integrative Betrachtungsweise auch für den Spezialisten der Teildisziplin Anregung bieten.

Ein weiterer Aspekt des Buches besteht darin, die aktuelle Zuverlässigkeit bzw. Ausfallwahrscheinlichkeit zu ermitteln, um für eine vorgegebene Lebensdauer die Systemzuverlässigkeit bzw. Informationen zur Instandhaltung zu gewinnen. Damit wird der Nachteil der Betriebsfestigkeitslehre, eine Lebensdauer nur für eine nominelle Zuverlässigkeit angeben zu können, überwunden. Es wird damit eine „gestufte" Auslegung mit den Teilschritten

- Sicherheit gegen Ermüdung (klassische Sicherheit in Beanspruchungen)
- Lebensdauer für Schädigung durch Ermüdung und andere Versagensarten (auch Sicherheit auf der Basis des Lebensdauerquotienten) und
- aktuelle Zuverlässigkeit bzw. Schadenswahrscheinlichkeit

möglich, wobei die drei Stufen baukastenartig mit relativ elementaren Zusatzinformationen zu berechnen sind. Die Ermittlung einer vorhandenen Systemzuverlässigkeit ist gleichzeitig eine Möglichkeit, im Rahmen aktuell geforderter Risikoanalysen eine Risikobewertung durchführen zu können.

1.2 Einordnung der Auslegung von Konstruktionselementen und Maschinen in den Konstruktionsprozess

Das Bedürfnis nach neuen Erzeugnissen wird durch die Entwicklung der Wirtschaft und das Entstehen von Marktlücken ausgelöst. Für den Entwicklungsingenieur und Konstrukteur beginnt der Konstruktionsprozess i. d. R. mit einer entsprechend formulierten Aufgabe und endet mit der Produktdokumentation des angestrebten Erzeugnisses.

Eine wissenschaftliche Analyse dieses Prozesses geht auf Hansen [1.01] sowie Müller [1.04] zurück. Ähnliche Darstellungen sind in [1.09] und [1.06] zu finden.

Ohne die Struktur des Konstruktionsprozesses beschreiben zu wollen, werden sieben Arbeitsphasen durchlaufen (vgl. Abb. 1.1), wie am Beispiel einer Getriebekonstruktion erläutert wird.

In Abb. 1.1 wird deutlich, dass im Arbeitsschritt 5 über die wesentlichen Abmessungen des technischen Gebildes entschieden wird, d. h., das Bauteil erfährt seine vorläufige „Auslegung". Bei genauer Betrachtung unterteilt sich dieser Prozess wiederum in 3 Teilschritte, nämlich in

- Entwurfsrechnung
- Gestaltung und
- Nachweisrechnung,

wie am Beispiel Welle in Abb. 1.1 zu erkennen ist [1.06].

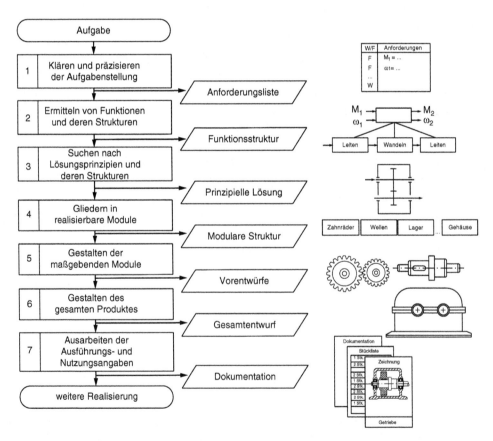

Abb. 1.1 Generelle Arbeitsschritte und Arbeitsergebnisse des Konstruktionsprozesses nach VDI 2221 [1.09] am Beispiel einer Getriebekonstruktion

1.2 Einordnung der Auslegung von Konstruktionselementen und Maschinen...

In der Entwurfsrechnung wird i. d. R. auf weniger als 10% der für den späteren Produktionsprozess erforderlichen geometrischen und stofflichen Informationen Einfluss genommen.

Nach der Gestaltung entscheidet erst der Funktionsnachweis über das positive bzw. negative Ergebnis dieses iterativen Auslegungsprozesses (Abb. 1.2).

Der klassische Funktionsnachweis besteht u. a. in der Bestimmung einer „Sicherheitszahl", die durch den Quotienten aus zum Versagen führender und vorhandener Belastung oder Beanspruchung berechnet wird. Sie lässt jedoch keine Aussage über Ausfallwahrscheinlichkeit und Lebensdauer des technischen Gebildes zu.

Der Sicherheitsnachweis bleibt außerdem auf die festigkeitsmäßig begründeten Versagensarten wie Gewaltbruch, Streckgrenzenüberschreitung und Dauerschwingbruch beschränkt.

Ansätze zur Berechnung von Lebensdauer und Zuverlässigkeit sind durch die Wälzlagerberechnung und die Betriebsfestigkeitslehre bekannt.

Wie bereits in Abschn. 1.1 dargestellt, soll eine allgemeine ingenieurmäßige Auslegungsmethodik auf der Basis der Berechnung von Lebensdauer und Zuverlässigkeit entwickelt werden, die auch Schädigungen wie Verschleiß und andere flächenabtragende Schädigungsprozesse berücksichtigt und dem Konstrukteur mit der Ausfallwahrscheinlichkeit eine echte Entscheidungsmöglichkeit bietet.

Die klassische Auslegungsmethode durch den Sicherheitsnachweis wird jedoch auch ihre Anwendungsberechtigung behalten, zumal eine Fülle von Standards und Vorschriften darauf basieren und letztendlich im vorliegenden Buc der Zusammenhang von Sicherheit und Ausfallwahrscheinlichkeit hergestellt werden konnte.

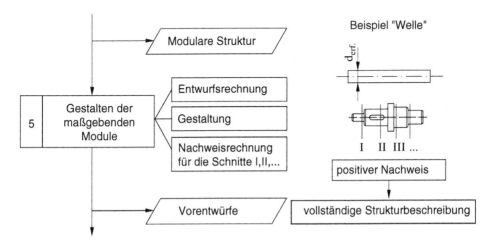

Abb. 1.2 Klassischer Iterationszyklus für Entwurfsrechnung, Gestaltung und Nachweisrechnung bei der Auslegung von Konstruktionselementen

Quellen und weiterführende Literatur

[1.01] Hansen, Friedrich: Konstruktionssystematik – Grundlagen für eine allgemeine Konstruktionslehre, Verlag Technik, Berlin, 1968.
[1.02] Miner, N. Anton: Cumulative Damage in Fatigue. In: Journal of Appl. Mech. Trans. ASME 12: 159-164, 1945.
[1.03] v. Mises, Richard: Mechanik der plastischen Formänderung. ZAMM 161, 1928.
[1.04] Müller, Johannes: Grundlagen der Systematischen Heuristik. Dietz Verlag, Berlin, 1970.
[1.05] Palmgren, Arvid: Die Lebensdauer von Kugellagern. In: VDI-Zeitschrift 58: 339-341, 1924.
[1.06] Schlottmann, Dietrich, u. a.: Konstruktionslehre – Grundlagen. Technik, Berlin, 1970.
[1.07] Szabo István: Einführung in die Technische Mechanik. Springer, Berlin, Göttingen, Heidelberg, 1961.
[1.08] Szabo István: Höhere Technische Mechanik. Springer, Berlin Göttingen Heidelberg, 1960.
[1.09] Verein Deutscher Ingenieure: VDI 2221 - Methodik zum Entwickeln und Konstruieren technischer Systeme und Produkte. VDI, Düsseldorf, 1993.
[1.10] Wöhler, August: Über die Festigkeitsversuche mit Eisen und Stahl. In: Zeitschrift für Bauwesen XX: 81–89, 1870.

Auslegung von Konstruktionselementen durch Berechnung der „Sicherheit" 2

2.1 Auslegung, dargestellt am klassischen Sicherheitsbegriff

Schon in dem 1862 erschienenen, wohl ersten deutschsprachigem Lehrbuch der Konstruktionslehre von Moll/Reuleaux [2.12] wird der Sicherheitsbegriff mit einer Zahl S >1 in Verbindung gebracht, die das unzulässige Überschreiten von Belastungen begrenzen soll. Dem Text ist bereits sinngemäß zu entnehmen, dass die beim „Gebrauch des Bauteils vorhandenen Belastungen immer kleiner sein müssen als die maximal möglichen bzw. zum Versagen führenden". Es wird bereits das Versagen durch Fließen und Bruch unterschieden. Allgemein können wir schreiben

$$B_{vorhanden} < B_{versagen}. \tag{2.1}$$

Dabei sollen unter Belastungen B sowohl Kräfte als auch Momente verstanden werden (vgl. Abb. 2.1). Entsprechend der bereits in [2.13] getroffenen Definition der Sicherheit als Faktor S > 1 kann für Gl. (2.1) auch geschrieben werden

$$B_{vorh.} \cdot S = B_{vers.} \tag{2.2}$$

und damit

$$S = \frac{B_{vers.}}{B_{vorh.}}. \tag{2.3}$$

Für eine verallgemeinerte Sicherheitsberechnung (vgl. ebenfalls [2.12]) erweist es sich als zweckmäßig, nicht Belastungen, sondern zum Versagen führende Spannungen σ, im Weiteren auch Beanspruchungen genannt, über eine analoge Sicherheitszahl zu vergleichen.

Abb. 2.1 Scheibenförmiges Bauteil mit Belastungen B_i. (F...Kräfte, M ... Momente)

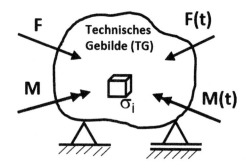

So gilt auch

$$S = \frac{\sigma_{vers.}}{\sigma_{vorh.}}. \qquad (2.4)$$

Der Vorteil einer Sicherheitsberechnung über Spannungen wird bereits erkennbar, wenn mehrere am Bauteil angreifende Belastungen an der gleichen Schnittfläche Spannungen hervorrufen. Im Sinne der linearen Elastizitätstheorie gilt dann das Superpositionsprinzip

$$\sigma = \sum \sigma_i \qquad (2.5)$$

mit i = 1,2,3,... ,

welches wegen der oft unterschiedlichen schädigenden Wirkung später allerdings in Frage zu stellen ist.

In der Praxis tritt dieser einfache Sonderfall jedoch nur selten auf. Beispiele wären „scheibenartige" Bauteile mit „lastfreien" Oberflächen oder „einachsig" beanspruchte Stäbe. Häufig anzutreffen ist dagegen die Kombination einer Normalspannung σ mit einer Schubspannung τ, wie später noch gezeigt wird.

Für das allgemeine räumliche Bauteil muss an einem Element mit

3 Normalspannungen und
6 Schubspannungen

gerechnet werden (vgl. Abb. 2.2), wobei die Schubspannungen sich wegen der „Gegenseitigkeit" auf drei reduzieren.

Die Spannungen lassen sich anschaulich in Spannungstensoren darstellen, wobei für homogene und isotrope Werkstoffe jeder Spannungstensor in einen Hauptspannungstensor überführt werden kann, für den die Schubspannungen zu Null werden (vgl. dazu elastizitätstheoretische Fachbücher wie z. B. [2.22, 2.23]).

$$\sigma^T = \begin{pmatrix} \sigma_x & \tau_{xy} & \tau_{xz} \\ \tau_{yx} & \sigma_y & \tau_{yz} \\ \tau_{zx} & \tau_{zy} & \sigma_z \end{pmatrix} \rightarrow \begin{pmatrix} \sigma_1 & 0 & 0 \\ 0 & \sigma_2 & 0 \\ 0 & 0 & \sigma_3 \end{pmatrix} \qquad (2.6)$$

2.2 Berechnung der „vorhandenen" Spannungen

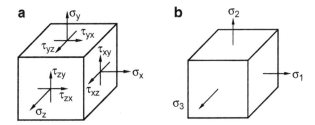

Abb. 2.2 (a) Normal-, Schubspannungen; (b) Hauptspannungen am Bauteilelement

Auf die Berechnung dieser Spannungstensoren im Sinne vorhandener Spannungen soll in Abschnitt 2.2 übersichtsmäßig eingegangen werden.

2.2 Berechnung der „vorhandenen" Spannungen

Die Berechnung der vorhandenen Spannungen ist die Aufgabe der Elastizitätstheorie; daher soll hier nur ein systematischer Überblick gegeben werden.

Das einfachste Modell eines realen Bauteils wird durch den Stab realisiert. Ausgehend von äußeren Belastungen werden zunächst die Auflagerreaktionen des Systems bestimmt, um dann die sogenannten Schnittgrößen zu berechnen. Diese Elementarkenntnisse werden vorausgesetzt. In einer Schnittstelle x oder s (x i. d. R. für den geraden, s für den gekrümmten Stab) wirken die Schnittgrößen *Normalkraft* $F_n(s)$, *Biegemoment* $M_b(s)$, *Torsionsmoment* $M_t(s)$ und *Querkraft* $F_q(s)$ (vgl. Abb. 2.3), aus denen sich die Spannungen σ_{zd}, σ_b, τ_t und τ_q nach den in Tab. 2.1 angegebenen Formeln berechnen lassen.

Auch hier gilt die Bemerkung, dass im elastizitätstheoretischem Sinne σ_{zd} und σ_b sowie τ_t und τ_q bei Übereinstimmung von Schnittflächen und Richtung addiert werden dürfen, was im Folgenden wegen der unterschiedlichen schädigenden Wirkung nur mit einer entsprechenden Gewichtung zugelassen werden soll.

Neben dem Stabmodell sind auch die Vollwelle unter Außendruck, die Bohrung in der unendlichen Scheibe unter achsensymmetrischer radialer Pressung und der dünnwandige Kessel als „elementare" Spannungszustände anzusehen (vgl. Tafel II.1 im Anhang). Querschnittsänderungen insbesondere des Stabes und andere Formabweichungen der elementaren Berechnungsmodelle werden in Abschn. 2.5 noch ausführlicher behandelt.

Berechnungsmodelle der „höheren technischen Mechanik" sind

- Scheiben (ebener Spannungs- bzw. ebener Zustand)
- Platten
- Schalen
- Torsion prismatischer Körper und
- Kontaktaufgaben.

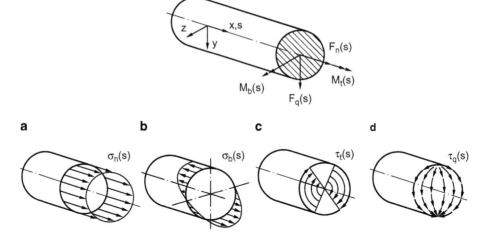

Abb. 2.3 Spannungen in stabförmigen Bauelementen. (**a**) Spannung infolge Längskraft $F_n(s)$; (**b**) Spannung infolge Biegemoment $M_b(s)$; (**c**) Spannung infolge Torsionsmoment $M_t(s)$; (**d**) Spannung infolge Querkraft $F_q(s)$

Tab. 2.1 Elementare Spannungszustände in stabförmigen Bauelementen

Schnittgröße	Sinnbild	Berechnung	Spannungstensor
Normalkraft $F_n(s)$		$\sigma_n = \dfrac{F_n(s)}{A}$	$\begin{pmatrix} \sigma_1 & 0 & 0 \\ 0 & 0 & 0 \\ 0 & 0 & 0 \end{pmatrix}$ $\sigma_1 = \sigma_n$
Biegemoment $M_b(s)$		$\sigma_b = \dfrac{M_b(s)}{W_z}$ $\sigma_b = \dfrac{M_b(s)}{I_z} \cdot y$	$\begin{pmatrix} \sigma_1 & 0 & 0 \\ 0 & 0 & 0 \\ 0 & 0 & 0 \end{pmatrix}$ $\sigma_1 = \sigma_b$
Torsionsmoment $M_t(s)$		$\tau_t = \dfrac{M_t(s)}{W_t}$ $\tau_t = \dfrac{M_t(s)}{I_p} \cdot r$	$\begin{pmatrix} \sigma_1 & 0 & 0 \\ 0 & \sigma_2 & 0 \\ 0 & 0 & 0 \end{pmatrix}$ $\sigma_1 = |\tau| = -\sigma_2$
Querkraft $F_q(s)$		$\tau_{qmax} = \chi \dfrac{F_q}{A}$	$\begin{pmatrix} \sigma_1 & 0 & 0 \\ 0 & \sigma_2 & 0 \\ 0 & 0 & 0 \end{pmatrix}$ $\sigma_1 = |\tau| = -\sigma_2$

A	... Querschnittsfläche
I_z, I_t	... Trägheitsmoment
W_t	... Widerstandsmoment
χ	... Flächenbeiwert

2.2 Berechnung der „vorhandenen" Spannungen

Sie sind übersichtsmäßig ebenfalls im Anhang Tafel II.1 zusammengestellt. Abgesehen von Sonderfällen werden diese Spannungszustände heute mit „Finite-Elemente-Methoden" berechnet. Diese Berechnungen liefern i.d.R. den vollständig besetzten Spannungstensor, der sich aber an lastfreien Oberflächen auf zweiachsige Spannungszustände reduziert.

Wegen des gehäuften Auftretens dieses „ebenen" Spannungszustandes sei noch ohne Ableitung auf die Formel zur Berechnung der Hauptspannungen

$$\sigma_{1,2} = \frac{\sigma_x + \sigma_y}{2} \pm \sqrt{\left(\frac{\sigma_x - \sigma_y}{2}\right)^2 + \tau_{xy}^2} \qquad (2.7)$$

und deren anschauliche Darstellung im Mohr'schen Kreis (vgl. Abb. 2.4) sowie auf die Sonderfälle „einachsiger Spannungszustand" und „reiner Schubspannungszustand" verwiesen.

Wesentlich für die Werkstoff- bzw. Bauteilschädigung ist die Betrachtung und Kenntnis der Zeitfunktionen vorhandener Spannungen. Während die „Statik" vorzugsweise von „statischen" oder „ruhenden Belastungen" ausgeht, sind Maschinenbauteile meistens „periodisch schwingend" belastet und beansprucht. Hingewiesen sei dabei auf den häufig auftretenden Sonderfall der sog. „Umlaufbiegung", bei dem ein konstantes Biegemoment der Welle eine „wechselnde" Beanspruchung hervorruft. Besondere Betrachtung erfordern „stochastische" Belastungen, die natürlich auch „stochastische" Beanspruchungen mit sich bringen (vgl. Abb. 2.5). Diesen Belastungs- und Beanspruchungs-„Kollektiven" wird in späteren Abschnitten gebührender Raum zugemessen.

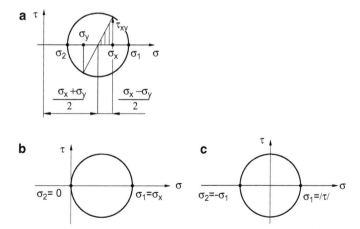

Abb. 2.4 Ebener Spannungszustand im Mohr'schen Kreis. (**a**) allgemeiner ebener Spannungszustand; (**b**) einachsiger Spannungszustand; (**c**) Schubspannungszustand

Abb. 2.5 Belastungs- und Beanspruchungsarten. (**a**) ruhend; (**b**) schwellend; (**c**) wechselnd; (**d**) allgemein; (**e**) stochastisch

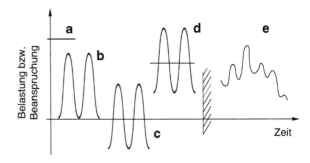

2.3 Versagen durch bleibende Verformung, Gewalt- und Schwingbruch

Der Konstruktionsprozess bringt eine unendliche Vielfalt technischer Gebilde mit unterschiedlichster geometrischer Form und verschiedenartiger Werkstoffe hervor, die außerdem unterschiedlichen Beanspruchungsarten und Belastungsfällen unterliegen.

Für den Sicherheitsnachweis bzgl. der zum Versagen führenden Belastungen hat es sich als ökonomisch und zweckmäßig erwiesen, die Belastungsgrenzen der Bauteile durch Vergleich mit dem Versagensverhalten einer überschaubaren Menge idealisierter Prüfkörper, die speziellen und in Prüfmaschinen realisierbaren Belastungen unterworfen werden, zu ermitteln. Solche Prüfkörper sind z. B. die in Abb. 2.6 dargestellten standardisierten Rund- und Flachproben.

Am einfachsten zu realisieren ist durch die Werkstoffprüfung der Zugversuch mit ruhender Belastung. Die Belastung wird dabei zügig, d.h. mit konstanter elastischer und schließlich plastischer Dehnungszunahme bis zum Eintreten des Bruches aufgebracht. Nach der Form des Bruches sind drei charakteristische Arten von Werkstoffen (vgl. Abb. 2.7) zu unterscheiden:

- Werkstoffe, die bei ruhender Beanspruchung zum spröden Trennbruch neigen (z. B. Glas, Grauguss, gehärteter Stahl)
- Versagen durch Gleitbruch (z. B. Aluminium, Kupfer und Kupferlegierungen)
- Werkstoffe mit ausgeprägter Fließzone, die erst nach Einschnürung einen Trennbruch zeigen (vorzugsweise Stahl).

Werden bei diesem Prüfvorgang die Spannungen über der Dehnung aufgetragen, so ergibt sich das aus der Werkstoffprüfung bekannte Spannungs-Dehnungs-Diagramm, das abhängig von der Bruchart charakteristische Formen aufweist (vgl. Abb. 2.8).

Für die Auslegung von Bauteilen unter ruhender Belastung sind also nicht nur die verschiedenen Brucharten interessant. Es muss insbesondere für Stähle mit ausgeprägtem Fließverhalten bereits von Versagen gesprochen werden, wenn das Bauteil durch unzulässige plastische Deformationen seine Funktionsfähigkeit verliert.

Ausgehend von den für Stäben möglichen Beanspruchungsarten (s. Abschn. 2.2) ergeben sich bereits infolge ruhender Beanspruchung theoretisch zehn Werkstoffkennwerte, die aus praktischen Gründen auf vier eingeschränkt werden (vgl. Tab. 2.2).

2.3 Versagen durch bleibende Verformung, Gewalt- und Schwingbruch

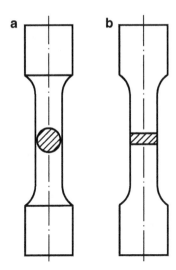

Abb. 2.6 Prüfkörper der Werkstoffprüfung. (**a**) Rundprobe; (**b**) Flachprobe

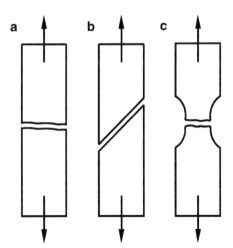

Abb. 2.7 Brucharten beim Zugversuch. (**a**) Trennbruch bei sprödem Werkstoff; (**b**) Gleitbruch; (**c**) Trennbruch nach Einschnürung und Verfestigung

Nun sind die meisten Bauteile nicht ruhend, sondern periodisch schwingend oder sogar stochastisch belastet bzw. beansprucht (vgl. Abb. 2.5).

Es ist das Verdienst von August Wöhler [2.27], im Jahre 1870 die Dauerschwingfestigkeit der metallischen Werkstoffe entdeckt und in einem noch heute üblichen, nach ihm benannten Diagramm dargestellt zu haben (Abb. 2.9).

Bei schwingender Beanspruchung nimmt die zum Schwingbruch führende Lastwechselzahl N für abnehmende Spannungshorizonte zu. Bis $10^3 \ldots 10^4$ Lastwechsel sprechen wir von Kurzzeitfestigkeit (Low-Cycle-Fatigue LCF). Bei Erreichen eines

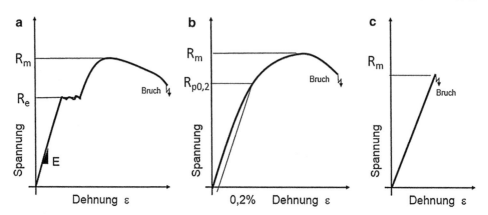

Abb. 2.8 Spannungs-Dehnungs-Diagramm für spröde und elastisch-plastische Werkstoffe. (**a**) ausgeprägte Streckgrenze (**b**) nicht ausgeprägte Streckgrenze (**c**) spröde Werkstoffe

Tab. 2.2 Versagenskennwerte (Werkstofffestigkeiten) bei ruhender Belastung

Beanspru-chungsart	Art des Versagens			
	Fließen		Bruch	
Zug	Streckgrenze oder 0,2% Dehngrenze	R_e (oder σ_F bzw. σ_S) $R_{p0,2}$ (oder $\sigma_{0,2}$)	Zug- oder Bruchfestigkeit	R_m oder σ_B
Druck	Quetschgrenze	σ_{dF}	Druckfestigkeit	σ_{dB}
Biegung	Biegefließgrenze	σ_{bF}	Biegebruchfestigkeit	σ_{bB}
Torsion	Torsions-fließgrenze	τ_{tF}	Torsionsbruch-festigkeit	τ_{tB}
Abscheren	Scherfließgrenze	τ_{sF}	Scherfestigkeit	τ_{sB}

☐ vorzugsweise zu bestimmende Größen

Spannungshorizontes σ_D wird schließlich eine gegen unendlich gehende Lastwechselzahl ertragen, wir sprechen von Dauerfestigkeit (Very-High-Cycle-Fatigue VHCF). Der Übergang zur „Dauerschwingfestigkeit" wird bei $N_G = 10^6 \ldots 10^7$ Lastwechseln beobachtet, d. h. die meisten Maschinen wie Motoren und durch sie angetriebene Arbeitsmaschinen überschreiten diese Grenzlastwechselzahl nach wenigen Tagen, sie sind also nach „Dauerfestigkeit" auszulegen. Dieses Dauerfestigkeitsverhalten der metallischen Werkstoffe, welches durch abnehmende Ausschlagfestigkeiten bei zunehmender Mittelspannung gekennzeichnet ist, lässt sich in sogenannten Dauerfestigkeitsschaubildern darstellen (vgl. Abb. 2.10).

Durch die Unterdrückung des Zeitparameters wird auch für diese Fälle eine „Sicherheitsberechnung" möglich.

2.3 Versagen durch bleibende Verformung, Gewalt- und Schwingbruch 15

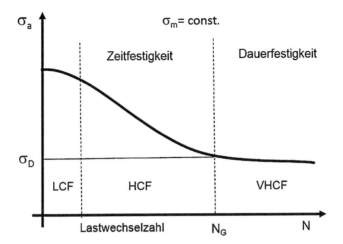

Abb. 2.9 Klassische Darstellung des Wöhlerdiagramms

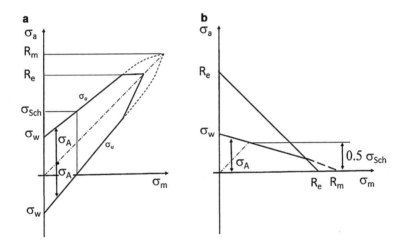

Abb. 2.10 Dauerfestigkeitsschaubild. (**a**) nach Smith; (**b**) nach Haigh

Wegen der im Maschinenbau größeren Verbreitung benutzen wir im Weiteren das Dauerfestigkeitsschaubild nach Smith. Dabei wird die zum Bruch führende Ausschlagspannung an einer durch den I. und III. Quadranten gelegten 45°-Geraden in Ordinatenrichtung in Abhängigkeit von der Mittelspannung abgetragen, wobei eine obere und eine untere Grenzkurve der Dauerfestigkeit entsteht. An dieser Stelle sei darauf verwiesen, dass Spannungen, die zum Versagen des Bauteils führen, auch bei der Schwingbeanspruchung durch große Buchstaben als Indizes gekennzeichnet werden. Für die Mittelspannung σ_m als Orientierungsgröße ist generell ein kleinerer Buchstabe üblich, was gelegentlich zu Schwierigkeiten führt (s. Sicherheitsberechnung im Smith-Diagramm).

Theoretisch kann die Mittelspannung σ_m maximal gleich der Beanspruchung R_m werden (die Ausschlagspannung σ_A geht dann gegen Null), wenn das Bauteil nicht vorher durch unzulässig große plastische Verformungen versagt. Für praktische Fälle wird das Dauerfestigkeitsverhalten der Werkstoffe deshalb oberhalb der Streckgrenze R_e uninteressant.

Wegen des großen Aufwandes der Bestimmung einer einzigen Wöhlerlinie aus Schwingversuchen gibt es eine Reihe von Vorschlägen zur einfachen Konstruktion von Smith-Diagrammen. Am günstigsten sind die Vorschläge, die lediglich die Wechselfestigkeit σ_W als einzige Schwingfestigkeitsgröße, sowie die statische Beanspruchung R_m und die Streckgrenze R_e bzw. die Fließgrenze benötigen (vgl. [2.15] und [2.24]). Wir folgen [2.24], die außerdem im III. Quadranten für negative Mittelspannung σ_m das günstigere Festigkeitsverhalten gegenüber positiver Mittelspannung berücksichtigt, während die anderen Methoden wie [2.15] symmetrisches Festigkeitsverhalten im I. und III. Quadranten voraussetzen. Sind z. B. bei Biegung und Torsion die Bruchwerte nicht bekannt, kann auch der Winkel α (s. Abb. 2.11a) für die Konstruktion des Smith-Diagrammes benutzt werden. Für α gelten die Werte

$\alpha = 36°$ für Biegung
$\alpha = 40°$ für Zug / Druck und
$\alpha = 42°$ für Torsion.

Auffallende Unterschiede weisen die Smith-Diagramme für die Beanspruchungsarten Zug/Druck, Biegung und Torsion auf, wie für das Beispiel des Werkstoffes E295 in Abb. 2.11b, gezeigt wird.

Neben umfangreichen Angaben zu Schwingfestigkeitswerten in der Tafel II.2 des Anhanges sei auf die Sammlung von Smith-Diagrammen in der Tafel II.3 verwiesen.

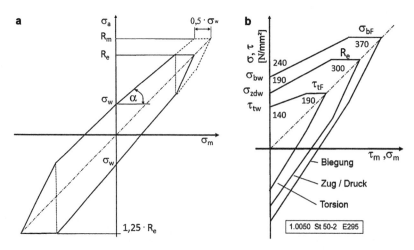

Abb. 2.11 Konstruktion des Smith-Diagrammes (**a**) allgemein Zug/Druck (**b**) Werkstoff E295

2.4 Bestimmung der Sicherheit bei Schwingbeanspruchung

Weitere Smith-Diagramme lassen sich nach den angegebenen Methoden bei Bedarf konstruieren (s. auch Tafel II.3.1).

2.4 Bestimmung der Sicherheit bei Schwingbeanspruchung

Unter Schwingbeanspruchung sollen hier Spannungen mit periodischer Zeitfunktion und konstanter Amplitude entsprechend Abb. 2.5 für stabförmige Bauteile infolge Längskraft oder Biegemoment oder Torsion sowie einachsige Spannungszustände z. B. an Rändern oder Oberflächen verstanden werden.

Wir folgen grundsätzlich der Sicherheitsdefinition nach Gl. (2.4) als dem Quotienten von zum Versagen führender Spannung zur vorhandenen Beanspruchung.

Die vorhandene Beanspruchung ist dabei in der Form

$$\sigma_{vorh.} = \sigma_m \pm \sigma_a \text{ bzw. } \tau_{vorh.} = \tau_m \pm \tau_a \tag{2.8}$$

aufzubereiten. Das Versagen wird durch die Ausschlagspannung σ_A und die Mittelspannung σ_M (sie soll hier vorübergehend mit großem Buchstaben als Index versehen werden) entsprechend dem Smith-Diagramm gekennzeichnet, analog durch τ_A und τ_M bei Torsion.

Die in Abschn. 2.1 angestellten Überlegungen sind hier sowohl auf die Ausschlagspannungen als auch die Mittelspannungen anzuwenden, d. h. es muss davon ausgegangen werden, dass Sicherheiten für die Spannungsamplitude und für die Mittelspannung anzugeben sind. Es gilt

$$\begin{aligned} S_a &= \frac{\sigma_A}{\sigma_a} \text{ bzw. } \frac{\tau_A}{\tau_a} \\ S_m &= \frac{\sigma_M}{\sigma_m} \text{ bzw. } \frac{\tau_M}{\tau_m}. \end{aligned} \tag{2.9}$$

Unterschiede der Sicherheit S_a und S_m sind aus unterschiedlichen Unsicherheiten der Lastannahme abzuleiten. Wir wollen verschiedene Fälle, sog. Überlastfälle diskutieren.

2.4.1 Überlastfall 1

Die mittlere Belastung und damit die Mittelspannung σ_m ist klein im Vergleich zur Streckgrenze R_e bzw. sie kann sicher bestimmt werden. Ungleich „unsicher" sei etwa durch mögliche Resonanzschwingungen die Amplitude. In diesem Fall wird nur S_a entsprechend groß vorgegeben; für die Mittelspannung genügt die Sicherheit $S_m = 1$. Die Abb. 2.12a veranschaulicht diesen Fall im Smith-Diagramm.

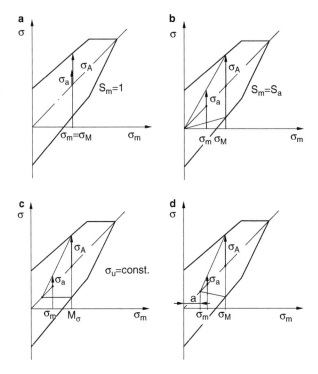

Abb. 2.12 Sicherheitsbestimmung im Smith-Diagramm

2.4.2 Überlastfall 2

Beide Sicherheiten sollen gleich groß sein, wenn davon ausgegangen wird, dass Mittelspannung σ_m und Amplitude σ_a gleich „unsicher" sind. Die Sicherheit
  $S = S_a = S_m$ kann mit Hilfe eines Ähnlichkeitsstrahls aus dem Smith-Diagramm bestimmt werden (s. Abb. 2.12b).

2.4.3 Überlastfall 3

Die Spannung σ_m und σ_a sind in der Weise unsicher, so dass σ_u = const. bleibt (vgl. Abb. 2.12c) und schließlich als

2.4.4 allgemeiner Fall

für ein bestimmtes Verhältnis S_a/S_m, für das der Schnittpunkt durch den Abstand a auf der Abszisse festgelegt werden kann (s. Abb. 2.12d).
  In der Regel wird sich der Bearbeiter für den Lastfall 1 oder 2 entscheiden.

Die praktische Ausführung der Sicherheitsbestimmung im Smith-Diagramm kann im Einzelfall graphisch erfolgen. Bei entsprechender Wiederholungshäufigkeit bietet sich die Benutzung analytischer Formeln zur Beschreibung der Dauerfestigkeitsschaubilder (vgl. [2.24]) bzw. darauf beziehende Rechenprogramme an. In jedem Fall empfiehlt sich die Überprüfung einer ausreichenden Sicherheit gegen Überschreiten der Streckgrenze nach

$$S_S = \frac{R_e}{\sigma_m + \sigma_a} \quad (2.10)$$

Sonderfälle liegen bei Wechsel- und Schwellfestigkeit vor.
Bei Wechselfestigkeit gilt $\sigma_m = 0$. Für alle Überlastungsfälle gilt übereinstimmend

$$S_a = \frac{\sigma_W}{\sigma_a} \quad (2.11)$$

Für die Schwellfestigkeit gilt $\sigma_m = \sigma_a$, d.h. für den Überlastfall 1 kann vereinfacht mit

$$S_a = \frac{\sigma_{Sch}}{2 \cdot \sigma_a} \left(S_m = 1 \right) \quad (2.12)$$

gerechnet werden.

Nach diesen Ausführungen zur Anwendung der „Überlastfälle" wird es erforderlich, prinzipielle Überlegungen zur Zweckmäßigkeit der weiteren Vorgehensweise anzustellen.

Insbesondere das Auftreten örtlicher Spannungsspitzen an Kerben wie Querschnittsänderungen an Stäben, Bohrungen, Nuten u.a. führen auf die Unterscheidung zwischen Sicherheitsbestimmung nach dem

Konzept der örtlichen Spannungen

bzw. dem

Nennspannungskonzept.

Beide Konzepte werden in den nachfolgenden Abschnitten dargestellt.

2.5 Örtliche Spannungserhöhungen; Konzept der Sicherheitsberechnung nach örtlichen Spannungen

Örtliche Spannungserhöhungen treten im Bereich von „Kerben" an stabförmigen Bauteilen, Scheiben, Platten oder auch Schalen auf.

Örtliche Spannungserhöhungen sind Bereiche zuerst beginnender Plastizierung. Sie bilden meistens den Ausgangspunkt für Brüche.

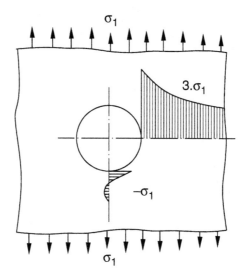

Abb. 2.13 Spannungserhöhungen am Rand einer Bohrung (Kirsch'sche Lösung)

Die klassische Lösung für eine Spannungserhöhung im Bereich einer Kerbe wurde von Kirsch [2.10] im Jahre 1898 mit der mathematischen Lösung des Spannungszustandes in der Umgebung einer Bohrung in einer unendlich ausgedehnten Scheibe mit einachsigem Spannungszustand σ_1 geliefert (vgl. Abb. 2.13).

Die „Kerbspannung" beträgt in diesem Falle $\sigma_k = 3 \cdot \sigma_1$, wobei auch die Spannung σ_1 am um 90° versetzten Randpunkt zu beachten ist.

Da die Störung in geringem Abstand von der Bohrung rasch abklingt, kann mit Hilfe der „Kirsch'schen Lösung" auch die Auswirkung einer Querbohrung z. B. in einer Welle auf die örtlichen Spannungen abgeschätzt werden.

Definieren wir die Spannungserhöhung am Kerbrand gegenüber dem Nennspannungszustand durch

$$\sigma_k = \alpha_k \cdot \sigma_{nenn} \tag{2.13}$$

α_k ... Formzahl,

so kann für die Querbohrungen bei kleinem Durchmesser gegenüber dem Wellendurchmesser für Zug und Biegung mit $\alpha_{kz} = \alpha_{kb} = 3.0$ gerechnet werden.

Für Torsion steigt die örtliche Spannungserhöhung auf $\alpha_{kt} = 4.0$, wie aus der Überlagerung des zweiachsigen Hauptspannungszustandes (vgl. Abb. 2.14) leicht zu erkennen ist.

Infolge schwingender Beanspruchung sind Querbohrungen häufig Ausgangspunkte von Brüchen, deren Richtung wertvolle Hinweise auf die verursachende Belastung geben kann (vgl. Abb. 2.15).

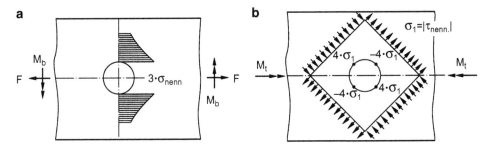

Abb. 2.14 Spannungserhöhung in einer Welle mit Querbohrung. (**a**) Zug bzw. Biegung; (**b**) Torsion

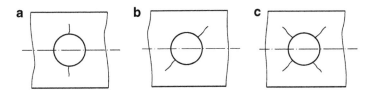

Abb. 2.15 Anrisse an Schmierbohrungen in Kurbelwellen. (**a**) Biegebeanspruchung; (**b**) Torsionsriss infolge schwingender Überlastung; (**c**) Torsionsriss bei Wechsel- Schwingbeanspruchung

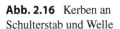

Abb. 2.16 Kerben an Schulterstab und Welle

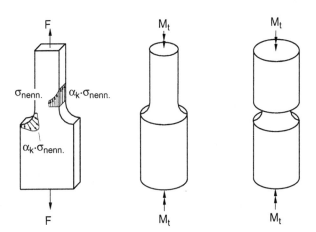

Typische konstruktiv unvermeidbare Kerbformen sind der Abb. 2.16 zu entnehmen. Der Kerbfaktor ist, wie an den Abb. 2.17 und 2.18 deutlich wird, abhängig vom Durchmesserverhältnis und besonders vom relativen Kerbradius.

Besonders gefährlich sind „Spitzkerben", wie sie mit der Gewindegeometrie verbunden sind. Die Kerbwirkung erhöht sich am belasteten Gewinde infolge der Umlenkung der „Kraftlinien" um den Kerbgrund (vgl. Abb. 2.19). Die Formzahlen dürften die Größenordnung von $\alpha_k = 6 \ldots 9$ erreichen.

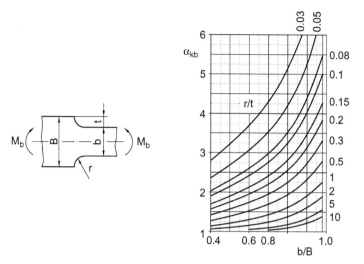

Abb. 2.17 Formzahl α_{kb} bei Biegebeanspruchung des abgesetzten Flachstabes (nach [2.24]) (Weitere Beanspruchungen und Formen s. Tafel II.4 des Anhanges)

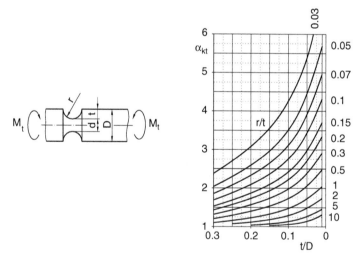

Abb. 2.18 Formzahl α_{kt} bei Torsionsbeanspruchung der gekerbten Welle (nach [2.24]) (Weitere Beanspruchungen und Formen s. Tafel II.4 des Anhanges)

Örtliche Spannungserhöhungen werden aber auch durch ungünstige Materialanhäufungen bewirkt. So erhöht sich z. B. der elementare Spannungszustand an „Kesseln" durch aufgeschweißte Flansche, Stutzen oder Ösen (vgl. Abb. 2.20), weil die Ausbildung des Membranspannungszustandes behindert wird.

Problematisch sind ebenfalls ungünstig gestaltete „Krafteinleitungen" im Stahlbau. Hierzu sei auf die einschlägige Literatur (z. B. [2.04]) verwiesen. Im übrigen sind eine große Zahl in der Praxis auftretender Kerbspannungsprobleme im Anhang enthalten.

2.5 Örtliche Spannungserhöhungen; Konzept der Sicherheitsberechnung... 23

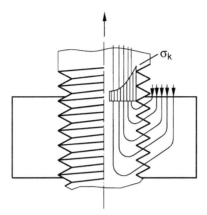

Abb. 2.19 Kerbspannungen am Gewinde

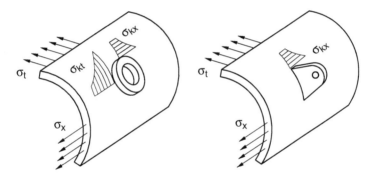

Abb. 2.20 Spannungserhöhung durch Behinderung der Ausbreitung des Membranspannungszustandes

Folgen wir der bisherigen Vorgehensweise beim Berechnen der Sicherheit, so darf die örtliche Spannungserhöhung die zum Versagen führenden Beanspruchungen nicht überschreiten. Es gilt also

$$S = \frac{\sigma_{vers.}}{\alpha_k \cdot \sigma_{nenn.}} \quad (2.14)$$

Dieses Konzept der „örtlichen Spannungen" ist vorzugsweise beim Versagen durch

- Streckgrenzenüberschreitung und
- Bruch infolge statischer bzw. ruhender Beanspruchung

anzuwenden (vgl. Abb. 2.21). Beim Versagen durch Schwingbruch sind neben der durch Spannungen ausgedrückten Beanspruchung Einflüsse wie Oberflächenrauigkeit, der Spannungsgradient und die unterschiedliche Kerbempfindlichkeit der Werkstoffe zu berücksichtigen. Praktische Erwägungen bei der experimentellen Ermittlung dieser

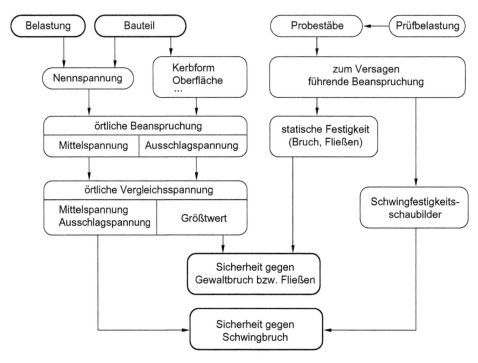

Abb. 2.21 Festigkeitsnachweis nach dem Konzept der „örtlichen Beanspruchungen"

Einflussgrößen und insbesondere der unterschiedliche Schädigungseinfluss von Mittelspannung und Ausschlaggrößen haben zur Entwicklung des sog. „Nennspannungskonzeptes" geführt, welches für stabförmige Bauteile gegenwärtig dem Konzept der örtlichen Spannung überlegen ist.

2.6 Einflüsse auf die Schwingfestigkeit; das Nennspannungskonzept

Wir kennen bereits einige Hinweise, dass nicht die Spannung allein für den Schwingbruch verantwortlich ist. Wie sollten die wesentlich höheren ertragbaren Beanspruchungen bei Biegung gegenüber denen bei Zug/Druck-Beanspruchungen erklärt werden?

Bekannt ist die Hypothese, dass auch das Spannungsgefälle den Schwingbruch beeinflusst. Entsprechende Versuche zeigen, dass das sog. „Bezogene Schwingungsgefälle" χ

$$\chi = \frac{1}{\sigma_{Rand}} \cdot \frac{d\sigma}{dn} \tag{2.15}$$

wirksam wird.

Wird in Analogie zur Formzahl α_k eine Kerbwirkungszahl

2.6 Einflüsse auf die Schwingfestigkeit; das Nennspannungskonzept

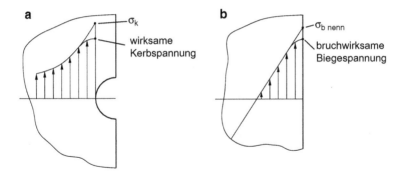

Abb. 2.22 Interkristalliner Spannungsausgleich (Stützwirkung). (**a**) Kerbbereich; (**b**) am Biegestab

$$\beta_k = \frac{\text{Dauerfestigkeit des ungekerbten Stabes}}{\text{Dauerfestigkeit des gekerbten Stabes}} \qquad (2.16)$$

definiert, so ergibt sich für gehärtete Stähle eine Übereinstimmung von α_k und β_k, während für elastisch–plastische Stähle $\alpha_k > \beta_k$ gilt. Wir erkennen damit als weiteren Einfluss eine Abhängigkeit vom Werkstoff.

Da diese Ermüdungsvorgänge weit unterhalb der Streck- oder Fließgrenze wirksam werden, muss es infolge des Spannungsgefälles zu intermolekularen und interkristallinen Ausgleichsvorgängen kommen, die die Spannungsspitzen abbauen und benachbarte Werkstoffbereiche stärker beanspruchen (vgl. Abb. 2.22). Diese Erscheinung wird auch als Stützwirkung bezeichnet.

Wegen des hohen Aufwandes einer direkten Bestimmung der Kerbwirkungszahl β_k nach Gl. (2.16) aus dem Schwingversuch, gibt es in der Literatur mehrfache Bemühungen, den Form- und Stoffeinfluss zu trennen.

Auf Thum [2.25] geht die empirische Formel für eine Kerbempfindlichkeit η_k

$$\eta_k = \frac{\beta_k - 1}{\alpha_k - 1} \qquad (2.17)$$

zurück, d.h. bei Kenntnis von α_k und η_k kann β_k nach

$$\beta_k = 1 + \eta_k (\alpha_k - 1) \qquad (2.18)$$

berechnet werden. Aus dem Vergleich zwischen bekannten α_k und β_k lassen sich in Tabelle 2.3 zusammengestellte Kerbempfindlichkeiten η_k ableiten (vgl. auch Tafel II.4.5 des Anhanges).

Eine weitere, sich zunehmender Anwendung erfreuende Methode, wurde von Siebel [2.21] entwickelt. Sie definiert eine Stützziffer n die vom bezogenen Spannungsgefälle und von der Werkstofffestigkeit abhängig ist (s. Abb. 2.23 und Tafel II.4.6 des Anhanges).

Tabelle 2.3 Kerbempfindlichkeiten η_k

Baustähle	η_k	hochfeste und gehärtete Stähle	η_k
S235JR+AR (St 37-2)	0,50 ... 0,60	C 60	0,80 ... 0,90
S275JR (St 42-2)	0,55 ... 0,65	34CrMo4	0,90 ... 0,95
E295 (St 50-2)	0,65 ... 0,70	30CrMoV9	0,95
E335 (St 60-2)	0,30 ... 0,75	Federstähle	0,95 ... 1,00
E360 (St 70-2)	0,70 ... 0,80	gehärtete Stähle	

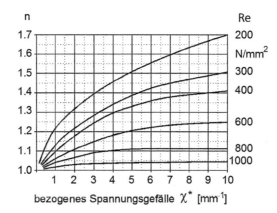

Abb. 2.23 Stützziffer n als Funktion des bezogenen Spannungsgefälles (vgl. Tafel II.4.6 des Anhanges)

$$\beta_k = \frac{\alpha_k}{n}, \qquad (2.19)$$

Allerdings wird die Kenntnis des bezogenen Spannungsgefälles notwendig, für das im Anhang, Tafel II.4.7 ebenfalls Angaben zu finden sind.

Aus der Literatur sind weitere Wege zur Bestimmung der Kerbwirkungszahl bekannt, auf die hier nicht eingegangen werden soll.

Wir empfehlen folgende Methoden, wobei die Reihenfolge als Wertung verstanden werden soll.

1. Kerbwirkungszahl β_k aus dem direkten Schwingversuch nach Gl. (2.16) bzw. Tafel II.4.4 des Anhanges.
2. Kerbwirkungszahl β_k, berechnet aus α_k über die Stützziffer n nach Gl. (2.19) mit Werten nach Tafel II.4.6.
3. Kerbwirkungszahl β_k, berechnet aus α_k mit Hilfe der Kerbempfindlichkeit η_k des Werkstoffes nach Gl. (2.18) mit Hilfe der Tafel II.4.5.

Nun bedürfen diese Kerbwirkungszahlen einer weiteren Korrektur, wenn Durchmesser und Oberflächenbeschaffenheit des realen Bauteils sich von denen des Probestabes unterscheiden.

2.6 Einflüsse auf die Schwingfestigkeit; das Nennspannungskonzept

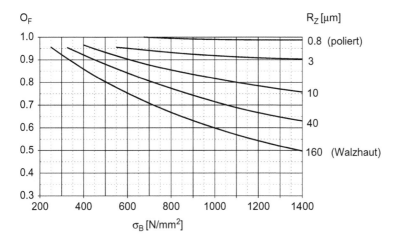

Abb. 2.24 Oberflächeneinflussfaktor (s. Anhang, Tafel II.4.8)

Mit dem Oberflächeneinflussfaktor O_F und dem Größeneinflussfaktor k definieren wir den Gesamteinflussfaktor γ_k zu

$$\gamma_k = \frac{\beta_k}{O_F \cdot k} \qquad (2.20)$$

Raue Oberflächen besonders im Kerbbereich vermindern die Schwingfestigkeit erheblich, wie Abb. 2.24 ausweist.

Der Größeneinfluss kann auch geometrische und technologische Ursachen haben.

Der geometrische Größeneinflussfaktor k_g ist wieder mit der Stützwirkung bzw. dem interkristallinen Spannungsausgleich zu erklären. Er ist dementsprechend nur für Biegung und Torsion, nicht aber für Zug/Druck zu berücksichtigen.

Gehen wir davon aus, dass der Größeneinfluss proportional dem bezogenen Spannungsgefälle nach Gl. (2.15) ist, so ergibt sich für Torsion und Biegung mit $\chi = 2/d$ die Funktion einer Hyperbel

$$k_g = a \cdot \frac{1}{d} + b \qquad (2.21)$$

in der a und b aus $k_g = 1$ für $d = d_{Probe}$ und $k_g = k_\infty$ für $d \to \infty$ zu bestimmen sind.

Der maximale Größeneinfluss k_∞ kann z. B. aus

$$k_\infty = \frac{\sigma_{zdw}}{\sigma_{bw}} \qquad (2.22)$$

berechnet werden, sodass sich ergibt

$$k_g = (1 - k_\infty) \frac{d_{Probe}}{d} + k_\infty. \qquad (2.23)$$

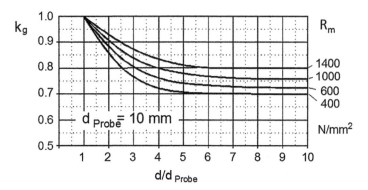

Abb. 2.25 Geometrischer Größeneinflussfaktor k_g für Biegung und Torsion

Eine Auswertung der Gl. (2.22) und (2.23) ergibt die in Abb. 2.25 dargestellten Kurvenverläufe. Dem geometrischen Größeneinfluss können sich technologische Einflüsse durch Einsatzhärtung oder Vergütung überlagern (vgl. Anhang, Tafel II.4.8), sodass $k = k_g \cdot k_t$ zu bilden ist.

Oberflächeneinfluss und Größeneinfluss erhöhen die Kerbwirkung. Nutzbar sind aber insbesondere im Bereich von Kerben auch technologische Möglichkeiten zur Verringerung der Kerbwirkung. Das sind vor allem Maßnahmen zur Erzeugung von Druckspannungszuständen wie Kugelstrahlen, Walzen und Einsatzhärten. In der Literatur wird von einem Einfluss bis zu 50 % berichtet, der aber für allgemeingültige Rechnungen schwer quantifizierbar ist.

Die Vorgehensweise, Einflüsse auf die Schwingfestigkeit ebenfalls am Probstab und nicht am realen Bauteil zu analysieren, hat zu einer Abwendung vom „Konzept der örtlichen Spannungen" geführt. Insbesondere für Stäbe wurde das „Nennspannungskonzept" entwickelt, welches bei der Sicherheitsbestimmung die vorhandene Spannung mit der Nennspannung identifiziert und diese zur durch die Einflüsse auf die Schwingfestigkeit reduzierten Versagensspannung in Relation setzt. Für die Sicherheit gilt jetzt

$$S = \frac{\sigma_{vers.}\left(des\ gekerbten\ Probestabes\right)}{\sigma_{vorh.}\left(Nennspannung\ am\ realen\ Bauteil\right)}. \quad (2.24)$$

Für die praktische Bauteilauslegung sind die Smith-Diagramme für Zug/Druck, Biegung und Torsion, die am ungekerbten Probestab ermittelt wurden, durch den Gesamteinflussfaktor γ_k an das reale Bauteil anzupassen (vgl. Abb. 2.26). Für die Umrechnung gilt

$$\sigma_{AK} = \frac{\sigma_A}{\gamma_k}, \quad (2.25)$$

wobei gegenüber dem Konzept der örtlichen Spannungen zu beachten ist, dass die Mittelspannung σ_m eine fiktive Spannung ohne Umrechnung bleibt. Die prinzipielle Vorgehensweise nach dem „Nennspannungskonzept" ist der Abb. 2.27 zu entnehmen.

2.6 Einflüsse auf die Schwingfestigkeit; das Nennspannungskonzept

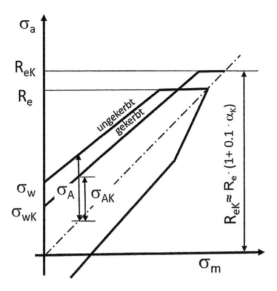

Abb. 2.26 Reduktion des Smith-Diagrammes / Erhöhung der Streckgrenze im Kerbbereich

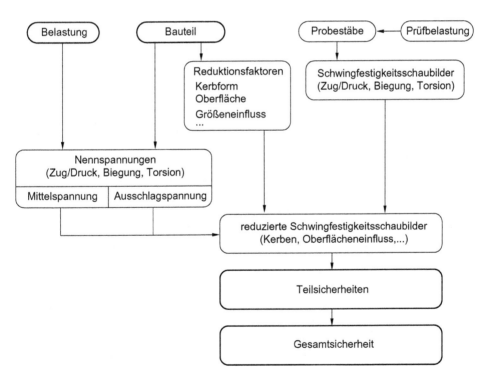

Abb. 2.27 Festigkeitsnachweis nach dem Nennspannungskonzept für stabförmige Bauteile mit schwingender Beanspruchung

Bei der Anpassung des Smith-Diagramms kann eine Streckgrenzenerhöhung infolge Verfestigung im Kerbbereich berücksichtigt werden durch

$$R_{eK} = R_e \left(1 + 0.1 \cdot \alpha_k \right). \tag{2.26}$$

Ist α_k nicht bekannt, so liegt man mit $\alpha_k = \beta_k$ auf der „sicheren Seite".

Das beim „Konzept der Sicherheitsbestimmung für örtliche Spannungen" (Abschnitt 2.5) noch unterdrückte Problem der „zusammengesetzten Beanspruchung", welches auf die Vergleichsspannungshypothesen bzw. eine Gesamtsicherheit (vgl. Abb. 2.27) führt, soll im nachfolgenden Abschnitt behandelt werden.

2.7 Zusammengesetzte oder kombinierte Beanspruchung stabförmiger Bauteile; Vergleichsspannung und Gesamtsicherheit

Bei den bisherigen Betrachtungen wurde vereinfachend davon ausgegangen, dass das Bauteil durch Zug/Druck oder Biegung oder Torsion beansprucht wird. In der Praxis treten diese Beanspruchungen i. d. R. „kombiniert" auf. Bei komplizierteren Gebilden, die nicht durch das stabförmige Modell idealisiert werden können, liegt ohnehin ein mehrachsiger Spannungszustand vor, der allerdings in jedem Fall durch den Hauptspannungstensor (s. Abschn. 2.1)

$$\sigma^T = \begin{pmatrix} \sigma_1 & 0 & 0 \\ 0 & \sigma_2 & 0 \\ 0 & 0 & \sigma_3 \end{pmatrix} \tag{2.27}$$

beschrieben werden kann.

Das Problem besteht nun darin, das Schädigungsverhalten des allgemeinen Spannungszustandes zu vergleichen mit der an Probestäben i. d. R. für Zug/Druck oder Biegung oder Torsion ermittelten Versagensspannung.

Für dieses Grundproblem der Festigkeitslehre wurden mehrfach Hypothesen entwickelt. Die älteste geht auf Galilei (um 1600) zurück, der die größere Hauptspannung σ_1 stets für das Versagen verantwortlich macht, d. h. es gilt

$$\sigma_V = \sigma_1. \tag{2.28}$$

Diese Normalspannungshypothese hat sich nur für spröde Werkstoffe bestätigt (sie wurde von Galilei auch speziell für Marmor entwickelt).

Für Werkstoffe mit Gleitbruch (z. B. Kupfer und Aluminium sowie deren Legierungen) trifft die von Tresca aufgestellte Schubspannungshypothese gut zu.

Hier gilt

$$\sigma_V = \sigma_1 - \sigma_3 = 2 \cdot \tau_{max}. \tag{2.29}$$

2.7 Zusammengesetzte oder kombinierte Beanspruchung stabförmiger Bauteile...

Für Stähle ist die Gestaltänderungsenergiehypothese am besten bestätigt.

Sie sagt aus, dass der Werkstoff versagt, wenn am Probestab ein Element die gleiche Gestaltänderungsenergie aufnimmt wie das Bauteil bei mehrachsiger Beanspruchung. Für die Aufstellung dieser Hypothese gingen v.Mises und Huber von der Überlegung aus, dass eine hydrostatische Beanspruchung $\sigma_1 = \sigma_2 = \sigma_3 = p$ zumindest im Druckbereich nicht zum Versagen führt.

Die Gestaltänderungsenergie ist also die um den hydrostatischen Anteil verminderte allgemeine Deformationsenergie. Für den dreiachsigen Spannungszustand gilt, auf die Ableitung soll hier verzichtet werden (vgl. z. B. [2.12]),

$$\sigma_V = \sqrt{\sigma_1^2 + \sigma_2^2 + \sigma_3^2 - \sigma_1\sigma_2 - \sigma_1\sigma_3 - \sigma_2\sigma_3}. \tag{2.30}$$

Für plastische Deformationen und statischen Bruch mit ausgeprägter Bruchdehnung ist die Hypothese bestens bestätigt.

Insbesondere für stabförmige Bauteile lassen sich die Hypothesen nach einem Vorschlag von Bach [2.01] an spezielle Versagensarten anpassen.

Bei stabförmigen Bauteilen mit Zug/Druck-, Biege- und Torsionsbeanspruchung reduziert sich der allgemeine Spannungstensor auf

$$\sigma_{\text{Stab}}^T = \begin{pmatrix} \sigma & \tau_{xy} & 0 \\ \tau_{yx} & 0 & 0 \\ 0 & 0 & 0 \end{pmatrix}. \tag{2.31}$$

Mit Gl. (2.7) ergeben sich dann aus der Schubspannungshypothese und der Gestaltänderungsenergiehypothese die sehr ähnlichen Formen

$$\sigma_V = \sqrt{\sigma_x^2 + 4 \cdot \tau_{xy}^2} \quad \text{(Schubspannungs-Hypothese)} \tag{2.32}$$

$$\sigma_V = \sqrt{\sigma_x^2 + 3 \cdot \tau_{xy}^2} \quad \text{(Gestaltänderungsenergie-Hypothese)}, \tag{2.33}$$

d.h. wir können auch allgemein schreiben [2.01]

$$\sigma_V = \sqrt{\sigma_x^2 + \alpha^2 \cdot \tau_{xy}^2} \quad \text{(Hypothese nach Bach)}. \tag{2.34}$$

Durch Umformung der Gl. (2.34) auf

$$1 = \frac{\sigma_x^2}{\sigma_V^2} + \frac{\tau_{xy}^2}{\sigma_V^2 / \alpha^2} \tag{2.35}$$

wird eine Ellipse erkennbar, deren Halbachsen mit den zum Versagen führenden Spannungen σ_B oder σ_S bzw. τ_F identifiziert werden können (s. Abb. 2.28).

Abb. 2.28 Versagensellipse

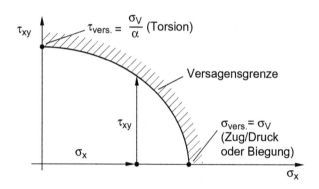

Diese Bruch- oder Versagensellipse ist gut bestätigt. Der Gedanke der Erweiterung ihres Gültigkeitsbereiches auf schwingende Beanspruchung wurde von Gough/ Pollard [2.08] zumindest für Wechselbeanspruchung nachgewiesen.

Sind Versuchswerte $\sigma_{vers.}$ bzw. $\tau_{vers.}$ für die Halbachsen bekannt, so kann α aus Gl. (2.35) bestimmt werden. Es gilt:

$$\sigma_x = \sigma_V = \sigma_{vers.} \quad \text{für} \quad \tau_{xy} = 0 \tag{2.36}$$

$$\sigma_{xy} = \frac{\sigma_V}{\alpha} = \tau_{vers.} \quad \text{für} \quad \sigma_x = 0 \tag{2.37}$$

und damit nach Eliminierung von σ_V

$$\alpha = \frac{\sigma_{vers.}}{\tau_{vers.}}, \tag{2.38}$$

d. h. die Hypothese lässt sich an die jeweils zutreffende Versagensart anpassen.

So kann z. B. gesetzt werden

$$\alpha = \frac{\sigma_B}{\tau_B}; \frac{\sigma_S}{\tau_F}; \frac{\sigma_{bw}}{\tau_{tw}}; \frac{\sigma_{AK}}{\tau_{AK}} \quad \text{usw.} \tag{2.39}$$

Im Folgenden sei die Vorgehensweise ausgehend von ruhender Beanspruchung mit steigendem Schwierigkeitsgrad skizziert:

Ruhende Beanspruchung – Zug/Druck, Biegung und Torsion:

Nach Gl. (2.34) gilt für die Bruchvergleichsspannung

$$\sigma_V = \sqrt{\sigma_{zd}^2 + \left(\frac{\sigma_B}{\tau_B}\right)^2 \cdot \tau_t^2} \tag{2.40}$$

und die Sicherheit gegen Bruch bzw. Fließen / Streckgrenzenüberschreitung ergibt sich zu

2.7 Zusammengesetzte oder kombinierte Beanspruchung stabförmiger Bauteile...

$$S_B = \frac{\sigma_B}{\sigma_V} \quad \text{bzw.} \quad S_F = \frac{\sigma_S}{\sigma_V}. \tag{2.41}$$

Sinngemäß ist bei Sicherheit gegen Streckgrenzenüberschreitung wie bei Biegung und Torsion vorzugehen.

Weitergehende Überlegungen sind für das gleichzeitige Auftreten von Zug/Druck, Biegung und Torsion notwendig.

Wird von der Zulässigkeit der Addition von Zug- und Biegespannungen ausgegangen, so gilt

$$\sigma = \sqrt{(\sigma_z + \sigma_b)^2 + \alpha^2 \cdot \tau_t^2} \tag{2.42}$$

$\alpha = \dfrac{\sigma_B}{\tau_B}$ bei Bruch und $\alpha = \dfrac{\sigma_S}{\tau_F}$ bei Fließen bzw. Streckgrenzenüberschreitung.

Soll das unterschiedliche Schädigungsverhalten von Zug und Biegung berücksichtigt werden, so ist die Biegespannung bei Deutung des α als „Anpassungsfaktor" über ein α' zu wichten.

$$\sigma = \sqrt{(\sigma_z + \alpha' \cdot \sigma_b)^2 + \alpha^2 \cdot \tau_t^2} \tag{2.43}$$

$$\alpha' = \alpha_B = \frac{\sigma_B}{\sigma_B} \quad \text{bzw.} \quad \alpha = \alpha_F = \frac{\sigma_S}{\tau_F}$$

α wie in Gl. (2.42)

Schwingende Beanspruchung - Zug/Druck, Biegung und Torsion:

Hier tritt ein weiterer Schwierigkeitsgrad hinzu, da auch für die Mittelspannung eine Vergleichsspannung zu bilden ist. In Analogie zu Gl. (2.43) gilt für die Zug/Druck-Vergleichsspannung mit den Nenn-Mittelspannungen

$$\sigma_{zdmV} = \sqrt{(\sigma_{zdm} + \alpha' \cdot \sigma_{bm})^2 + \alpha^2 \cdot \tau_{tm}^2}. \tag{2.44}$$

α' und α wie in Gl. (2.43)

Weiter können sinngemäß σ_{bmV} und τ_{bmV} gebildet werden. Einfacher gilt aber auch

$$\sigma_{bmV} = \frac{1}{\alpha'} \cdot \sigma_{zdm} \tag{2.45}$$

und

$$\tau_{bmV} = \frac{1}{\alpha} \cdot \sigma_{zdm}. \tag{2.46}$$

Für die drei Vergleichsmittelspannungen werden in den entsprechenden Smith-Diagrammen nach Reduktion mit γ_k (wir folgen damit weiter dem Nennspannungskonzept) die Ausschlag-Spannungen abgelesen, um „schwingende" Anpassungsfaktoren zu bilden. Es gilt

$$\alpha' = \frac{\sigma_{zdAK}}{\sigma_{bAK}} \quad \text{und} \quad \alpha = \frac{\sigma_{zdAK}}{\tau_{tAK}}$$

jetzt wird die Ausschlagspannung

$$\sigma_{aV} = \sqrt{\left(\sigma_{zda} + \alpha' \cdot \sigma_{ba}\right)^2 + \alpha^2 \cdot \tau_{ta}^2} \qquad (2.47)$$

(σ_{zda}, σ_{ba} und τ_{ta} sind Nennspannungen!)

berechnet, mit der im Smith-Diagramm für Zug/Druck der Sicherheitsnachweis nach den in Abschnitt 2.4 dargestellten Überlastfällen zu führen ist. Es gilt die Gesamtsicherheit

$$S = \frac{\sigma_{zdAK}}{\sigma_{aV}}. \qquad (2.48)$$

Die relativ komplizierte Vorgehensweise kann am Beispiel 2 des Anhanges nachvollzogen werden.

Ingenieurmäßig übersichtlicher ist ein Weg, der über Teilsicherheiten zur gleichen Gesamtsicherheit führt.

Dividieren wir die Gl. (2.47) durch σ_{zdAK} (d.h. genau den Wert, mit dem der Sicherheitsnachweis zu führen ist!), so erhalten wir nach Quadrieren

$$\left(\frac{\sigma_{aV}}{\sigma_{zdAK}}\right)^2 = \left(\frac{\sigma_{zda}}{\sigma_{zdAK}} + \frac{\sigma_{ba}}{\sigma_{bAK}}\right)^2 + \left(\frac{\tau_{ta}}{\tau_{tAK}}\right)^2. \qquad (2.49)$$

Die einzelnen Quotienten dieser Gleichung sind jeweils die Kehrwerte von Sicherheiten, sodass auch geschrieben werden kann

$$\left(\frac{1}{S_{ages.}}\right)^2 = \left(\frac{1}{S_{zda}} + \frac{1}{S_{ba}}\right)^2 + \left(\frac{1}{S_{ta}}\right)^2. \qquad (2.50)$$

Die Gl. (2.50) ist in der Form

$$\frac{1}{S^2} = \frac{1}{S_\sigma^2} + \frac{1}{S_\tau^2} \qquad (2.51)$$

bekannt.

Die Gleichung eröffnet einen Weg zur übersichtlichen Berechnung der Gesamtsicherheit, indem die Teilsicherheiten für jede Beanspruchungsart zunächst getrennt nach den in Abschn. 2.6 angegebenen Methoden aus den für den Kerbfall reduzierten

2.8 Vergleichsspannung und Sicherheitsnachweis für nichtstabförmige Bauteile... 35

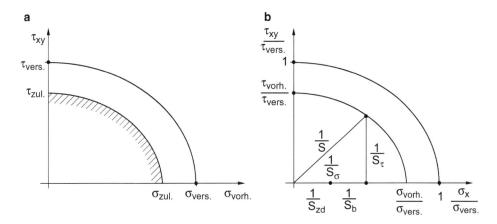

Abb. 2.29 Weiterentwicklung der Versagensellipse. (**a**) Versagensellipse mit zul. Bereich; (**b**) Sicherheitskreis

Smith-Diagrammen berechnet werden. Dabei können für die Teilsicherheiten auch unterschiedliche Überlastfälle zugelassen werden.

Gleichung (2.50) lässt sich in anschaulicher Weise auch aus der Versagensellipse (s. Abb. 2.28) herleiten.

Gehen wir davon aus, dass die vorhandenen bzw. zulässigen Spannungen (s. Abb. 2.29) kleiner als die Versagensspannungen sein müssen, lässt sich ein „zulässiger Bereich" im Innern der Versagensellipse abgrenzen.

Wird die Versagensellipse auf den Achsen durch $\sigma_{vers.}$ bzw. $\tau_{vers.}$ relativiert, geht die Versagensellipse in einen Versagenskreis (r = 1) über und wir erkennen „die Kreise der zulässigen Spannungen" als Kehrwert der Sicherheit. Mit Hilfe des Pythagoras ergeben sich die Gl. (2.51) bzw. (2.50) auch auf anschaulichem Wege.

Am Beispiel 2 des Anhanges wird auch der Rechnungsweg über die Teilsicherheiten demonstriert.

2.8 Vergleichsspannung und Sicherheitsnachweis für nichtstabförmige Bauteile; Grenzen des Konzeptes der örtlichen Spannungen

Während in Abschn. 2.2 bisher zur Auslegung von Konstruktionselementen durch Berechnung der Sicherheit dem für stabförmige Bauteile entwickelten „Nennspannungskonzept" gefolgt wurde, soll im Folgenden auf den Sicherheitsnachweis für nichtstabförmige Bauteile eingegangen werden.

Spannungszustände in nichtstabförmigen Bauteilen lassen sich nur für spezielle Fälle wie das dickwandige Rohr und daraus abgeleitete Sonderfälle (vgl. Tafel II.1 im Anhang) sowie dank der Arbeiten von Hertz für spezielle Kontaktaufgaben analytisch berechnen (s. z. B. [2.25]).

Spannungszustände in komplizierten Bauteilen lassen sich experimentell z. B. mit Hilfe von Dehnungsmessstreifen oder auf spannungsoptischem Wege und natürlich numerisch mittels Finite-Elemente-Methode (FEM) ermitteln.

Die vorhandenen Spannungen stellen sich dabei als allgemeiner Spannungstensor oder nach entsprechender Transformation als Hauptspannungstensor (vgl. Gl. (2.6) im Abschn. 2.1) dar.

Wie bei stabförmigen Bauteilen lokalisieren sich die Spannungsmaxima auch für nichtstabförmige Bauteile oft an lastfreien Oberflächen, sodass mit vereinfachten Spannungstensoren gerechnet werden kann.

Da für nichtstabförmige Bauteile eine „Nennspannung" nicht relevant ist, muss der Sicherheitsnachweis mit den „örtlichen Spannungen" geführt werden.

Grundsätzlich wird dabei auch von Gl. (2.4) ausgegangen, d. h. es sind „zum Versagen führende Spannungen" $\sigma_{vers.}$ in Relation zu den „vorhandenen Spannungen" $\sigma_{vorh.}$ zu setzen.

Für Sicherheiten gegen Gewaltbruch und Streckgrenzenüberschreitung ist die Vorgehensweise problemlos, denn es liegt der elementare Fall der Anwendung der Vergleichsspannungshypothese vor. Aus den vorhandenen örtlichen Spannungen, gegeben durch die Hauptspannungen $\sigma_1, \sigma_2, \sigma_3$, wird nach Gl. (2.30) die örtliche Vergleichsspannung berechnet. Die zum Versagen führenden Spannungen sind σ_B bzw. σ_S, also die am Zugstab ermittelten Werkstoffwerte.

Im Prinzip kann diese Methodik auch für schwingende Beanspruchung angewendet werden. Für örtlich vorhandene Spannungen

$$\begin{aligned} \sigma_1 &= \sigma_{1m} \pm \sigma_{1a} \\ \sigma_2 &= \sigma_{2m} \pm \sigma_{2a} \\ \sigma_3 &= \sigma_{3m} \pm \sigma_{3a} \end{aligned} \quad (2.52)$$

werden mit Hilfe der Gl. (2.30) die Vergleichsspannungen fur Mittelwert und Ausschlagspannung σ_{Vm} und σ_V berechnet. Im für den Werkstoff zutreffenden Dauerfestigkeitsschaubild kann die Sicherheit entsprechend dem vorliegenden Überlastfall bestimmt werden.

Im Vergleich zum Nennspannungskonzept für stabförmige Bauteile sind kleinere Sicherheiten zu erwarten bzw. das Bauteil wird bei gleicher Sicherheit überdimensioniert. Die Ursachen sind unschwer in der Nichtberücksichtigung des intermolekularen Spannungsausgleiches infolge des Spannungsgefälles zu erkennen. Hier werden die gegenwärtigen Grenzen des Konzeptes der örtlichen Spannungen und die Notwendigkeit entsprechender Forschungsarbeiten offenbar.

Diese Aussage trifft insbesondere auf die Vergleichsspannungshypothesen zu. Dabei ist der im Abschn. 2.7 abgeleitete Weg über die Berechnung der Gesamtsicherheit aus den Teilsicherheiten durch die Praxis zumindest für den Bereich des Maschinenbaus zur Kombination von σ_x und τ_{xy} im Sinne des Nennspannungskonzeptes gut bestätigt.

Allerdings führt die v. Misesche Hypothese für bestimmte Spannungszustände nach dem Konzept der örtlichen Spannungen zu offensichtlich falschen Werten.

2.9 Erforderliche Sicherheit... 37

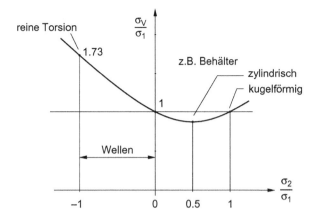

Abb. 2.30 Gestaltänderungsenergiehypothese für ebene Spannungszustände

Gehen wir von Gl. (2.30) aus und wenden diese auf 2-achsige Spannungszustände an, so kann die Gleichung auch in der Form

$$\frac{\sigma_V}{\sigma_1} = \sqrt{1 + \left(\frac{\sigma_2}{\sigma_1}\right)^2 - \frac{\sigma_2}{\sigma_1}} \qquad (2.53)$$

geschrieben werden. Die Auftragung in Abb. 2.30 zeigt, dass typische Anwendungen des Maschinenbaus wie Wellen und „reine" Torsion im Bereich $\sigma_2/\sigma_1 < 1$ auf einsehbare und experimentell bestätigte Werte führen.

Andererseits ist der Bereich $0 < \sigma_2/\sigma_1 < 1$ mit $\sigma_V/\sigma_1 < 1$ kaum richtig, wie z. B. aus dem Behälterbau bekannt ist. So ist es sehr zu begrüßen, dass zahlreiche jüngere Publikationen das Problem der Vergleichsspannung aufgreifen bzw. mit sog. „Interaktionsformeln" versuchen, diese Aufgabe zu lösen.

Aus später noch erkennbaren Gründen soll jedoch an der klassischen Sicherheit festgehalten werden, auch wenn sie sehr kritikwürdig ist.

2.9 Erforderliche Sicherheit; Sicherheit unter wahrscheinlichkeitstheoretischem Aspekt

Im Abschnitt 2.1 haben wir die Sicherheitszahl S als Quotienten aus zum Versagen führender Belastung oder Beanspruchung und den tatsächlich vorhandenen Größen definiert. Nach den bisherigen Überlegungen unterscheiden wir

- Sicherheit gegen Gewaltbruch (σ_B)
- Sicherheit gegen Streckgrenzenüberschreitung (σ_S) oder Fließen (σ_{bF})

- Sicherheit gegen Dauerschwingbruch oder Ermüdung (σ_A, σ_{AK}, τ_A, τ_{AK}).

Grundsätzlich wird die Sicherheit als Zahl > 1 definiert. Aus praktischer Erfahrung und nach einschlägigen Vorschriften werden „erforderliche Sicherheiten" in der Größenordnung
$1{,}2 < S_{erf.} < 3$ (bis 8 in Extremfällen)
verwendet (s. Tab. II.5 des Anhanges), wobei im Sicherheitsnachweis

$$S_{vorh.} \geq S_{erf.} \qquad (2.54)$$

zu dokumentieren ist.

Es gebietet die ökonomische Vernunft des Ingenieurs, die vorhandene Sicherheit in Übereinstimmung der erforderlichen Sicherheit zu bringen. Oft obliegt es allerdings dem Konstrukteur, die erforderliche Sicherheit selber festzulegen.

Mit den nachfolgenden Überlegungen sollen die Einflüsse auf die „erforderliche Sicherheit" verdeutlicht werden. Dabei wird der klassische Sicherheitsnachweis eine kritische Wertung erfahren.

Die Sicherheitszahl entsprechend der o.g. Definition verbindet stets zwei unabhängige Gruppen von Einflussgrößen, die statistischen bzw. wahrscheinlichkeitstheoretischen Verteilungen unterliegen.

Analysieren wir zunächst die in den Belastungen berechnete Sicherheit:

Wird eine statistisch repräsentative Anzahl gleicher Bauteile experimentell bezüglich ihrer zum Versagen führenden Belastung geprüft, so ergäbe sich eine um den Mittelwert $\overline{B}_{vers.}$ verteilte Häufigkeit des Ausfalls, die durch mehrere statistische Komponenten zu erklären ist:

$$H(B_{vers.}) = f \begin{pmatrix} \cdot \text{Maßhaltigkeit} \\ \cdot \text{Oberflächengüte} \\ \cdot \text{Werkstoffqualität} \\ \dots \end{pmatrix}.$$

Dem stehen tatsächlich vorhandene Belastungen gegenüber, die meistens ebenfalls statistisch verteilt sind.

$$H(B_{vorh.}) = f \begin{pmatrix} \cdot \text{Windlasten} \\ \cdot \text{Seegangslasten} \\ \cdot \text{Umwelteinflüsse} \end{pmatrix}.$$

Abbildung 2.31 verdeutlicht, dass ein Schaden immer dann auftritt, wenn ein Bauteil statistisch geringerer Festigkeit statistisch große vorhandene Belastung aufnehmen muss.

Es ist qualitativ einsehbar, dass im Überschneidungsbereich beider Glockenkurven wieder eine statistische Verteilung für die Schadenshäufigkeit $H_{Schaden}$ auftritt (vgl. [2.02] und [2.09]).

2.9 Erforderliche Sicherheit...

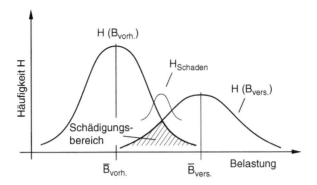

Abb. 2.31 Schädigungsbereich infolge Schneidung der Verteilungen für $B_{vorh.}$ und $B_{vers.}$

Andererseits kann daraus abgeleitet werden, dass sich die Schadenswahrscheinlichkeit verringert bzw. sogar gegen Null geht, wenn Überschneidungen beider Glockenkurven vermieden werden. Folgende Maßnahmen können daraus zu Erhöhung der Sicherheit abgeleitet werden (vgl. Abb. 2.32).

1. Zur Verschiebung der Glockenkurve durch Vergrößerung der mittleren Bauteilbelastbarkeit $B_{vers.}$. Dieser Maßnahme sind ökonomische Grenzen gesetzt, da sie bei gleichem Werkstoff massenintensiv, bei höherfestem Werkstoff kostenintensiv ist (Abb. 2.32a).
2. Verringerung der Streubreite für $B_{vers.}$ bei konstantem $B_{vorh.}$. Das kann durch verbesserte technologische Bedingungen erreicht werden, die natürlich ebenfalls kostenintensiv sind (Abb. 2.32b).
3. Gütekontrolle bzgl. erkennbarer Mängel (Maßhaltigkeit, Oberflächengüte, Rissprüfung, u. a.). Diese Maßnahmen bewirkt eine Asymmetrie der rechten Verteilungsfunktion (Abb. 2.32c).
4. Aufbringen einer statischen Prüflast (Burn – in) oder besser Durchführung eines Prüflaufes mit Schwingbelastung mit $N > N_{grenz.}$ (Abb. 2.32d).
   Statische Prüflasten sind dabei nur sinnvoll bei statisch belasteten Bauteilen, da ein späterer Ermüdungsbruch dadurch nicht verhindert werden kann. Für die Simulation von Ermüdungsbrüchen sind Prüfläufe nur vertretbar, wenn $N_{grenz.}$ nach relativ kurzen Prüfzeiten erreicht wird.
5. Maßnahmen zur Belastungsbegrenzung wie Überlastschutz, Rutschkupplungen u. a., die bei Kombination mit den Maßnahmen 2 bis 4 die Schadenswahrscheinlichkeit wesentlich verringern (Abb. 2.32e).

Die Maßnahme 5 ist besonders dann sinnvoll, wenn eine extreme „Lastannahme" getroffen werden müsste.

Lastannahmen oder lastabschätzende Berechnungen werden in der Praxis sehr häufig notwendig, da das zu entwickelnde technische Gebilde zum Zeitpunkt der Berechnung als Messobjekt i. d. R. nicht zur Verfügung steht.

Abb. 2.32 Maßnahmen zur Verringerung der Schadenswahrscheinlichkeit.
(**a**) Sicherheitserhöhung;
(**b**) Streubreitenreduzierung;
(**c**) Gütekontrolle;
(**d**) Prüflast;
(**e**) Überlastschutz

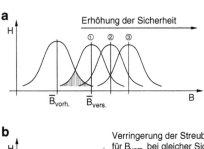

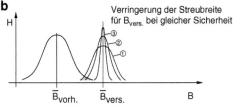

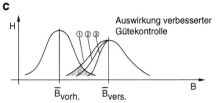

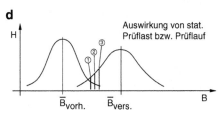

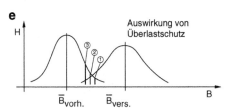

Wird die Sicherheit in Beanspruchungen nachgewiesen – und das ist in der Praxis übliche Vorgehensweise – so kommen die Unsicherheiten der Berechnungsmethode hinzu. Unsicherheiten sind immer Anlass, die erforderliche Sicherheitszahl zu vergrößern.

Es muss also kritisch bemerkt werden, dass der Sicherheitsnachweis in seiner Aussagekraft begrenzt ist. Die Sicherheitsberechnung erfordert hohes Verantwortungsbewusstsein und die Bereitschaft zum vertretbaren Risiko zugleich!

2.10 Ermittlung der übergeordneten Sicherheit; Produktsicherheit

Sicherheit ist das wichtigste Produktmerkmal. Auf der Basis sicherheitsrelevanter europäischer Richtlinien (vgl. [2.17] und [2.18]) bzw. bundesdeutscher Gesetzgebung (vgl. [2.11] und [2.16]) darf ein Hersteller oder sein Bevollmächtigter Maschinen nur in den Verkehr bringen oder in Betrieb nehmen, wenn bei ordnungsgemäßer Installation und Wartung und bei bestimmungsgemäßer Verwendung oder vorhersehbarer Fehlanwendung die Sicherheit und die Gesundheit von Personen und die Sicherheit von Haustieren und Gütern und, soweit anwendbar, die Umwelt nicht gefährdet werden [2.11]. Als sicheres Produkt gilt jedes Produkt, das bei normaler oder vernünftigerweise vorhersehbarer Verwendung, was auch die Gebrauchsdauer sowie gegebenenfalls die Inbetriebnahme, Installation und Wartungsanforderungen einschließt, keine oder nur geringe, mit seiner Verwendung zu vereinbarende und unter Wahrung eines hohen Schutzniveaus für die Gesundheit und Sicherheit von Personen vertretbare Gefahren birgt [2.17].

Mit dieser Festlegung ist gegenüber der in den vorherigen Kapiteln vorgestellten mechanischen Sicherheit eine erweiterte, sprich übergeordnete Produktsicherheit definiert. Abb. 2.33 zeigt eine Auswahl von Gefahren, die von einer Maschine ausgehen können und bei der Auslegung und Gestaltung bewusst reduziert werden müssen.

Unter der Prämisse der gesetzlich verankerten Mitwirkungspflicht müssen Hersteller im Rahmen einer CE-Kennzeichnung, mit der nachgewiesen werden soll, dass die

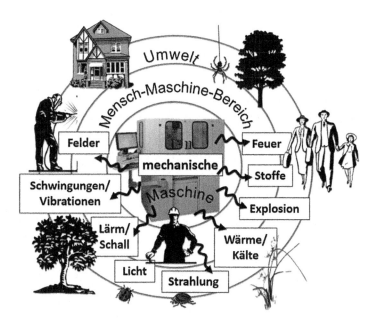

Abb. 2.33 Gefahrenzonen und Gefahren einer Maschine

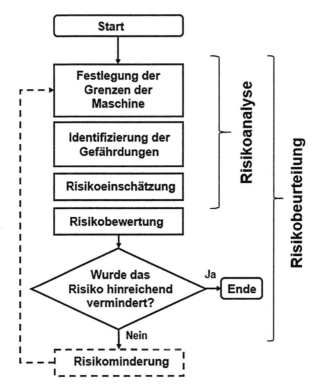

Abb. 2.34 Methode zur Risikoanalyse, -bewertung und -minderung (nach [2.06])

Mindestanforderungen an die Sicherheits- und Gesundheitsschutzanforderungen gegeben sind, eine Risikoanalyse und Risikobewertung durchführen und dokumentieren. Eine Methode hierfür ist z. B. in [2.06] beschrieben und in Abb. 2.34 dargestellt.

Nach der Festlegung der *Grenzen* einer Maschine, zu denen die räumlichen Grenzen, die zeitlichen Grenzen (z. B. Lebensdauer, Nutzungsdauer) und die konstruktiv – anwendungsspezifischen Grenzen (Festigkeiten, Temperaturen, Schmutz,...) gehören, sind bestehende *Gefahren* (vgl. Abb. 2.32 und [2.06]) in allen Lebensphasen des Produktes zu identifizieren. Bezogen auf die betrachteten Gefährdungen sind Risiken einzuschätzen und zu bewerten. Ein *Risiko* ist die Kombination der Wahrscheinlichkeit des Eintritts eines Schadens und seines Schadensausmaßes.

Die *Sicherheit* einer Maschine ist gegeben, wenn die bestehenden Risiken kleiner sind als die Restrisiken. *Restrisiken* sind Risiken, die nach der Anwendung von Schutzmaßnahmen verbleiben, die Sicherheit der Anwender beeinträchtigen und auf die in der Bedienungsanleitung hingewiesen werden muss.

Die Abbildungen 2.35 und 2.36 geben Möglichkeiten wider, wie auf der Basis einer Schadenshöhe bzw. eines Schadensausmaßes, stellenweise unter Berücksichtigung einer Aufenthaltsdauer und bestehender Erkennungsmöglichkeiten (vgl. Abb. 2.36) eine

2.10 Ermittlung der übergeordneten Sicherheit; Produktsicherheit

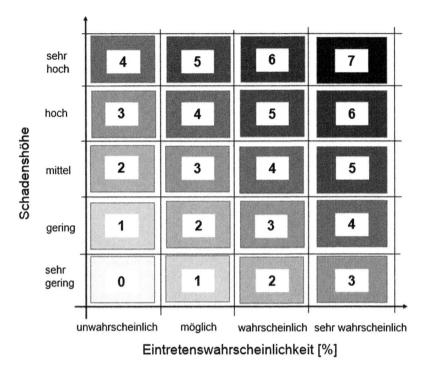

Abb. 2.35 Risikomatrix zur Risikoermittlung

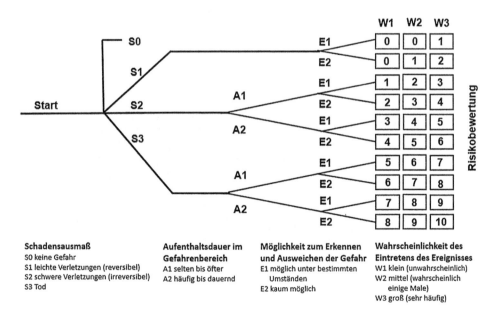

Abb. 2.36 Entscheidungsmatrix zur Risikobewertung

Risikoklasse ermittelt werden kann. Hohe Risikoklassen, die durch den Anwender definiert werden müssen, sind gemäß vorgegebener Empfehlungen (vgl. [2.06]) zu reduzieren.

Die Stufen für die Eintretenswahrscheinlichkeit oder auch Wahrscheinlichkeit des Wirksamwerdens der Gefährdung werden bei der Risikobewertung geschätzt oder statistisch belegt. Möglichkeiten hierfür werden im Kap. 3 vorgestellt.

Werden mechatronische Maschinensysteme betrachtet, werden aktuell für die funktionale Sicherheit sicherheitsbezogener elektrischer, elektronischer und programmierbarer elektronischer Steuerungssysteme einer Maschine z. B. ein *Sicherheits-Integritätslevel (SIL)* oder für sicherheitsbezogene Teile von Steuerungen elektrischer, hydraulischer, pneumatischer oder mechanischer Maschinen ein *Performance Level (PL)* bestimmt.

Ein *Sicherheits-Integritätslevel (SIL)* wird mit

$$K = F + W + P \tag{2.55}$$

und einer Schwere S der Auswirkung einer betrachteten Gefahr gemäß Abb. 2.37 ermittelt. Die Bewertungsparameter S (Schwere der Auswirkung), F (Häufigkeit und Dauer der Exposition), W (Wahrscheinlichkeit des Auftretens) und P (Möglichkeit der Begrenzung und Vermeidung eines Schadens) können dem Anhang II.6 entnommen werden. Die Sicherheitsanforderungsstufe (SIL) stellt ein Maß für die geforderte Zuverlässigkeit des Systems in Abhängigkeit von der Gefährdung dar.

Zur Darstellung unterschiedlicher sicherheitstechnischer Leistungsfähigkeit werden sogenannte **Performance Level (PL)** definiert (vgl. [2.07]). Die fünf Performance Level (a, b, c, d, e) stehen für unterschiedliche durchschnittliche Wahrscheinlichkeitswerte eines gefährlichen Ausfalls pro Stunde. Details sind dem Anhang II.7 zu entnehmen.

Schwere (S)	Klasse (K)				
	3 bis 4	5 bis 7	8 bis 10	11 bis 13	14 bis 15
4	SIL 2	SIL 2	SIL 2	SIL 3	SIL 3
3		(AM)	SIL 1	SIL 2	SIL 3
2			(AM)	SIL 1	SIL 2
1				(AM)	SIL 1

Abb. 2.37 Matrix zur Risikobewertung mittels Sicherheits-Integritätslevel (SIL)

2.10 Ermittlung der übergeordneten Sicherheit; Produktsicherheit

Schwere der Verletzung

S1: leichte Verletzung

S2: Tod oder schwere Verletzung

Häufigkeit und Aufenthaltsdauer

F1: selten bis öfter

F2: häufig bis dauernd

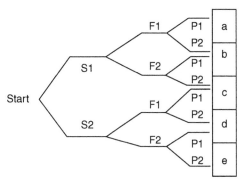

Möglichkeit zur Vermeidung von Gefährdungen

P1: möglich unter bestimmten Bedingungen

P2: kaum möglich

PL: Performance-Level

Abb. 2.38 Risikograph zur Ermittlung eines Performance Levels PL (nach [2.07])

Um den Performance Level für jede Sicherheitsfunktion des sicherheitsrelevanten Steuerungssystems zu definieren, ist eine Risikobeurteilung durchzuführen und zu dokumentieren. Die Abbildung 2.38 stellt ein qualitatives Verfahren zur Abschätzung des Risikos und zur Ermittlung des erforderlichen Performance Levels vor.

Performance Level werden durch geeignete Komponenten realisiert, die einem bestimmten Diagnosedeckungsgrad DC und einer bestimmten Zeit bis zum Eintreten eines gefährlichen Fehlers ($MTTF_d$) entsprechen (Details s. Anhang II.7).

Alle Verfahren, die die Sicherheit einer Maschine auf der Basis von Risiken darstellen enthalten Wahrscheinlichkeiten. Der Umgang und die Ermittlung von Wahrscheinlichkeiten sind dem Kap. 3 zu entnehmen.

2.11 Anhang

Tafel II.1 Spannungszustände

Tafel II.1.1 Elementare Spannungszustände in stabförmigen Bauelementen

Schnittgröße	Sinnbild	Berechnung	Spannungstensor
Normalkraft $F_n(s)$	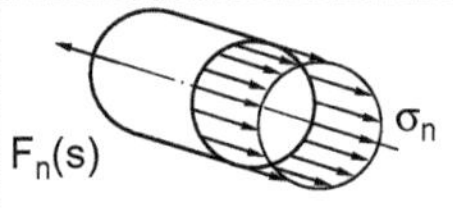	$\sigma_n = \dfrac{F_n(s)}{A}$	$\begin{pmatrix} \sigma_1 & 0 & 0 \\ 0 & 0 & 0 \\ 0 & 0 & 0 \end{pmatrix}$ $\sigma_1 = \sigma_n$
Biegemoment $M_b(s)$	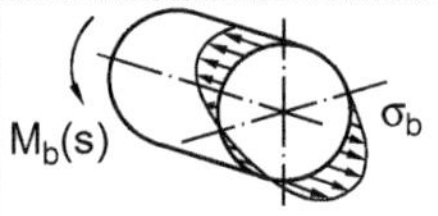	$\sigma_b = \dfrac{M_b(s)}{W_z}$ $\sigma_b = \dfrac{M_b(s)}{I_z} \cdot y$	$\begin{pmatrix} \sigma_1 & 0 & 0 \\ 0 & 0 & 0 \\ 0 & 0 & 0 \end{pmatrix}$ $\sigma_1 = \sigma_b$
Torsionsmoment $M_t(s)$	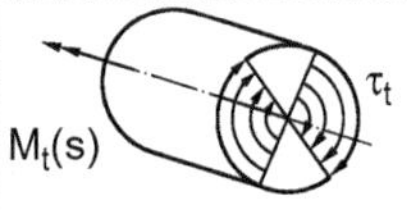	$\tau_t = \dfrac{M_t(s)}{W_t}$ $\tau_t = \dfrac{M_t(s)}{I_p} \cdot r$	$\begin{pmatrix} \sigma_1 & 0 & 0 \\ 0 & \sigma_2 & 0 \\ 0 & 0 & 0 \end{pmatrix}$ $\sigma_1 = |\tau| = -\sigma_2$
Querkraft $F_q(s)$	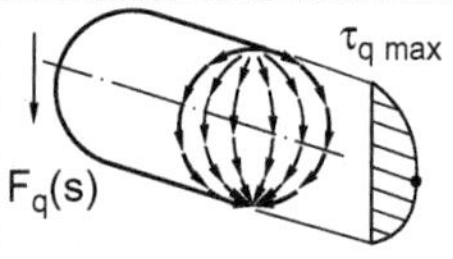	$\tau_{qmax} = \chi \dfrac{F_q}{A}$	$\begin{pmatrix} \sigma_1 & 0 & 0 \\ 0 & \sigma_2 & 0 \\ 0 & 0 & 0 \end{pmatrix}$ $\sigma_1 = |\tau| = -\sigma_2$

A ... Querschnittsfläche
I_z, I_t ... Trägheitsmoment
W_t ... Widerstandsmoment
χ ... Flächenbeiwert

2.11 Anhang

Tafel II.1.2 Elementare rotationssymmetrische Spannungszustände

Bezeichnung	Sinnbild	Berechnung	Spannungstensor
Vollzylinder		$\sigma_r = -p$ $\sigma_\varphi = -p$ (unabhängig von r)	$\begin{pmatrix} \sigma_1 & 0 & 0 \\ 0 & \sigma_2 & 0 \\ 0 & 0 & 0 \end{pmatrix}$ $\sigma_1 = \sigma_2 = -p$
Bohrung in Scheibe mit unendlicher Ausdehnung		$\sigma_r = -p \cdot \left(\dfrac{r_o}{r}\right)^2$ $\sigma_\varphi = p \cdot \left(\dfrac{r_o}{r}\right)^2$	$\begin{pmatrix} \sigma_1 & 0 & 0 \\ 0 & \sigma_2 & 0 \\ 0 & 0 & 0 \end{pmatrix}$ $\sigma_1 = -\sigma_2$
dünnwandiges Rohr		$\sigma_1 = \dfrac{d}{s} \cdot p$ $\sigma_1 = \dfrac{d}{s} \cdot p$ $\sigma_r \ll \sigma_1, \sigma_\varphi$	$\begin{pmatrix} \sigma_1 & 0 & 0 \\ 0 & \sigma_2 & 0 \\ 0 & 0 & 0 \end{pmatrix}$ $\sigma_1 = \sigma_t$ $\sigma_2 = \sigma_\varphi = \dfrac{1}{2} \cdot \sigma_1$
Kugelschale		$\sigma_\varphi = \dfrac{d}{s} \cdot p$ $\sigma_r \ll \sigma_\varphi$	$\begin{pmatrix} \sigma_1 & 0 & 0 \\ 0 & \sigma_2 & 0 \\ 0 & 0 & 0 \end{pmatrix}$ $\sigma_1 = \sigma_2 = \sigma_\varphi$

Tafel II.1.3 Spannungszustände in Flächentragwerken

Bezeichnung	Sinnbild	Berechnung	Spannungstensor
Scheibe (ebener Spannungszustand)	$\sigma_x, \sigma_y, \tau_{xy}, \sigma_z = 0$, $d \to 0$	FEM, BEM in Sonderfällen strenge Lösung	$\begin{pmatrix} \sigma_1 & 0 & 0 \\ 0 & \sigma_2 & 0 \\ 0 & 0 & 0 \end{pmatrix}$ $\begin{Bmatrix} \sigma_1 \\ \sigma_2 \end{Bmatrix} = \frac{\sigma_x + \sigma_y}{2} \pm$ $\pm \left(\left(\frac{\sigma_x + \sigma_y}{2} \right)^2 - \tau_{xy}^2 \right)^{1/2}$
Scheibe (ebener Verzerrungszustand)	$\sigma_x, \sigma_y, \sigma_z, \tau_{xy}, \varepsilon_z = 0$	FEM, BEM in Sonderfällen strenge Lösung	$\begin{pmatrix} \sigma_1 & 0 & 0 \\ 0 & \sigma_2 & 0 \\ 0 & 0 & \sigma_3 \end{pmatrix}$ σ_1, σ_2 wie oben $\sigma_3 = f(\text{Querkontraktionszahl})$
Platte	F_i	FEM in Sonderfällen strenge Lösung	$\begin{pmatrix} \sigma_1 & 0 & 0 \\ 0 & \sigma_2 & 0 \\ 0 & 0 & \sigma_3 \end{pmatrix}$ $\sigma_3 \ll \sigma_1, \sigma_2$
Schale (Membran)	Druck p	FEM in Sonderfällen strenge Lösung	$\begin{pmatrix} \sigma_1 & 0 & 0 \\ 0 & \sigma_2 & 0 \\ 0 & 0 & 0 \end{pmatrix}$

2.11 Anhang

Tafel II.1.4 Kerbspannungszustände (strenge Lösungen)

Bezeichnung	Sinnbild	Berechnung	Spannungstensor
„gelochte" Scheibe nach Kirsch	$\sigma = 3\cdot\sigma$	spezielle „Airysche" Spannungsfunktion $\sigma_k = 3\sigma$	$\begin{pmatrix} \sigma_1 & 0 & 0 \\ 0 & 0 & 0 \\ 0 & 0 & 0 \end{pmatrix}$ $\sigma_1 = \sigma_k$
tordierte Welle mit Querbohrung ($d_b \ll d_w$)		$\tau_t = \dfrac{M_t}{W_p}$ $\sigma_{1,2} = |\tau_t|$ $\sigma_k = \pm 4\,|\tau_z|$ (durch Superposition aus der Kirsch'schen Lösung)	$\begin{pmatrix} \sigma_1 & 0 & 0 \\ 0 & 0 & 0 \\ 0 & 0 & 0 \end{pmatrix}$ $\sigma_1 = \sigma_k$
Scheibe mit einseitiger Parabelkerbe		$\sigma_k = 3.32 \cdot \sigma$ für $\dfrac{a}{\rho} = 5.0$ nach [50]	$\begin{pmatrix} \sigma_1 & 0 & 0 \\ 0 & \sigma_2 & 0 \\ 0 & 0 & 0 \end{pmatrix}$ $\sigma_1 = \sigma_k$

Eine große Anzahl strenger Lösungen wird in [2.14] mitgeteilt

Tafel II.1.5 Kontaktspannungszustände

Bezeichnung	Sinnbild	Berechnung	Spannungstensor
Kugel-Kugel		$p_0 = -\dfrac{1}{\pi}\sqrt[3]{\dfrac{3}{2} \cdot \dfrac{F \cdot E^2 \cdot \left(\sum k\right)^2}{\left(1-\upsilon^2\right)^2}}$ $\sum k = \dfrac{1}{r_1} + \dfrac{1}{r_2}$	$\begin{pmatrix} \sigma_1 & 0 & 0 \\ 0 & \sigma_2 & 0 \\ 0 & 0 & \sigma_3 \end{pmatrix}$
Zylinder-Zylinder		$p_0 = -\sqrt{\dfrac{F \cdot E \cdot \left(\sum k\right)}{\left(1-\upsilon^2\right) \cdot 2 \cdot \pi \cdot l}}$ $\sum k = \dfrac{1}{r_1} + \dfrac{1}{r_2}$	$\begin{pmatrix} \sigma_1 & 0 & 0 \\ 0 & \sigma_2 & 0 \\ 0 & 0 & \sigma_3 \end{pmatrix}$
Bolzendruck (kein Spiel)		$p_0 = \dfrac{2 \cdot F}{\pi \cdot r_1 \cdot b} = \sigma_1$ (Kosinus-Verteilung)	$\begin{pmatrix} \sigma_1 & 0 & 0 \\ 0 & \sigma_2 & 0 \\ 0 & 0 & \sigma_3 \end{pmatrix}$
Bolzendruck (mit Spiel)		$p_0 = -\sqrt{\dfrac{F \cdot E \cdot \left(\sum k\right)}{\left(1-\upsilon^2\right) \cdot 2 \cdot \pi \cdot l}}$ $\sum k = \dfrac{1}{r_1} - \dfrac{1}{r_2}\,;\quad r_2 > r_1$ $\sum k = \dfrac{s}{2r_1^2 + sr_1}\,;\quad r_2 - r_1 = s$	$\begin{pmatrix} \sigma_1 & 0 & 0 \\ 0 & \sigma_2 & 0 \\ 0 & 0 & \sigma_3 \end{pmatrix}$

Tafel II.2 Festigkeitskennwerte

Tafel II.2.1 Festigkeitskennwerte für allgemeine Baustähle

Stahlmarke	σ_B N/mm²	σ_{bF}	σ_S	τ_F	σ_{bW}	σ_{zdW}	τ_{tW}	σ_{bSch}	σ_{zSch}	τ_{tSch}
S195 (St34)	340	240	220	130	160	130	90	240	210	130
S235 (St38)	380	260	240	150	180	140	100	260	230	150
S245 (St42)	420	320	260	170	200	160	120	310	250	170
E295 (St50)	500	370	300	190	240	190	140	370	300	190
E335 (St60)	600	430	340	220	280	210	160	430	340	220
E360 (St70)	700	490	370	260	330	240	200	490	370	260

Tafel II.2.2 Festigkeitskennwerte für höherfeste Stähle

Stahlmarke	σ_B N/mm²	σ_{bF}	σ_S	τ_F	σ_{bW}	σ_{zdW}	τ_{tW}	σ_{bSch}	σ_{zSch}	τ_{tSch}
H52-3	520	430	360	230	280	210	160	410	330	230
H45-2	450	390	300	200	250	190	140	360	300	200
H60-3 HS60-3 HB60-3	600	550	450	300	310	240	190	460	400	300

Tafel II.2.3 Festigkeitskennwerte für Vergütungsstähle

Stahlmarke	σ_B N/mm²	σ_{bF}	σ_S	τ_F	σ_{bW}	σ_{zdW}	τ_{tW}	σ_{bSch}	σ_{zSch}	τ_{tSch}
C25	550	460	370	210	280	230	160	420	370	210
C35	650	540	420	270	310	250	180	470	400	270
C45	750	620	480	310	370	300	210	550	480	310
C55	800	680	530	370	390	310	230	570	510	370
C60	850	700	570	390	410	330	250	620	520	390
40Mn4	900	720	650	410	430	350	260	660	560	410
30Mn5	850	710	600	400	420	340	250	640	540	400
50MnSi4 37MnSi5 37MnV7 34Cr4 34CrNiMo4	1000	890	800	450	490	380	280	750	620	450
42MnV7 38CrSi6 42CrMo4 36CrNiMo4	1100	980	900	500	520	420	310	800	680	500
40Cr4	1050	930	850	470	510	410	300	750	670	470
50CrV4 50CrMo4	1200	1080	1000	520	550	440	340	850	720	520
58CrV4	1250	1130	1050	560	570	450	360	890	740	550
25CrMo4	900	780	700	410	440	360	270	660	600	410
30CrMoV9	1300	1180	1100	600	580	460	370	900	750	600

Tafel II.2.4 Festigkeitskennwerte für Einsatzstähle

Stahl marke	σ_B	σ_{bF}	σ_S	τ_F	σ_{bW}	σ_{zdW}	τ_{tW}	σ_{bSch}	σ_{zSch}	τ_{tSch}
	N/mm²									
C10	500	390	300	210	260	220	170	390	300	210
C15	600	460	350	240	280	240	180	450	350	240
15Cr3	600	560	400	240	350	300	220	490	400	240
16MnCr5	800	750	600	360	400	340	250	600	540	360
20MnCr5	1000	900	700	420	480	420	300	730	660	420
18CrNi8	1200	1100	800	470	550	470	330	850	760	470
20MoCr5[1]	750	700	550	350	390	340	240	580	530	350
20MoCr5[2]	900	850	700	440	460	400	290	680	610	440
18CrMnTi5	900	830	750	430	440	380	280	690	600	430
23MoCrB5	1100	1020	900	470	530	460	330	810	720	470

1) nach Härten in Öl
2) nach Härten in Wasser

Tafel II.3 Dauerfestigkeitsschaubilder nach Smith

Tafel II.3.1 Näherungskonstruktion des Dauerfestigkeitsschaubildes nach Smith

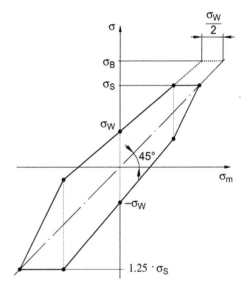

2.11 Anhang

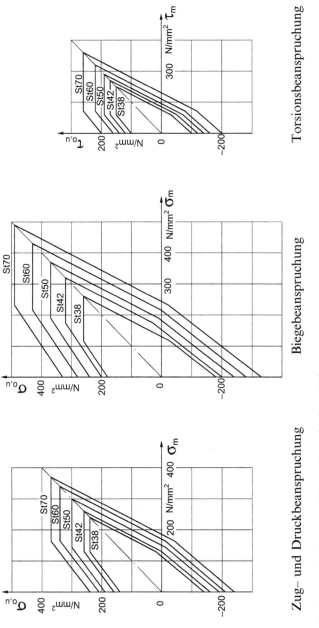

Tafel II.3.2 Dauerfestigkeitsschaubilder allgemeine Baustähle

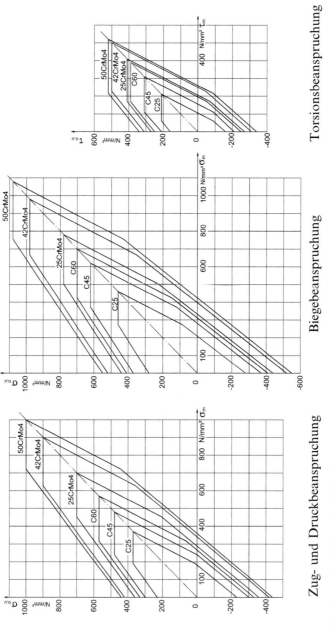

Tafel II.3.3 Dauerfestigkeitsschaubilder Vergütungsstahl

2.11 Anhang

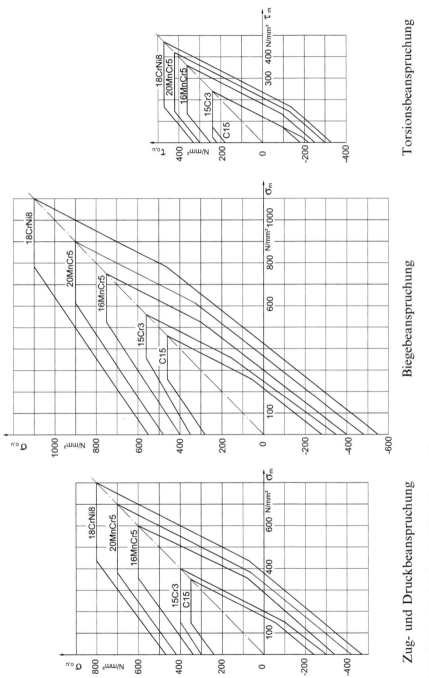

Tafel II.3.4 Dauerfestigkeitsschaubilder Einsatzstahl

Tafel II.3.5 Werkstoff-Festigkeitswerte für Gusseisen Lamellengraphit (Grauguss) [nach DIN EN 1561]

Werkstoff	σ_B Rm	σ_S Rp0,1 N/mm²	σ_{dB}	σ_{bB}	τ_{tB}	τ_{aB}	σ_{bW}	σ_{zdW}
EN-GJL-150	150	100	600	250	170	170	70	40
EN-GJL-200	200	130	720	290	230	230	90	50
EN-GJL-250	250	165	840	340	290	290	120	60
EN-GJL-300	300	195	960	390	345	345	140	75

Beispiel für ein Zug-Druck-Dauerfestigkeitsdiagramm für Grauguss

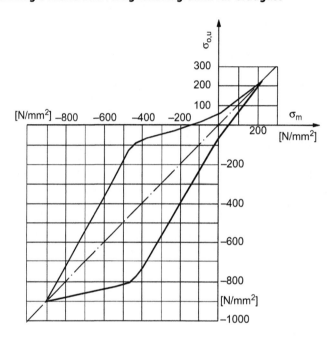

Tafel II.3.6 Werkstoff-Festigkeitswerte für Gusseisen mit Kugelgraphit (Sphäroguss) [nach DIN EN 1563]

Werkstoff	σ_B Rm	$\sigma_{0,2}$ Rp0,2 N/mm²	τ_{tB}	τ_{aB}	σ_{zdW}
EN-GJS-350-22-LT	350	220	315	315	100
EN-GJS-400-18-LT	400	240	360	360	110
EN-GJS-400-15	400	250	360	360	110
EN-GJS-500-7	500	320	450	450	150
EN-GJS-600-3	600	380	540	540	175
EN-GJS-700-2	700	440	630	630	200

2.11 Anhang

Tafel II.4 Kerben, Einflussfaktoren

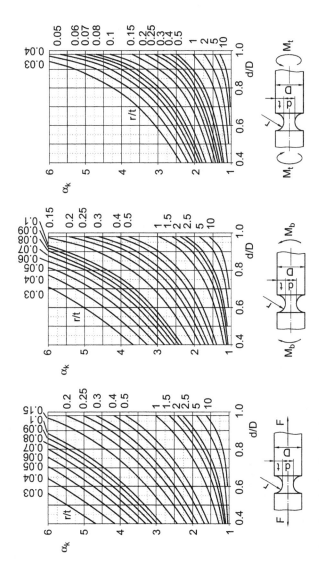

Tafel II.4.1 Formzahlen für gekerbte Rundstäbe

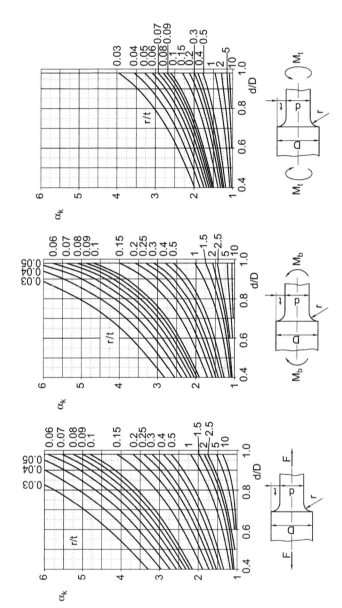

Tafel II.4.2 Formzahlen für abgesetzte Rundstäbe

2.11 Anhang

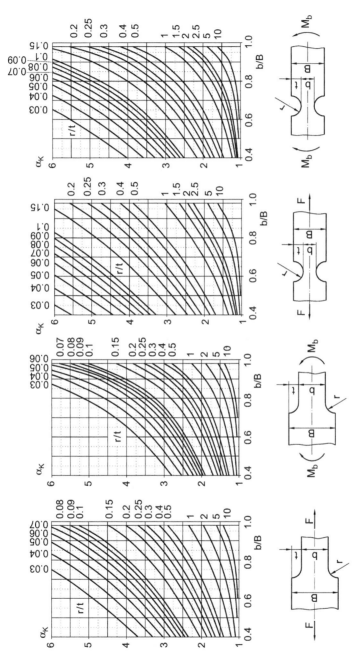

Tafel II.4.3 Formzahlen α_K für gekerbte bzw. abgesetzte Flachstäbe

Tafel II.4.4 Kerbwirkungskennzahlen β_k für Wellen mit Nabensitz

Wellen- und Nabenform	Passung	β_k	σ_B in N/mm²								
			400	500	600	700	800	900	1000	1100	1200
	H7/n6	β_{kb}	1.8	2.0	2.2	2.3	2.5	2.6	2.7	2.8	2.9
		β_{kt}	1.2	1.3	1.4	1.5	1.6	1.7	1.8	1.8	1.9
	H8/u8	β_{kb}	1.8	2.0	2.2	2.3	2.5	2.6	2.7	2.8	2.9
		β_{kt}	1.2	1.3	1.4	1.5	1.6	1.7	1.8	1.8	1.9
	H8/u8	β_{kb}	1.5	1.6	1.7	1.8	1.9	2.0	2.1	2.1	2.2
		β_{kt}	1.0	1.0	1.1	1.2	1.3	1.3	1.4	1.4	1.5

Tafel II.4.5 Kerbempfindlichkeiten η_k

Baustähle	η_k	hochfeste und gehärtete Stähle	η_k
S235 (St 38)	0,50 ... 0,60	C 60	0,80 ... 0,90
S245 (St 42)	0,55 ... 0,65	34CrMo4	0,90 ... 0,95
E295 (St 50)	0,65 ... 0,70	30CrMoV9	0,95
E335 (St 60)	0,30 ... 0,75	Federstähle	0,95 ... 1,00
E360 (St 70)	0,70 ... 0,80	gehärtete Stähle	

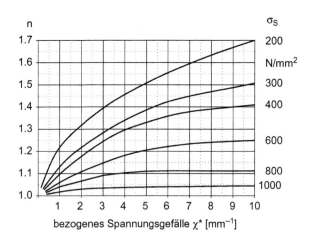

Tafel II.4.6 Stützziffern n als Funktion des bezogenen Spannungsgefälles (s. Tafel II.4.5) zur Berechnung von Kerbwirkungszahlen nach Gl. (2.19)

Tafel II.4.7 Beispiele für bezogene Spannungsgefälle

Bauteilform	χ^* bei		
	Zug / Druck	Biegung	Torsion
	0	$\dfrac{2}{B}$	
	0	$\dfrac{2}{D}$	$\dfrac{2}{D}$
	$\dfrac{2}{r}$	$\dfrac{2}{r}+\dfrac{2}{b_0}$	
	$\dfrac{2}{r}$	$\dfrac{2}{r}+\dfrac{2}{d_0}$	$\dfrac{1}{r}+\dfrac{2}{d_0}$
	$\dfrac{2}{r}$	$\dfrac{2}{r}+\dfrac{4}{B+b_0}$	
	$\dfrac{2}{r}$	$\dfrac{2}{r}+\dfrac{4}{D+d_0}$	$\dfrac{1}{r}+\dfrac{4}{D+d_0}$

Tafel II.4.8 Einflussfaktoren k, k_g, k_t und O_F

Gesamteinfluss k	$k = k_g \cdot k_t$
Geometrischer Größeneinflussfaktor k_g (Torsion, Biegung) (für Zug/Druck gilt $k_g = 1$)	
Technologischer Einflussfaktor k_t	
Oberflächeneinflussfaktoren O_F	

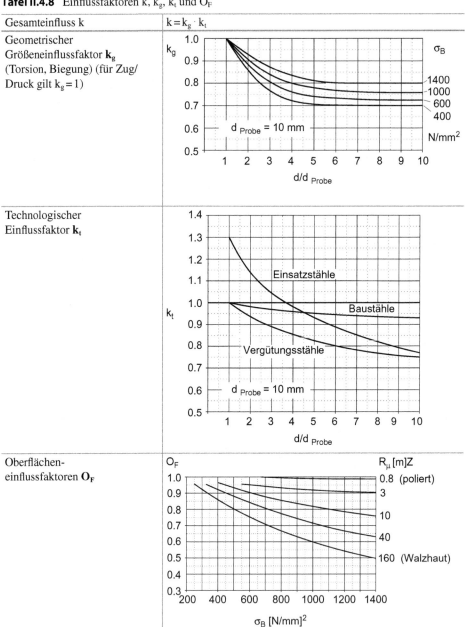

2.11 Anhang

Tafel II.5 Erforderliche Sicherheiten (Maschinenbau)

Für den Sicherheitsnachweis muss gelten:

$$S_{vorh.} \geq S_{erf.} \quad \text{mit} \quad S_{vorh.} = \frac{\sigma_{vers.}}{\sigma_{vorh.}}$$

Nach ingenieurmäßigen Regeln kann empfohlen werden:

Sicherheit $S_{erf.}$ gegen	
Gewaltbruch	$S_B = 2{,}0 \ldots 4{,}0$
Schwingbruch	$S_D = 1{,}5 \ldots 2{,}5$
Überschreiten der Streck- bzw. Fließgrenze	$S_F = 1{,}2 \ldots 2{,}0$
Instabilität (Knicken, Beulen)	$S_K = 3{,}0 \ldots 5{,}0$

mit Tendenz zur unteren Grenze bei
- genauer Kenntnis der Lastannahmen
- exaktem Berechnungsmodell
- Belastungsprüfung

mit Tendenz zur oberen Grenze bei
- hohen Folgeschäden bei Versagen (Gefährdung von Menschenleben)
- unsicheren Lastannahmen, Möglichkeit von Resonanzen

Tafel II.6 Bestimmung des Safety Integrated Level (SIL)

Schwere (S)	Klasse (K)				
	3 bis 4	5 bis 7	8 bis 10	11 bis 13	14 bis 15
4	SIL 2	SIL 2	SIL 2	SIL 3	SIL 3
3		(AM)	SIL 1	SIL 2	SIL 3
2			(AM)	SIL 1	SIL 2
1				(AM)	SIL 1

$$K = F + W + P$$

Auswirkungen	Schwere (S)
Irreversibel : Tod, Verlust eines Auges oder Arms	4
Irreversibel: gebrochene Gliedmaßen, Verlust eines/ mehrerer Finger	3
Reversibel: Behandlung durch einen Mediziner erforderlich	2
Erste Hilfe erforderlich	1

Häufigkeit und Dauer derExposition	(F)
> 10 min ≤ 1 h	5
>1h ≤ 1 Tag	4
>1 Tag ≤ 2 Wochen	3
>2 Wochen ≤ 1 Jahr	2
>1Jahr	1

Wahrscheinlichkeit des Auftretens	Wahrscheinlichkeit (W)
sehr hoch	5
wahrscheinlich	4
möglich	3
selten	2
vernachlässigbar	1

Wahrscheinlichkeit derVermeidung oder Schadensbegrenzung	(P)
unmöglich	5
selten	3
wahrscheinlich	1

2.11 Anhang

Tafel II.7 Bestimmung des erforderlichen Performance Levels (PL)

Schwere der Verletzung

S1: leichte Verletzung

S2: Tod oder schwere Verletzung

Häufigkeit und Aufenthaltsdauer

F1: selten bis öfter

F2: häufig bis dauernd

Möglichkeit zur Vermeidung von Gefährdungen

P1: möglich unter bestimmten Bedingungen

P2: kaum möglich

PL: Performance-Level

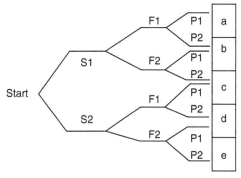

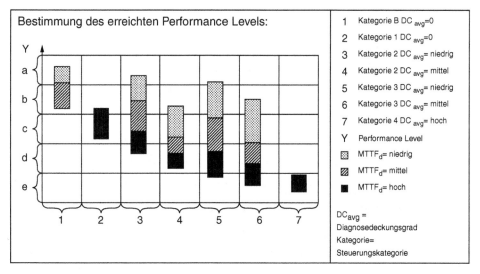

Um beispielsweise einen Performance-Level e (letzte Zeile im Diagramm) zu erreichen, gibt es folgende zwei Möglichkeiten:

1. Die Sicherheitsfunktion muss Kategorie 3 erfüllen, MTTF muss hoch sein (schwarzes Feld) und der Diagnosedeckungsgrad (DC_{avg}) muss mittel sein.

2. Die Sicherheitsfunktion muss Kategorie 4 erfüllen, MTTF muss hoch sein (schwarzes Feld) und der Diagnosedeckungsgrad (DC_{avg}) muss hoch sein.

Quellen und weiterführende Literatur

[2.01] Bach, C.: Elastizität und Festigkeit. Springer, Berlin, 1917.
[2.02] Brach, S.; Koschig, A.; Nowak, H.: Experimentelle Ermittlung der Gestaltfestigkeit von Kurbelwellen und die Wahrscheinlichkeit ihrer Vorhersage. In: Dieselmotoren Nachrichten 1: 16, WTZ, Roßlau, 1976.
[2.03] Rieg, F.; Engelken, G., u.a.: Decker Maschinenelemente: Funktion, Gestaltung und Berechnung. Hanser, 2014.
[2.04] DIN 15018 Teil 1 Krane, Grundsätze für Stahltragwerke. Beuth, Berlin, 1984.
[2.05] DIN EN 62061, Sicherheit von Maschinen – Funktionale Sicherheit sicherheitsbezogener elektrischer, elektronischer und programmierbarer elektronischer Steuerungssysteme, Beuth, Berlin, 2013.
[2.06] DIN EN ISO 12100, Sicherheit von Maschinen – Allgemeine Gestaltungsleitsätze – Risikobeurteilung und Risikominderung, Beuth, Berlin 2011.
[2.07] DIN EN ISO 13849 Teil 1, Sicherheit von Maschinen – Sicherheitsbezogene Teile von Steuerungen, Beuth, Berlin, 2008.
[2.08] Gough, Pollard, Clenshaw: Some Experiments on the Resistance of Metals to Fatigue under combined Stresses. In: London Aeronautic Research Couns Reports and Memorende, 1951.
[2.09] Haibach, E.: Betriebsfestigkeit - Verfahren und Daten zur Bauteilberechnung. Springer Verlag (VDI-Buch), 3. Auflage, 2006.
[2.10] Kirsch, G.: Die Theorie der Elastizität und die Bedürfnisse der Festigkeitslehre. In: VDI-Zeitschrift 797, 1898.
[2.11] Maschinenverordnung: Neunte Verordnung zum Produktsicherheitsgesetz (Maschinenverordnung / 9. ProdSV) vom 12. Mai 1993, geändert durch Artikel 1 der Verordnung vom 8.11. 2011.
[2.12] v. Mises, Richard: Mechanik der plastischen Formänderung. ZAMM 161, 1928.
[2.13] Moll, C.L.; Reuleaux, F.: Konstruktionslehre für den Maschinenbau. Vieweg und Sohn, Braunschweig, 1862.
[2.14] Neuber, H.: Kerbspannungslehre. Springer, Berlin Heidelberg New York, 1985
[2.15] Niemann, G.: Maschienenelemente. Springer Verlag, Berlin Heidelberg New York, 1973
[2.16] Produktsicherheitsgesetz – Gesetz über die Bereitstellung von Produkten auf dem Markt (ProdSG), BGBl. I S. 2179, 2012 I S. 131.
[2.17] Richtlinie 2001/95/EG des Europäischen Parlaments und des Rates über die allgemeine Produktsicherheit, 3. Dezember 2001.
[2.18] Richtlinie 2006/42/EG des Europäischen Parlaments und des Rates über Maschinen und zur Änderung der Richtlinie 95/16/EG (Neufassung), 17. Mai 2006.
[2.19] Schlecht, B.: Maschinenlemenete 1. Festigkeit, Wellen, Verbindungen, Federn, Kupplungen. Pearson, 2007.
[2.20] Schlecht, B.: Maschinenlemenete 2. Getriebe, Verzahnungen, Lagerungen. Pearson, 2009.
[2.21] Siebel, E.; Bussmann: Das Kerbproblem bei schwingender Beanspruchung. In: Die Technik 3: 249–252, 1948.
[2.22] Szabo István: Einführung in die Technische Mechanik. Springer, Berlin, Göttingen, Heidelberg, 1961.
[2.23] Szabo István: Höhere Technische Mechanik. Springer, Berlin Göttingen Heidelberg, 1960.
[2.24] TGL 19340, Dauerfestigkeit der Maschinenbauteile, 1974.
[2.25] Thum, A.; Buchmann, W.: Dauerfestigkeit und Konstruktion. VDI-Verlag, Düsseldorf, 1932.
[2.26] Wittel, H.; Muhs, D.; u.a.: Roloff/Matek Maschinenelemente: Normung, Berechnung, Gestaltung. Springer, Vieweg, 2013.
[2.27] Wöhler, August: Über die Festigkeitsversuche mit Eisen und Stahl. In: Zeitschrift für Bauwesen XX: 81–89, 1870.

3 Schädigung und Versagen technischer Gebilde

3.1 Ausfallverhalten, statistische Grundlagen

Zuverlässigkeitstheorie und Statistik bilden die Grundlage vieler Teildisziplinen der Technik und der Naturwissenschaften (vgl. z. B. [3.16] und [3.09]).

In Abschnitt 2.9 wurden im Zusammenhang mit den wahrscheinlichkeitstheoretischen Aspekten der Sicherheit, auftretende Belastungen bzw. Beanspruchungen bereits als statistische Verteilungen dargestellt. Der Leser mag den Mangel empfunden haben, dass die Betrachtung rein qualitativ durchgeführt wurde.

Für die in den folgenden Abschnitten zu behandelnde „Lebensdauer" und „Zuverlässigkeit" ist die mathematische Beschreibung stochastischer Vorgänge unerlässlich, wobei die Darstellung aus praktischer Sicht des Ingenieurs erfolgen soll.

Neben der bereits erwähnten statistischen Verteilung von Belastungsgrößen sowie der Ausfallhäufigkeit in Abhängigkeit von der Belastung, kann z. B. die statistische Verteilung des Ausfalls von Ventilsitzen als Funktion der Nutzungsdauer oder auch die statistische Verteilung der Verschleißhöhe h_v gleicher Maschinenteile bei gleicher Nutzungsdauer zu beschreiben sein (s. Abb. 3.1). In jedem Fall ist eine Häufigkeit H als Funktion einer Belastung, als Funktion der Zeit, als Funktion der Verschleißhöhe oder allgemein als Funktion eines Merkmalswertes x_i darzustellen.

Wesentlich für die Aufbereitung ist die Abschätzung der Streu- oder Variationsbreite T_R

$$T_R = x_{max.} - x_{min.} \tag{3.1}$$

und die Festlegung der Klassenaufteilung, gekennzeichnet durch Klassenbreite Δx und Klassenzahl k. Zwischen der Klassenbreite und der Streubreite besteht der Zusammenhang

$$T_R = k \cdot \Delta x \tag{3.2}$$

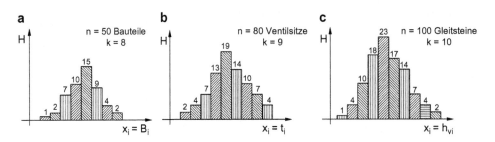

Abb. 3.1 Histogramme statistischer Verteilungen. (**a**) Bauteilversagen als Funktion der Belastung; (**b**) Ventilsitzausfall als Funktion der Nutzungsdauer; (**c**) Verschleiß von Gleitsteinen als Funktion der Verschleißhöhe

Die Klassenzahl k richtet sich dabei nach dem Umfang n der Stichprobe bzw. Anzahl der Ereignisse. Für die Auswertung hat sich

$$\begin{aligned} k &= 5 & n &\le 25 \\ k &\approx \sqrt{n} & 25 &\le n \le 100 \\ k &\approx 1 + 4{,}5 \lg n & n &> 100 \end{aligned} \qquad (3.3)$$

als günstig erwiesen. So wird in Form eines sog. Histogramms die Auftragung der absoluten Klassenhäufigkeit H_j oder durch Bezug auf n die relative Häufigkeit

$$h_j = \frac{H_j}{n} \cdot 100\% \qquad (3.4)$$

als Funktion von x_j möglich (vgl. Abb. 3.2), wobei x_j die jeweilige Klassenmitte kennzeichnet.

Die Verteilungsfunktion wird gekennzeichnet durch den Mittelwert $\bar{x}$ und die mittlere quadratische Abweichung (Standardabweichung) s bzw. die Varianz s^2.

Der Mittelwert errechnet sich aus den Einzelmerkmalen nach

$$\bar{x} = \frac{1}{n} \cdot \sum_{i=1}^{n} x_i \qquad (3.5)$$

oder bei Klassenauftragung nach

$$\bar{x} = \frac{1}{n} \cdot \sum_{j=1}^{k} x_j \cdot H_j = \sum_{j=1}^{k} x_j \cdot h_j. \qquad (3.6)$$

3.1 Ausfallverhalten, statistische Grundlagen

Abb. 3.2 Diskrete Verteilungsfunktion mit Summenhäufigkeit

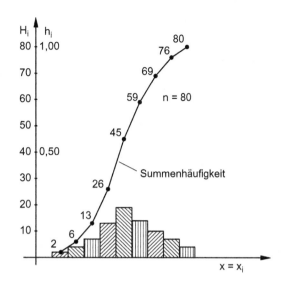

Für die Varianz gilt

$$s^2 = \frac{1}{n-1} \cdot \sum_{i=1}^{n}\left(x_i - \bar{x}\right)^2 \tag{3.7}$$

bzw.

$$s^2 = \frac{1}{n} \cdot \sum_{j=1}^{k}\left(x_j - \bar{x}\right)^2 \cdot H_j = \sum_{j=1}^{k}\left(x_j - \bar{x}\right)^2 \cdot h_j. \tag{3.8}$$

Für den Übergang zur mathematischen Darstellung ist die Summenhäufigkeitsfunktion

$$H(x_j) = \sum_{1}^{j} H_j \tag{3.9}$$

bzw.

$$h(x_j) = \sum_{1}^{j} h_j \tag{3.10}$$

von Bedeutung (vgl. Abb. 3.2).

Verteilungsfunktion und Summenhäufigkeitsfunktion gehen für $n \to \infty$ und Klassenbreite $\Delta x \to 0$ in stetige Funktionen über, die dann der Differential- und Integralrechnung zugänglich sind.

Im Folgenden werden die Grundlagen der Zuverlässigkeitstheorie für stetige Funktionen dargestellt.

3.2 Grundlagen der Zuverlässigkeitstheorie

3.2.1 Mathematische Zusammenhänge

Die Zuverlässigkeitstheorie betrachtet das Versagen als Funktion der Zeit t oder daraus abgeleiteter Funktionen. So sind z. B. die in Abb. 3.1 dargestellten statistischen Verteilungen für den Ausfall auch als statistische Verteilungen in Abhängigkeit von der Zeit t beschreibbar.

Übliche Funktionen der Zuverlässigkeitstheorie sind

- die Dichtefunktion bzw. Ausfallhäufigkeit f(x)
- der Ausfallanteil a(x)
- der Bestandanteil N(x)
- die Zuverlässigkeit bzw. Überlebenswahrscheinlichkeit R(x)
- die Ausfallwahrscheinlichkeit F(x)
- die Ausfallrate λ(x),

die in definiertem mathematischem Zusammenhang stehen (vgl. z. B. [3.16]).

Die Dichtefunktion f(x) beschreibt den Ausfall analog den in Abschn. 3.1 benutzten Histogrammen als Grenzfall $\Delta x = \Delta t \to 0$ (vgl. Abb. 3.3). Das Integral der Dichtefunktion f(x) über der Zeit ergibt den Ausfallanteil a(x) mit

$$a(x) = \int_{x=0}^{x} f(x)\, dx. \tag{3.11}$$

Es gilt demzufolge auch

$$f(x) = \frac{d\,a(x)}{d\,x}. \tag{3.12}$$

Der Anfangsbestand N_0, vermindert um den Ausfallanteil a(x), wird als Bestandanteil N(x)

$$N(x) = N_0 - a(x) \tag{3.13}$$

bezeichnet, der bezogen auf den Anfangsbestand die sehr wichtige Zuverlässigkeitsfunktion R(x) darstellt

$$R(x) = \frac{N(x)}{N_0} = 1 - \frac{1}{N_0} \int_{x=0}^{x} f(x)\, dx. \tag{3.14}$$

3.2 Grundlagen der Zuverlässigkeitstheorie

Abb. 3.3 Zusammenhang zwischen den Grundgrößen der Zuverlässigkeitstheorie

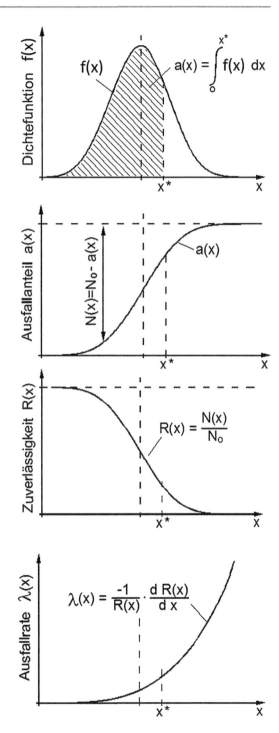

Die Zuverlässigkeitsfunktion ist im Interval $0 \leq R(x) \leq 1$ definiert und kennzeichnet die Überlebenswahrscheinlichkeit. Für die Ausfallwahrscheinlichkeit F(x) gilt damit

$$F(x) = 1 - R(x). \tag{3.15}$$

Für „normierte" Verteilungsfunktionen ist der Anfangsbestand $N_0 = 1$ zu setzen. Eine häufig benutzte Kenngröße ist die Ausfallrate λ(x), die die Dichtefunktion f(x) auf den Bestandanteil N(x) bezieht. Es gilt

$$\lambda(x) = \frac{f(x)}{N(x)} = -\frac{1}{R(x)} \cdot \frac{f(x)\,dx}{dx}. \tag{3.16}$$

Eine Analyse von Bauteilen bzgl. ihrer Ausfallrate über die gesamte Nutzungsdauer ergibt i. d. R. einen typischen und für alle technischen Gebilde zumindest qualitativ wiederkehrenden Verlauf (vgl. Abb. 3.4), der wegen gewisser Ähnlichkeit als „Badewannenkurve" bezeichnet wird.

Nach zunächst häufigen Frühausfällen, die i. d. R. auf Fertigungs- oder Konstruktionsfehlern beruhen, klingt das Ausfallverhalten ab und geht über in den Bereich des zufälligen Versagens, das meistens auf äußere Einwirkungen infolge „zufälliger" Ereignisse zurückzuführen ist.

Für das Anliegen des Buches, Lebensdauer und Zuverlässigkeit infolge Ermüdung, Verschleiß und Korrosion zu beschreiben und zu berechnen, gebührt den Spätausfällen besondere Beachtung. Sie sind Grundlage der Auslegung und Dimensionierung in der Konstruktionsphase.

Für die Bearbeitung von praktischen Aufgaben erweisen sich einige Verteilungsfunktionen als zweckmäßig und gut handhabbar. Sie sollen im nächsten Abschnitt darge-stellt werden.

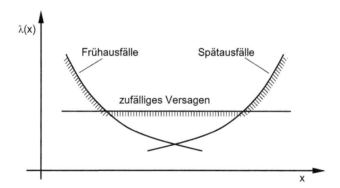

Abb. 3.4 „Badewannenkurve" für das Ausfallverhalten technischer Gebilde

3.2.2 Spezielle Verteilungsfunktionen und Anwendung

Die wohl gebräuchlichste Verteilungsfunktion geht auf Carl Friedrich Gauß (1777 – 1855) zurück, der aus Fehleruntersuchungen die Funktion – wir schreiben sie als Dichtefunktion f(x) – den Zusammenhang

$$f(x) = \frac{1}{s\sqrt{2\pi}} \cdot e^{-\frac{(x-\bar{x})^2}{2s^2}} \qquad (3.17)$$

fand. Die Größen $\bar{x}$ und s^2 sind dabei der in Abschn. 3.1 bereits erläuterte Mittelwert und die die Streubreite charakterisierende Varianz, die für die Gaußfunktion besonders einprägsam sind. Wegen der Symmetrie der Funktion befindet sich $\bar{x}$ an der Stelle des Maximums, während s durch die Lage des Wendepunktes bestimmt ist (vgl. Abb. 3.5).

Die Gaußverteilung nach Gl. (3.17) heißt „normiert", wenn gilt

$$\int_{-\infty}^{+\infty} f(x)\, dx = 1. \qquad (3.18)$$

Die Gaußverteilung hat aber auch Nachteile: Sie ist von $-\infty$ bis $+\infty$ definiert und außerdem für unsymmetrische Verteilungen nicht geeignet. Der erste Mangel kann dadurch behoben werden, dass die Gaußverteilung für 1s; 2s; 3s –Bereiche oder in der technischen Anwendung meistens durch den 10%-Flächenbereich begrenzt wird. Die weiteren Funktionen wie Zuverlässigkeitsfunktion R(x) und Ausfallrate $\lambda(x)$ lassen sich nach den Gln. (3.11) bis (3.16) berechnen (vgl. Abb. 3.6).

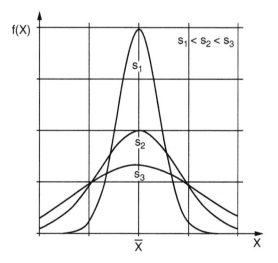

Abb. 3.5 Gauß'sche Verteilungsfunktionen mit unterschiedlicher Standardabweichung s und gleichem Mittelwert $\bar{x}$

Gauß-Verteilung

$$f(x) = \frac{1}{s\sqrt{2\pi}} \cdot e^{-\frac{(x-\bar{x})^2}{2s^2}}$$

Weibull-Verteilung

$$f(x) = \alpha \cdot \beta \cdot (\alpha \cdot x)^{\beta-1} \cdot e^{-(\alpha \cdot x)^\beta}$$

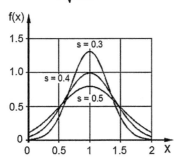
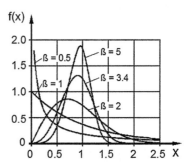

$$R(x) = \frac{1}{s\sqrt{2\pi}} \int_{x}^{+\infty} e^{-\frac{(x-\bar{x})^2}{2s^2}} dx$$

$$R(x) = e^{-(\alpha \cdot x)^\beta}$$

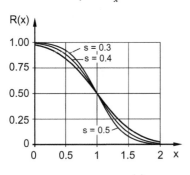
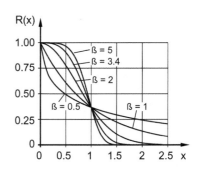

$$\lambda(x) = \frac{f(x)}{R(x)}$$

$$\lambda(x) = \alpha \cdot \beta \cdot (\alpha \cdot x)^{\beta-1}$$

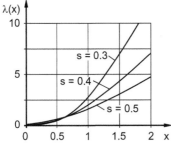
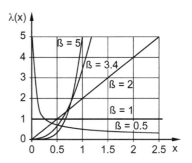

Abb. 3.6 Verteilungsfunktionen (Gauß-Verteilung $\bar{x} = 1$ / Weibull-Verteilung $\alpha = 1$)

3.2 Grundlagen der Zuverlässigkeitstheorie

Wir wollen auf zwei weitere für die technische Anwendung besonders relevante Verteilungen eingehen.

Für zufällige Ausfälle hatten wir bereits im Zusammenhang mit der „Badewannenkurve" (vgl. Abb. 3.4) den Sonderfall

$$\lambda(x) = \lambda = \text{const.} \tag{3.19}$$

erwähnt. Mit Gl. (3.16) folgt

$$\frac{1}{R(x)} \cdot \frac{d\,R(x)}{d\,x} = -\lambda \tag{3.20}$$

bzw.

$$\frac{d\,R(x)}{d\,x} + \lambda \cdot R(x) = 0. \tag{3.21}$$

Als Lösung dieser Differentialgleichung ergibt sich die Exponentialgleichung

$$R(x) = e^{-\lambda \cdot x}. \tag{3.22}$$

Sie dient der Beschreibung der Zuverlässigkeit von Bauteilen, Maschinen und Geräten – oft elektrischen Komponenten, wenn Alterungserscheinungen nicht betrachtet werden müssen. Der Reziprokewert der Ausfallrate λ wird für nicht reparierbare Systeme als Mittlere Betriebszeit bis zum Ausfall MTTF (Mean time to failure), bzw. in reparierbaren Systemen als Mittlere Betriebszeit zwischen zwei Ausfällen MTBF (Mean time between failures) bezeichnet. Es gilt

$$\lambda = \frac{1}{MTTF} \text{bzw. } \lambda = \frac{1}{MTBF} \tag{3.23}$$

Anwendung finden diese charakteristischen Größen in der Zuverlässigkeitsbewertung bzw. der Risikoanalyse (vgl. Abschn. 2.10).

Die Exponentialverteilung wurde von Ernst Hjalmar Waloddi Weibull (1887 – 1979) durch Einführung eines weiteren Parameters anpassungsfähiger gemacht. Es entsteht die nach ihm benannte Weibull-Verteilung

$$R(x) = e^{-(\alpha \cdot x)^\beta} \text{ bzw. } R(x) = e^{-\left(\frac{x}{T}\right)^\beta}. \tag{3.24}$$

Der Koeffizient α ist das Reziproke der Charakteristischen Lebensdauer T. Der Parameter ß ist die Ausfallsteilheit. In Analogie zum Mittelwert und der Varianz der Gaußverteilung geben T und ß die Lage bzw. die Form der Verteilungsfunktion an. Ein charakteristischer

Punkt liegt für α · x = 1 bzw. x/T = 1 mit dem Wert R(x) = 0,368 bzw. F(x) = 0,632 vor. Beispiele für diese Funktion sind in der Abb. 3.6 dargestellt. Wir erkennen die besondere Eignung der Weibull-Funktion für

- Lebensdauerwerte $x \geq 0$
- unsymmetrische Verteilungen
- für abfallende und aufsteigende Verläufe der Früh- und Spätausfälle
- (ß < 1 Früh-, ß = 1 Zufalls- und ß < 1 Spätausfälle)

Bemerkenswert ist außerdem, dass für $\beta = 3.4$ eine Weibullverteilung mit großer Ähnlichkeit zur Gaußverteilung vorhanden ist und mit $1.5 \leq \beta \leq 3$ eine logarithmische Normalverteilung. Nützlich ist ebenfalls die elementare Lösbarkeit und mathematische Modifizierbarkeit. Bezüglich weiterer Ausführungen zur Weibull-Verteilung wird auf [3.02] bzw. [3.03] verwiesen.

3.2.3 Verteilungsfunktionen, Ermittlung charakteristischer Größen

In der praktischen Arbeit fallen besonders aus ökonomischen Gründen die Zufallsereignisse aus Versuchen nicht immer in der Anzahl an, die das Erstellen eines Histogramms ermöglicht. In so einem Fall kann die Verteilungsfunktion und ihre Parameter im sog. „Wahrscheinlichkeitspapier" (s. Abb. 3.7 und 3.8, Anhang III.1.3) ermittelt werden.

Im Fall der *Gaußverteilung* werden die aus einer Stichprobe vom Umfang n stammenden Versuchsereignisse x_i (z. B. Lebensdauern) aufsteigend x_{min} nach x_{max} als Rangfolge i = 1 bis n sortiert.

Mit einer Schätzfunktion wird jedem Rang i eine Ausfallwahrscheinlichkeit F(x) zugeordnet. Für die Gauß-Verteilung hat sich die Schätzfunktion nach Rossow

$$F(x) = \frac{3i - 1}{3n + 1}. \qquad (3.25)$$

als vorteilhaft erwiesen. Die Wertepaare [x_i; F(x_i)] werden in das Wahrscheinlichkeitspapier (s. Abb. 3.7) eingetragen. Eine Ausgleichsgerade wird gezeichnet. Für den Schnittpunkt des Horizontes F(x) = 50% mit der Ausgleichsgeraden kann der Mittelwert $\bar{x}$, für den Horizont F(x) = 15,87% der Wert $\bar{x} - s$ bzw. für F(x) = 84,13% der Wert $\bar{x} + s$ abgelesen werden. Die Standardabweichung s kann somit durch Subtraktion des Mittelwertes $\bar{x}$ berechnet werden.

Das Wahrscheinlichkeitspapier für *Weibull* (s. Abb. 3.1 und Anhang II.1.4) ist das Ergebnis der Linearisierung der Weibullgleichung. Aus

$$F(x) = 1 - e^{-\left(\frac{x}{T}\right)^\beta} \qquad (3.26)$$

3.2 Grundlagen der Zuverlässigkeitstheorie 77

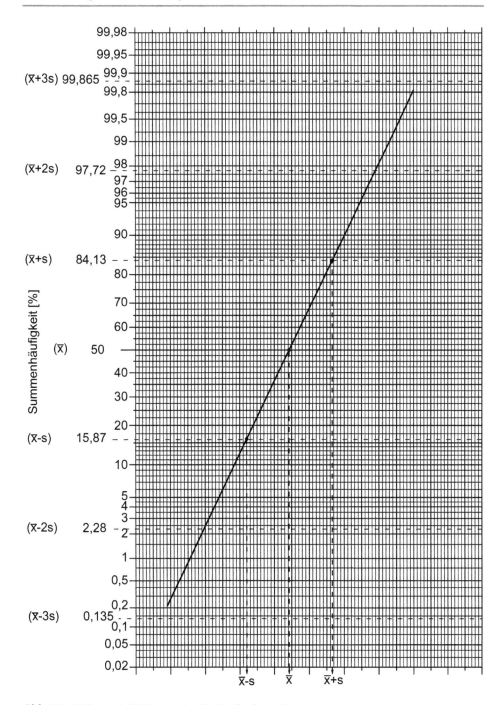

Abb. 3.7 Wahrscheinlichkeitspapier für die Gaußverteilung

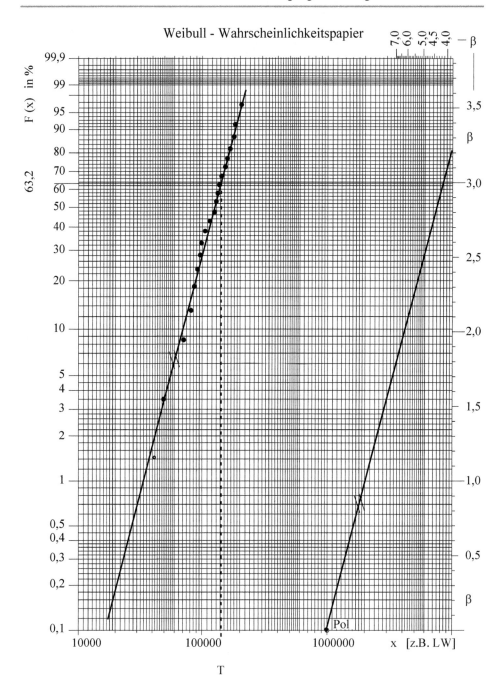

Abb. 3.8 Wahrscheinlichkeitspapier für die Weibullverteilung

3.2 Grundlagen der Zuverlässigkeitstheorie

folgt
$$\ln(-\ln(1-F(x))) = \beta \ln x - \beta \ln T \tag{3.27}$$

und damit die Einteilung der Achsen mit ln x bzw. ln(−ln(1-F(x))). Analog zur Arbeit im Gaußpapier werden zunächst die Versuchsereignisse aufsteigend als Rangfolge sortiert. Für die Schätzung der Ausfallwahrscheinlichkeiten je Rang hat sich

$$F(x) = \frac{i - 0{,}3}{n + 0{,}4}. \tag{3.28}$$

durchgesetzt. Im Schnittpunkt von F(x)=63,2% mit der eingetragenen Ausgleichsgerade kann die Charakteristische Lebensdauer T direkt abgelesen werden.

Die Ausfallsteilheit ß kann nach Parallelverschiebung der Ausgleichsgeraden durch den Pol auf der rechten Skale des Weibullpapiers abgelesen werden. Beispiele sind dem Anhang zu entnehmen (s. Abb. 3.8, Tafel III.1.4.1 und Beispiele 5 und 6).

Natürlich existieren auch Rechenalgorithmen, die diese Aufgabe als Ausgleichsrechnung nach dem „Minimum der Abstandsquadrate" ausführen. Die lineare Weibullgleichung lautet

$$\ln\left(-\ln\left(1-\hat{F}(x)\right)\right) = \beta \ln x - \beta \ln T. \tag{3.29}$$

Die Gleichung der Regressionsgerade:

$$\ln\left(-\ln\left(1-\hat{F}(\hat{x})\right)\right) = a_x + b_x . \ln \hat{x}. \tag{3.30}$$

Mit Hilfe der Gauß'schen Methode der kleinsten Quadrate wird die Gerade für den Zusammenhang von F(x) und x bestimmt, bei der die Quadrate der Abweichungen des Originalpunktes vom Schätzwert ein Minimum ergeben. Allgemein gilt für die Gauß'sche Methode der kleinsten Quadrate

$$\sum_{i=1}^{n}\left[\ln(-\ln(F(x_i))) - \ln\left(-\ln\left(\hat{F}(\hat{x}_i)\right)\right)\right]^2 = \sum_{i=1}^{n}\left[\ln(-\ln(F(x_i))) - (a_x + b_x . \ln x_i)\right]^2 \Rightarrow MIN$$

Zur Bestimmung der Regressionsgerade werden die Regressionsparameter a_x und b_x bestimmt

$$a_x = \overline{y} - b_x . \overline{x} \tag{3.31}$$

$$b_x = \frac{\sum_{i=1}^{n}\left[(\ln x_i - \bar{x}) \cdot \left(\ln\left(-\ln\left(1-F(x_i)\right)\right)\right) - \bar{y}\right]}{\sum_{i=1}^{n}(\ln x_i - \bar{x})^2} \qquad (3.32)$$

mit

$$\bar{x} = \frac{\sum_{i=1}^{n}\ln x_i}{n} \qquad (3.33)$$

und

$$\bar{y} = \frac{\sum_{i=1}^{n}\ln\left(-\ln\left(1-F(x_i)\right)\right)}{n} \qquad (3.34)$$

Vergleichen wir die Regressionsgerade $\ln\left(-\ln\left(1-\hat{F}\left(\hat{x}\right)\right)\right) = a_x + b_x \cdot \ln \hat{x}$ mit der linearen Weibullgleichung $\ln\left(-\ln\left(1-F(x)\right)\right) = \beta \cdot \ln x - \beta \cdot \ln T$ kann $b_x = \beta$ und $a_x = -\beta \cdot \ln T$ als Analogie für die Regressionsparameter geschrieben werden. Für die Weibullparameter gilt demzufolge:

$$\beta = b_x \quad T = e^{-\frac{a_x}{b_x}} \qquad (3.35)$$

Jeder bessere Taschenrechner erledigt heute derartige Routinen. Bezüglich weiterer Verteilungsfunktionen wird auf entsprechende Nachschlagewerke verwiesen (vgl. z. B. [3.02]).

3.2.4 Berechnung der Ausfallwahrscheinlichkeit und Zuverlässigkeit

Wurden die charakteristischen Parameter der einzelnen Verteilungsfunktionen bestimmt, können für beliebige Lebensdauerwerte x die Ausfall- und Überlebenswahrscheinlichkeit bzw. Zuverlässigkeit berechnet werden, die z. B. für eine Risikoanalyse nach Abschn. 1, die Bewertung einer Sicherheit nach Abschn. 5 oder die Planung von Instandhaltungen nach Abschn. 7 maßgebend sind. Während für die Exponential- (Gl. 3.22) und die Weibullverteilung (Gl. 3.24) die Werte nur eingesetzt werden müssen, ist im Fall der Gaußverteilung keine elementare Lösung möglich. Aus diesem Grund soll im Folgenden die besondere Anwendungsmethode zur Bestimmung der Ausfall- und Überlebenswahrscheinlichkeit näher vorgestellt werden.

3.2 Grundlagen der Zuverlässigkeitstheorie

Gauß	Exponential	Weibull
$R(x) = \dfrac{1}{s\sqrt{2\pi}} \int\limits_{x}^{+\infty} e^{-\dfrac{(x-\bar{x})^2}{2s^2}} dx$	$R(x) = e^{-\lambda \cdot x}$	$R(x) = e^{-\left(\dfrac{x}{T}\right)^{\beta}}$
$\bar{x}$, s	λ	ß, T bzw. α
$F(x) = 1 - R(x)$		

Abb. 3.9 Zuverlässigkeitsfunktionen und Verteilungsparameter

Da die allgemeine Zuverlässigkeitsgleichung der Gauß-(Normal-)Verteilung auf Grund des Wertebereiches von $-\infty$ bis $+\infty$ elementar nicht lösbar ist, wird eine Transformation durchgeführt.

Der Mittelwert $\bar{x}$ erhält den 0-Wert der Abszisse und die Standardabweichung s den Wert 1. So entsteht die Standardnormalverteilung, die auch (0,1)-Verteilung genannt wird. Durch Substitution mit

$$\frac{x-\mu}{\sigma} = z \qquad (3.36)$$

erhalten wir für die **(0,1)-Verteilung** die folgenden Gleichungen:

Dichtefunktion (3.37)

$$\varphi(z) = \frac{1}{\sqrt{2\pi}} \cdot e^{-\frac{1}{2}z^2}$$

Ausfallwahrscheinlichkeit (3.38)	Zuverlässigkeit (3.39)
$\phi(z) = \dfrac{1}{\sqrt{2\pi}} \int\limits_{-\infty}^{z} e^{-\frac{1}{2}z^2} dz$	$R(z) = \dfrac{1}{\sqrt{2\pi}} \int\limits_{z}^{+\infty} e^{-\frac{1}{2}z^2} dz$

Für die Funktion ϕ(z) der Ausfallwahrscheinlichkeit existieren in der einschlägigen Literatur Tabellen. Eine solche zu verwendende Tabelle ist in Tafel III.1.3.1 des Anhangs enthalten.

Zur Bestimmung der Zuverlässigkeit R(x) wird zunächst die Ausfallwahrscheinlichkeit ϕ(z) ermittelt. Dazu wird als erstes mit Gl. 3.40 der z-Wert bestimmt. Mit dem z-Wert wird dann in der Tafel III.1.3.1 ϕ(z) abgelesen.

Werden mit Gl. 3.40 negative z-Werte errechnet, dann gilt

$$\Phi(-z) = 1 - \Phi(z). \qquad (3.40)$$

Abb. 3.10 0,1-Verteilung und ϕ(z)

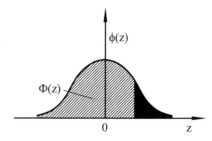

Das abgelesene ϕ(z) bzw. errechnete Wert ϕ(−z) ist dann gleich der Ausfallwahrscheinlichkeit F(x). Die Zuverlässigkeit erhalten wir mit der bekannten Gleichung

bzw.
$$R(x) = 1 - \Phi(z) \quad \text{bei } z \geq 0$$
$$R(x) = 1 - \Phi(-z) = \Phi(z) \quad \text{bei } z < 0. \tag{3.41}$$

In guter Näherung und ohne Vorliegen einer Wertetabelle kann die Wahrscheinlichkeit F(x) natürlich auch mit dem Wahrscheinlichkeitspapier abgelesen werden.

3.2.5 Systemzuverlässigkeit

Maschinen, Apparate oder Geräte bestehen i. d. R. aus mehreren Baugruppen. Die Baugruppen wiederum aus Komponenten, den sog. Einzelelementen, die untereinander Wechselbeziehungen eingehen. Von der Festigkeitslehre her ist bekannt, dass Bauteile mehrere gefährdete Querschnitte aufweisen können. Auch die Anordnung einer größeren Anzahl gleicher oder ähnlicher Elemente wie mehrere Wälzlager in einem Getriebe, für die die Einzelzuverlässigkeiten bekannt sind, muss bzgl. Lebensdauer und Zuverlässigkeit berechnet werden können. Es ist die Frage nach der Gesamt- oder Systemzuverlässigkeit $R_{Sys.}$ des technischen Gebildes zu beantworten.

In der Theorie der Zuverlässigkeit von Systemen wird allgemein unterschieden zwischen Serien-, Parallel- und Mischsystemen (vgl. Abb. 3.11).

3.2.5.1 Seriensystem (Nichtredundanz)
Wenn der Ausfall einer Komponente zu einem Ausfall des Gesamtsystems führt, sind die Komponenten als Serien- bzw. Reihenschaltung aufzufassen. Entsprechend des Multiplikationssatzes der Wahrscheinlichkeitslehre berechnet sich dann die Systemzuverlässigkeit zum Zeitpunkt x aus dem Produkt der Elementzuverlässigkeiten entsprechend Gl. 3.43. Mit der Weibull-Verteilung ist die Gl. 3.44 anzuwenden.

$$R_{Sys.}(x) = \prod_{i=1}^{n} R_i(x) \tag{3.42}$$

3.2 Grundlagen der Zuverlässigkeitstheorie

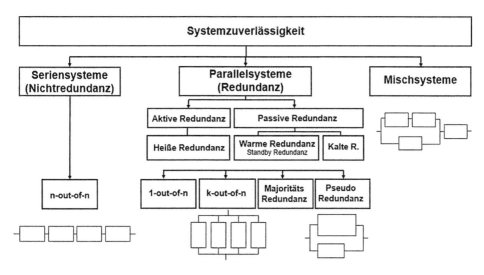

Abb. 3.11 Zuverlässigkeitsstrukturen von Systemen

$$R_{Sys.}^{W}(x) = \exp-\left(\sum_{i=1}^{n}\left(\frac{x}{T_i}\right)^{\beta_i}\right) \qquad (3.43)$$

Wie in Abb. 3.12 zu erkennen ist, sinkt mit zunehmender Komponentenanzahl n die Systemzuverlässigkeit R_{Sys}. Der Abfall der Systemzuverlässigkeit erfolgt umso schneller, desto geringer die Elementzuverlässigkeiten R_i sind. Die einzige Möglichkeit, eine hohe Zuverlässigkeit unter Beibehaltung einer gleichen Zuverlässigkeitsstruktur zu gewährleisten, liegt in der Verbesserung der Elementzuverlässigkeiten zum Zeitpunkt x.

3.2.5.2 Parallelsystem (Redundanz)

Wenn beim Ausfall eines Elementes ein oder mehrere weitere identische Funktionselemente existieren, welche die Funktion uneingeschränkt übernehmen können, wird von einem *Parallelsystem* bzw. einem *redundanten System* gesprochen. Wahrscheinlichkeitstheoretisch berechnet sich die Systemzuverlässigkeit paralleler Systeme zum Zeitpunkt x mit:

$$R_{Sys.}(x) = 1 - \prod_{i=1}^{n}(1 - R_i(x)) \qquad (3.44)$$

Wie Abb. 3.13 zeigt, kann im Gegensatz zum Seriensystem bei Parallelsystemen mit zunehmender Komponentenanzahl n eine Steigerung der Gesamtzuverlässigkeit erzielt werden. Zu bedenken sind andererseits jedoch die progressiv ansteigenden Kosten für Material und Fertigung, die dem positiven Zuverlässigkeitszuwachs entgegenstehen. Als Beispiele für reine Elementredundanz können Schraubenfelder, Versteifungsrippen in Maschinengehäusen, Spanten auf Schiffen oder Stränge in Stahltrossen genannt werden.

Abb. 3.12 Seriensystem

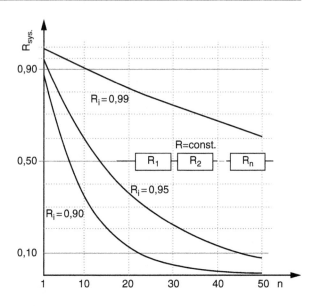

Abb. 3.13 Parallelsystem

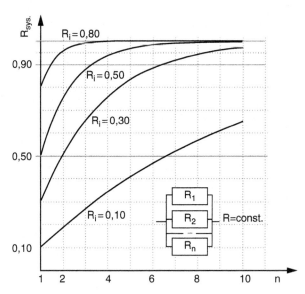

Viel häufiger sind jedoch Anlagenredundanzen anzutreffen. Ohne derartige Redundanzen wäre z. B. die Flug-, Raumfahrt- oder Reaktorsicherheit nicht zu gewährleisten.

Wird die Fähigkeit eines Systems betrachtet, vom Ausfall in den funktionstüchtigen Zustand zu wechseln, können drei allgemeine Redundanzklassen bei den Parallelsystemen beschrieben werden:

Heiße Redundanz – auch aktive, belastete oder funktionsbelastete Redundanz,
Warme Redundanz – auch passive, leicht belastete oder Standby Redundanz,
Kalte Redundanz – auch passive, nichtbelastete Redundanz.

3.2.5.3 Heiße Redundanz
beschreibt, dass das Redundanzelement ständig in Betrieb ist und funktionsbedingter Beanspruchung (gleiche Beanspruchung wie Primäreinheit) unterliegt.

3.2.5.4 Warme Redundanz
Redundanzelement ist bis zum Ausfall der Primäreinheit eingeschaltet, übernimmt aber erst bei Störung oder Ausfall die vorgesehenen Aufgaben.

3.2.5.5 Kalte Redundanz
Redundanzelement ist bis zum Ausfall der arbeitenden Einheit keiner Belastung ausgesetzt und wird erst bei Störung oder Ausfall der Primäreinheit eingeschaltet.

Zur Vervollständigung der Redundanzartenübersicht sollen noch die *k-aus-n Redundanz* und die *Pseudoredundanz* erwähnt werden.

Wenn mindestens k von n Elementen funktionieren müssen, damit die Gesamtfunktion eines technischen Systems erfüllt wird, wird von einer **k-aus-n Redundanz** (k-out-of-n-redundancy) gesprochen. Ein Sonderfall stellt die **Majoritätenredundanz** (Mehrheitsredundanz, majority-redundancy) dar, bei der nur eine sehr geringe Anzahl an Redundanzelementen in Bezug auf die aktiven Elemente als Reserve zur Verfügung stehen.

Durch Nutzung der Binomialverteilung gilt für die Wahrscheinlichkeit, dass genau k Elemente noch nicht ausgefallen sind bei k-aus-n-Redundanz

$$f(k) = \binom{n}{k} R^k (1-R)^{n-k} \text{ mit } \binom{n}{k} = \frac{n!}{k!(n-k)!} \tag{3.45}$$

Die Systemzuverlässigkeit eines k-aus-n Systems ist gegeben, wenn nicht nur k Elemente, sondern auch mehr als k Elemente noch nicht ausgefallen sind. Es gilt dann:

$$R_{Sys.} = \sum_{i=k}^{n} \binom{n}{i} R^i (1-R)^{n-i} \tag{3.46}$$

n ... Zahl existierender Elemente
k ... Mindestanzahl der Komponenten, die funktionieren müssen
R ... Zuverlässigkeit eines Elementes

Bei der **Pseudoredundanz** führt das Reserveelement nicht die identische Funktion wie das Primärelement aus. Es wird lediglich eine verminderte Funktionserfüllung

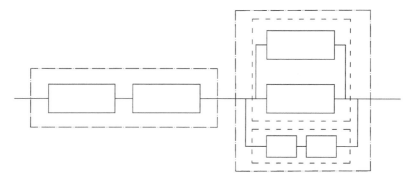

Abb. 3.14 Reduktion komplizierter Systeme

gewährleistet. Ein Beispiel hierfür ist die Zuschaltung eines Notstromaggregates bei Ausfall der Hauptstromversorgung.

3.2.5.6 Mischsysteme

Liegt in einem System eine Zuverlässigkeitsstruktur vor, die eine Kombination der Grundsysteme darstellt, wird von einem Mischsystem gesprochen (vgl. Abb. 3.12). Die Systemzuverlässigkeit ist dann das Ergebnis der logischen Verknüpfung der Überlebenswahrscheinlichkeiten der einzelnen Komponenten, die durch Schaffung von seriellen und parallelen Ersatzschaltungen auch formelmäßig wahrscheinlichkeitstheoretisch zu verknüpfen sind.

Modellstrukturen für die Zuverlässigkeitsberechnung sind logische Strukturen, die von der Überlegung Redundanz oder Nichtredundanz ausgehen. Das Problem liegt in der Festlegung der Modellstruktur, die oft nicht identisch ist mit den stofflichen und energetischen Kopplungen. Ein Werkzeug zur Ermittlung der Zuverlässigkeitsstruktur ist z. B. die Fehlerbaumanalyse FTA. Ansätze zu weiteren Methoden der Systemzuverlässigkeit werden z. B. in [3.02] abgehandelt. Es wird auf die Beispiele 8 und 9 des Anhanges verwiesen.

3.3 Mathematische Beschreibung von Schädigung und Versagen technischer Gebilde

3.3.1 Systematisierung von Schädigung und Versagen

Technische Gebilde sind während ihrer Nutzung – und dazu kann auch der Stillstand gehören – ständig einer Schädigung unterworfen.

Erreicht die Schädigung Grenzen, die eine Funktionserfüllung nicht mehr gewährleisten, so wird die Schädigung als Versagen bezeichnet.

Die Häufigkeit des Versagens infolge Schädigung nimmt mit der Nutzungsdauer i. d. R. progressiv zu.

3.3 Mathematische Beschreibung von Schädigung...

Abb. 3.15 Systematik der Spätausfälle

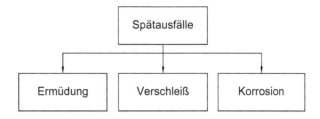

Das Versagen infolge Schädigung ist den in Abschn. 3.2.1 im Zusammenhang mit den Grundlagen der Zuverlässigkeitstheorie dargestellten Spätausfällen (s. Badewannenkurve in Abb. 3.4) zuzuordnen.

Im Unterschied zu den dort ebenfalls erwähnten Frühausfällen, die vorwiegend durch den Konstruktions- und Fertigungsprozess verursacht werden und den meist bedienungsabhängigen zufälligen Ausfällen, sind es die Spätausfälle, die für die Auslegung von Maschinen und Maschinenelementen heranzuziehen sind. Eine Analyse der Spätausfälle von Maschinen zeigt, dass diese in drei Gruppen eingeteilt werden können (s. Abb. 3.15).

Auch Kombinationen dieser drei nach ihren Ursachen benannten Schädigungsarten treten auf, wie noch an konkreten Beispielen gezeigt wird.

Von den naturwissenschaftlichen Grundlagen her gehorchen die Schädigungsprozesse unterschiedlichen Gesetzmäßigkeiten – sie sind sogar verschiedenartigen Wissenschaftsgebieten zuzuordnen.

Aus der Sicht des Konstrukteurs ist ihnen jedoch gemeinsam, dass sie zum Versagen des technischen Gebildes führen und so zur Grundlage der Auslegung von Bauteilen werden. Bisher liegt eine einheitliche Methodik für ihre Berechnung nicht vor und es ist das wesentliche Anliegen des Buches, eine solche Berechnungsgrundlage zu schaffen.

Am weitesten entwickelt sind die Berechnungsverfahren für „Ermüdung", die für den Sonderfall der Dauerschwingfestigkeit in Kap. 2 ausführlich dargestellt wurden.

Auch für die Beanspruchungen oberhalb der Dauerfestigkeitsgrenze und für kompliziertere Beanspruchungs-Zeit-Funktionen wurden durch die Betriebsfestigkeitslehre die wissenschaftlichen Grundlagen für eine im Wesentlichen abgeschlossene Berechnungsmethodik geschaffen. Natürlich wird darauf im vorliegenden Buch zurückgegriffen, wobei allerdings eine Beschränkung auf das Grundsätzliche geboten ist.

Folgen wir der von Wöhler [3.18] eingeführten und später auch für Wälzlager [3.12] verwendeten Methodik, jeder Schädigungsbeanspruchung B die zugehörige Lebensdauer L zuzuordnen, so ergibt sich eine Grenzkurve

$$B = f(L), \quad (3.47)$$

die für alle Schädigungsarten hyperbelartig abfallende Verläufe annimmt.

Erfolgreich verwendete Approximationsfunktionen sind die Hyperbelfunktionen

$$B = C \cdot \frac{1}{L} \quad (3.48)$$

Abb. 3.16 Wöhlerlinie

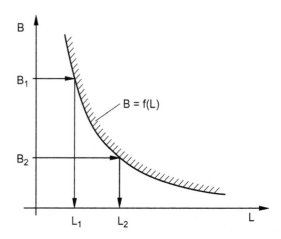

mit einem weiteren Freiwert

$$B^a = C \cdot \frac{1}{L}. \tag{3.49}$$

oder auch e-Funktionen der Form

$$B = C \cdot e^{k \cdot L}. \tag{3.50}$$

Durch Logarithmieren lässt sich zeigen, dass Gl. (3.50) für die doppelt-logarithmische Auftragung und Gl. (3.51) für die einfach-logarithmische Auftragung von Vorteil sein kann.

Bevorzugt wird Gl. (3.50) in der Form

$$B^a \cdot L = C \tag{3.51}$$

mit

B ... Beanspruchung oder (Belastung)
L ... Beanspruchungsdauer oder Lebensdauer
a ... „Wöhlerlinien"-Exponent
C ... Konstante

Mit Rücksicht auf das Versagen durch Verschleiß und Korrosion und neuere Forschungen, die eine exakte „Dauerfestigkeit" in Frage stellen, sollen im Weiteren die Begriffe *Kurzlebigkeit, Langlebigkeit und Sofortausfälle* verwendet werden, wobei letzterem insbesondere Bruch und Fließen infolge Überlastung zuzuordnen sind. Kurzlebigkeit und Langlebigkeit lassen sich einheitlich mit

$$B^a \cdot L = C_a \quad \text{bzw.} \quad B^b \cdot L = C_b \tag{3.52}$$

3.3 Mathematische Beschreibung von Schädigung...

beschreiben, wenn die Konstanten für beide Bereiche unterschieden werden. Die Dauerfestigkeit ist als Sonderfall $b \to \infty$ enthalten, während das Fehlen der Langlebigkeit und auch der Dauerfestigkeit durch a=b gekennzeichnet wird (vgl. Abb. 3.15). Letzteres trifft insbesondere für die noch zu behandelnde komplexe Schädigung des Wälzlagers (s. Abschn. 3.3.6), wie auch für Verschleiß und andere flächenabtragende Prozesse zu.

Für unsere Zwecke ist das Wöhlerdiagramm stets durch die Angabe des Streufeldes für 10% vorzeitigen Ausfall (R=0.9) und 10% Überleben (R=0.1) zu ergänzen (vgl. ebenfalls Abb. 3.17).

Während für Ermüdungsprozesse i. d. R. an der Ordinate die Beanspruchung B in Spannungen aufgetragen wird, muss für Verschleiß und Korrosion von einer allgemeineren Deutung des Begriffes Beanspruchung ausgegangen werden.

Es ist jedoch naheliegend, dass auch für Verschleiß und Korrosion eine Beanspruchung definiert werden kann, für die der empirische Ansatz der Gl. (3.52) oder Gl.(3.53) gilt. Wenn auch eine natur- bzw. technikwissenschaftliche Ableitung dieses Ansatzes schon aus Dimensionsgründen nicht gegeben werden kann, so ist er für viele Schädigungsprozesse in guter Näherung zutreffend.

Gehen wir davon aus, dass eine Schädigung selbst als energetischer Prozess aufgefasst werden kann, so ist den Schädigungen durch Ermüdung, Verschleiß und Korrosion sicher gemeinsam, dass eine Energieumsetzung am Bauteil an bevorzugten Bereichen zu einer Akkumulation von Schädigungsenergie führt, die beim Überschreiten einer kritischen Grenze das Versagen des Bauteils bewirkt. Schädigungen sind als irreversible Prozesse einzuordnen, auch wenn „Erholungen" z.B. bei Ermüdungsprozessen eine dieser Thesen entgegenstehende Erscheinung darstellen. Dementsprechend führt die Akkumulation von Schädigungsenergie stets zu einer Entropiezunahme des einem Schädigungsvorgang unterworfenen Volumenelementes. So liegt neben speziellen Untersuchungen der

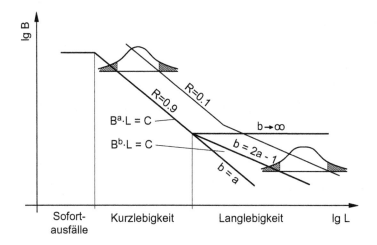

Abb. 3.17 Wöhlerdiagramm mit Streufeld

Versagensarten Ermüdung, Verschleiß und Korrosion auch der Gedanke nahe, den Versuch einer allgemeinen Betrachtung über die Schädigungsenergie zu unternehmen.

Zum gegenwärtigen Zeitpunkt ist der diesbezügliche Erkenntnisstand nicht ausreichend, um in dem vorliegenden Buch durchgängig eine einheitliche Betrachtungsweise anzuwenden.

3.3.2 Schädigung durch Ermüdung

Im Gegensatz zum statischen Überlastbruch, der sich bei den meisten Werkstoffen durch eine plastische Deformation ankündigt, tritt das Versagen durch Ermüdung weit unterhalb statischer Festigkeitswerte auf (vgl. Kap. 2).

Ursache für die Ermüdungsvorgänge sind zeitlich veränderliche Beanspruchungen, die durch schwingende äußere mechanische Belastungen oder auch zeitabhängige thermische Einwirkungen auf das Bauteil hervorgerufen werden.

Die Ermüdung äußert sich in einer Minderung der inneren Bindungskräfte an den Gitterebenen kristalliner Werkstoffe bzw. an den Korngrenzen amorpher Stoffe, die schließlich durch einen Ermüdungsriss zum Versagen des Bauteils führen (s. Abb. 3.18).

Die zeitliche Änderung der zur Ermüdung führenden Beanspruchung kann periodisch schwingen oder mit unterschiedlicher Regellosigkeit stochastisch sein (s. Abb. 3.19).

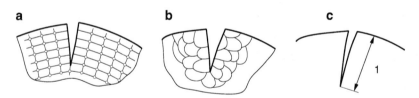

Abb. 3.18 Rissbildung und Ausbreitung. (**a**) kristalliner Körper; (**b**) amorpher Körper; (**c**) homogenes Kontinuum (Modell)

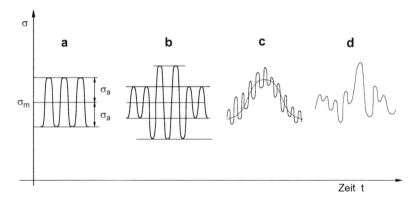

Abb. 3.19 Beanspruchungsarten. (**a**) periodisch schwingend; (**b**) periodisch schwingend, unterschiedliche Laststufen; (**c**) moduliert schwingend; (**d**) stochastisch regellos

Nahezu alle in der Praxis auftretenden Ermüdungsschäden lassen sich bzgl. der Zeitabhängigkeit ihrer Beanspruchung in das in der Abb. 3.19 dargestellte Schema einordnen.

Während bis vor zwei Jahrzehnten die Werkstoffprüfung nur periodisch schwingende Beanspruchungen simulieren konnte und sich dabei vorzugsweise auf die Sonderfälle wechselnde Beanspruchung ($\sigma_m = 0$) und schwellende Beanspruchung ($\sigma_m = \sigma_a$) beschränkte, ermöglichen moderne servohydraulische Prüfmaschinen mit Prozessrechner praktisch die Simulation beliebiger Belastungs-Zeit-Funktionen.

Die periodisch schwingende Beanspruchung wird zweckmäßig durch das Anstrengungsverhältnis

$$r = \frac{\sigma_u}{\sigma_o} = \frac{\sigma_m - \sigma_a}{\sigma_m + \sigma_a} \tag{3.53}$$

gekennzeichnet.

Für die Beschreibung der stochastischen Beanspruchung sind weitere solcher Kenngrößen notwendig (vgl. Kap. 4).

Bei der Schädigung durch Ermüdung sind

- der Anriss
- die Rissausbreitung und
- der Restbruch

zu unterscheiden. Wegen der Kompliziertheit dieser Vorgänge überwiegen in der Bruchmechanik gegenwärtig Modelle, die den realen kristallinen bzw. amorphen Stoffaufbau vernachlässigen und vom homogenen Kontinuum (vgl. Abb. 3.18) ausgehen.

Ohne auf einzelne Bruchtheorien (vgl. z. B. [3.10]) einzugehen, wird einerseits behauptet, dass Risse ausgehend von einer Risslänge l_o progressiv fortschreiten, andererseits aber auch durch bestimmte Bedingungen zum Stillstand kommen können (vgl. Abb. 3.20).

Mit der Auftragung der aktuellen Risslänge l über der Lastwechselzahl N lässt sich das Risswachstum durch den Differentialquotienten

$$\frac{dl}{dN} = f \tag{3.54}$$

kennzeichnen, der von der Rissbildungsenergie abhängig ist.

Die Rissbildungsenergie steht dabei zweifellos mit der sog. Hysteresis beim Beanspruchungszyklus im Spannungs-Dehnungs-Diagramm (s. Abb. 3.21) im Zusammenhang.

Der größte Teil dieser Hysteresis-Arbeit wird dabei allerdings in Wärme umgewandelt, die sich in einer Temperaturerhöhung der Probe äußert, sodass eine Bestimmung der Rissbildungsenergie auf diesem Wege zumindest schwierig sein dürfte. Andererseits deuten Erholeffekte darauf hin, dass Rissbildungsvorgänge nicht grundsätzlich irreversibel sind.

Abb. 3.20 Rissfortschritt in Abhängigkeit von der Lastwechselzahl N

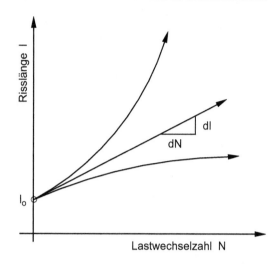

Abb. 3.21 Hysteresisschleife im Spannungs-Dehnungs-Diagramm

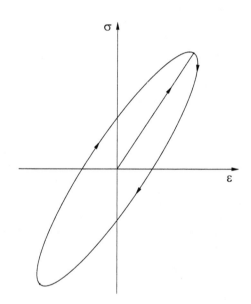

Bei zyklischen Spannungs-Dehnungsverläufen wird weiter ein Sättigungseffekt beobachtet, der auf Gefügeumwandlungen zurückgeführt wird [3.08].

Die Gesamtheit dieser Erscheinungen stützt die Hypothese, dass Ermüdungs- und Rissbildungsprozesse als Überlagerung von Entfestigung und Verfestigung mit i. d. R. überwiegenden Entfestigungsanteil angesehen werden müssen (vgl. ebenfalls [3.09]). So scheint es beim gegenwärtigen Stand der Rissbildungs- und Ermüdungsforschung geboten, an der bisherigen Praxis der Betriebsfestigkeitslehre festzuhalten, und die Schädigung als Funktion von Beanspruchung und Lastspielzahl (vgl. Wöhlerdiagramm in Abb. 3.16) mit Berücksichtigung des Streufeldes (vgl. Abb. 3.17) darzustellen.

3.3 Mathematische Beschreibung von Schädigung... 93

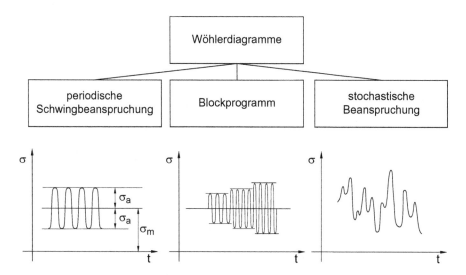

Abb. 3.22 Versuchstechniken zur Aufnahme von Wöhlerdiagrammen

Die wohl umfassendste Darstellung von Wöhlerdiagrammen und allen damit zusammenhängenden Problemen der Betriebsfestigkeit wurde von Haibach [3.09] gegeben. Dem in der Praxis tätigen Konstruktionsingenieur dürfte es jedoch schwer fallen, aus der Vielfalt der dort dargestellten Probleme einen rezeptiven Berechnungsweg abzuleiten.

Für die weitere Vorgehensweise werden folgende Festlegungen getroffen:

1. Wir verwenden grundsätzlich Wöhlerdiagramme, deren Werte aus Schwingbeanspruchungen auf einem Horizont gewonnen wurden (vgl. Abb. 3.22). Blockprogramm-Versuche, Zufallslasten sowie Einzelversuche (vgl. ebenfalls Abb. 3.23) sollen die Spezialität der Betriebsfestigkeitslehre bleiben.
2. Die Anpassung an Kollektivformen erfolgt rechnerisch über noch zu behandelnde Akkumulationshypothesen (vgl. Kap. 4).
3. Die Auftragung der Versuche erfolgt im doppeltlogarithmischen Netz unter Angabe der Grenzkurven für $R=0.9$ und $R=0.1$ (und evtl. $R=0.5$). Das doppeltlogarithmische Netz setzt damit die Gültigkeit der Gl. (3.52) und (3.53) zur Beschreibung der Wöhlerlinie voraus. Wesentlich ist die Grenzkurve $R=0.9$, die auch die für die Bestimmung der zur Sicherheitsberechnung notwendigen Festigkeitswerte enthält, d.h. auch σ_D und N_G (vgl. Abb. 3.23).
4. Eine Normierung wird mit dem Punkt (σ_D und N_G) für $R=0.9$ vorgenommen (im Unterschied zum Normierungsvorschlag nach [3.09] s. Abb. 3.24), für den $R=0.5$ verwendet wird.)
5. Auf der Grundlage der Gl. (3.52) gilt mit dem üblichen Wöhlerkurvenexponenten $a=k$, der für die Neigung der Geraden in doppelt-logarithmischer Auftragung kennzeichnend ist,

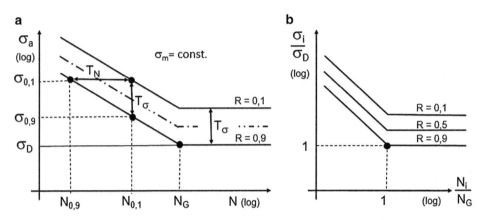

Abb. 3.23 Auftragung für Wöhlerdiagramme. (**a**) doppeltlogarithmische Auftragung; (**b**) normiertes Wöhlerdiagramm (log)

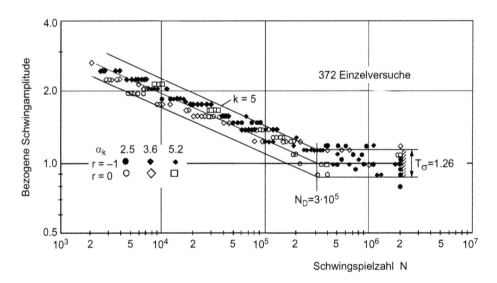

Abb. 3.24 Normierte Wöhlerlinie für Kerbstäbe aus vergütetem Stahl (nach [3.09])

$$\sigma^k \cdot N = C \tag{3.55}$$

und mit dem Wertepaar $(\sigma_i; N_i)$

$$N = N_i \left(\frac{\sigma_i}{\sigma}\right)^k \tag{3.56}$$

bzw. mit dem speziellen Wertepaar $(\sigma_D; N_G)$

$$N = N_G \left(\frac{\sigma_D}{\sigma}\right)^k. \tag{3.57}$$

3.3 Mathematische Beschreibung von Schädigung...

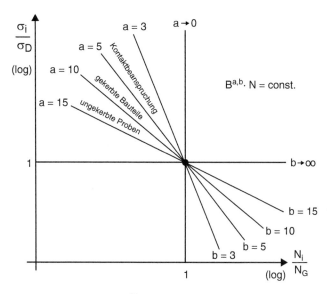

Abb. 3.25 Wöhlerfunktion, Exponenten-Übersicht (mit k = a bzw. b)

6. Für den Wöhlerkurvenexponenten k gilt bei üblicher Bestimmung aus zwei Punkten mit den Wertepaaren (σ_1; N_1) und (σ_2; N_2) nach Gl. (3.57)

$$k = \log\left(N_1 / N_2\right) / \log\left(\sigma_2 / \sigma_1\right) = \frac{\log N_1 - \log N_2}{\log \sigma_2 - \log \sigma_1}. \tag{3.58}$$

Der Exponent k ist eine wesentliche Beschreibungsgröße für die Wöhlerkurve. Er wird insbesondere von der Kerbform beeinflusst. Der Bereich erstreckt sich von k = 15 für den ungekerbten Stab bis k = 3 für die Spitzkerbe (vgl. Abb. 3.25).
In der Regel kann von

$$k_{0.9} = k_{0.1} \tag{3.59}$$

ausgegangen werden. Aufgrund vielfältiger Angaben in Wöhlerdiagrammen (vgl. z. B. [3.09]) kann kein signifikanter Einfluss der Mittelspannung bzw. des Spannungsverhältnisses auf den Exponenten festgestellt werden.

7. Die Streuspanne wird mit T_N im Kurzlebigkeitsbereich und $T\sigma$ im Langlebigkeitsbereich (hier meist Dauerfestigkeitsbereich) angegeben (vgl. Abb. 3.23). Es gilt:

$$T_N = \frac{N_{0.1}}{N_{0.9}} \qquad (3.60)$$

und

$$T_\sigma = \frac{\sigma_{0.1}}{\sigma_{0.9}} \qquad (3.61)$$

und mit Gl. (3.57)

$$T_N = T_\sigma^k. \qquad (3.62)$$

Etwa 50 Jahre Betriebsfestigkeitsforschung haben eine kaum noch überschaubare Menge von Schwingbruchergebnissen hervorgebracht.

Umso notwendiger sind Bemühungen, diese Ergebnisse zu systematisieren (vgl. [3.08] und [3.17]). Ein erster Schritt besteht in der Normierung der Wöhlerdiagramme. Die Abb. 3.24 zeigt ein normiertes Wöhlerdiagramm, in dem 372 Einzelversuche für 3 Kerbformen, zwei unterschiedliche Ruhegrade r und unterschiedliche Stähle aufgetragen wurden. In der Tafel III.2.3 sind weitere Wöhlerdiagramme mit der oben vorgeschlagenen Normierung zusammengefasst worden. Die Arbeit mit in dieser Weise normierten Wöhlerdiagrammen ist dem Beispiel 4 zu entnehmen. Mit Abb. 3.25 wurde der Versuch unternommen, mit einer weiteren Zusammenfassung normierter Wöhlerdiagramme die Tendenz der Wöhlerlinienexponenten darzustellen. In Tafel II.2.4 des Anhanges sind typische Wöhlerexponenten und Streuspannen aus der Auswertung unzähliger Wöhlerversuche und zugänglichen Veröffentlichungen aus den unterschiedlichsten technischen Wissenschaftsbereichen typische Wöhlerexponenten und Streufelder zusammengestellt (s. Tafel III.2.4). Diese Angaben reichen aus, mit hinreichender Genauigkeit konkrete Wöhlerdiagramme zu „konstruieren", um mit Hilfe bekannter Beanspruchungskollektive und geeigneter Schadensakkumulationshypothesen (s. Kap. 4) in guter Näherung praktische Lebensdauerberechnungen durchführen zu können.

3.3.3 Schädigung durch Verschleiß

Unter Verschleiß sollen alle bleibenden Form- und Stoffänderungen im Oberflächenbereich von Bauteilen verstanden werden, die auf Reibung zurückzuführen sind. Reibung tritt immer dann auf, wenn kraftübertragende Kontaktflächen relativ gegeneinander verschoben werden. Abbildung 3.26 zeigt das Grundmodell der Reibung. Das Vorhandensein eines dritten Stoffes, wie Flüssigkeiten, Gase oder auch molekulare Festkörper – üblich als Schmiermittel bezeichnet – entscheidet über die Art der Reibung und die Gesetzmäßigkeiten des Verschleißes (s. Abb. 3.27 und 3.28). Wegen der Kompliziertheit der Reibungs- und Verschleißvorgänge an den Grenzflächen reibungsbeanspruchter Festkörper hat sich ein neues und inzwischen selbstständiges Wissenschaftsgebiet – die Tribologie – herausgebildet. Hier soll nur auf einige Grundlagen eingegangen werden, soweit das für die Ableitung der angestrebten ingenieurmäßigen Methoden der Berechnung von Lebensdauer und

3.3 Mathematische Beschreibung von Schädigung...

Zuverlässigkeit durch Verschleiß geschädigter Bauteile erforderlich ist. Der schon auf Coulomb (1736–1806) zurückgehende Reibungsansatz für Festkörperberührung

$$F_R = \mu \cdot F_N \quad (3.63)$$

oder wegen der Identität der Bezugsflächen bei F_R und F_N auch in Spannungen zu definierende Reibungskoeffizient

$$\tau_R = \mu \cdot \sigma_N \quad (3.64)$$

lässt eine gewisse Systematisierung der Reibungsart zu (s. Abb. 3.27).

Während bei Festkörperreibung ohne Schmierung i. d. R. ein großer Reibungskoeffizient im Interesse der Kraftübertragung oder der Energiewandlung angestrebt wird, so soll das Schmiermittel die Energieumsetzung in Reibungswärme auf ein Minimum reduzieren. Für den Verschleiß wird bei allen technischen Gebilden ein Minimum oder Optimum angestrebt.

Während der Reibungskoeffizient bei Festkörperreibung mit und ohne Schmierung nach dem Übergang von der Haftreibung in die Bewegungsreibung praktisch geschwindigkeitsunabhängig ist, nimmt dieser bei einer Trennung der Grenzflächen durch flüssige oder gasförmige Schmiermedien in der Grundtendenz mit der Geschwindigkeit linear zu. Diese Gesetzmäßigkeit lässt sich mit dem bereits von Newton (1643–1727) aufgestellten Ansatz für die Flüssigkeitsreibung

$$F_R = \eta \cdot \frac{U}{h} \cdot A \quad (3.65)$$

mit

η ... Stoffkonstante, Viskosität
U ... Relativgeschwindigkeit der Grenzflächen
h ... Schmierfilmdicke
A ... Reibungsfläche

beschreiben.

Abb. 3.26 Grundmodell der Reibung

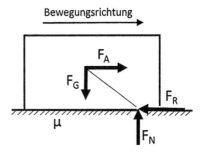

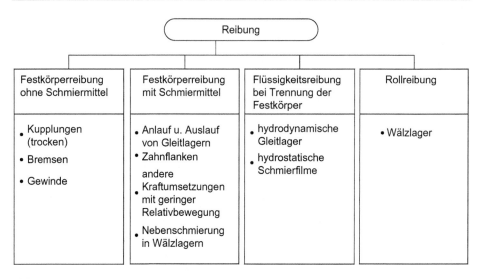

Abb. 3.27 Reibungsarten, technische Beispiele

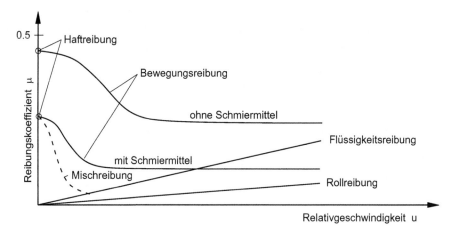

Abb. 3.28 Reibungsarten, Geschwindigkeitsabhängigkeit

Die reine Flüssigkeitsreibung (ebenso die Gasreibung) ist die einzige verschleißfreie Reibungsart. Sie sollte neben der Rollreibung das technisch anzustrebende Optimum darstellen. Die Schädigung des Bauteils wird am Verschleiß sichtbar und messbar.

Auch der Verschleiß sollte systematisiert werden, wobei davon ausgegangen wird, dass die relativ bewegten Oberflächen eine technologisch bedingte Anfangsrauigkeit aufweisen.

Die Oberflächenveränderungen lassen sich in fünf wesentliche Kategorien einteilen (vgl. Abb. 3.29).

Die erste Verschleißform, gekennzeichnet durch plastische Deformation meistens einer der beiden Festkörpergrenzflächen, vermindert die technologisch vorhandenen Oberflächenrauigkeiten. Der Glättungsvorgang wird durch einen sog. „Härtesprung" durch

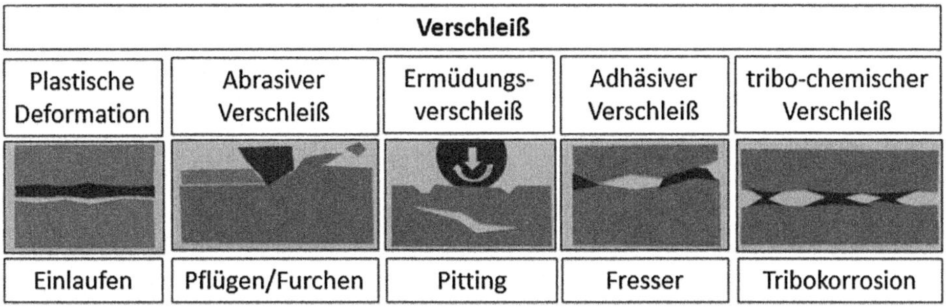

3.3 Mathematische Beschreibung von Schädigung...

Verschleiß				
Plastische Deformation	Abrasiver Verschleiß	Ermüdungs- verschleiß	Adhäsiver Verschleiß	tribo-chemischer Verschleiß
Einlaufen	Pflügen/Furchen	Pitting	Fresser	Tribokorrosion

Abb. 3.29 Verschleißformen

Paarungen Stahl/Stahl bzw. Stahl/Lagermetall angestrebt, wenn eine Trennung der Grenzflächen durch Flüssigkeitsreibung nicht oder nur unvollständig erreicht werden kann.

Der abrasive Verschleiß nach Abb. 3.29 tritt ebenfalls dort auf, wo weder Flüssigkeitsreibung noch gezielte Stoffpaarungen mit dem Ziel der Plastizierung den abrasiven Verschleiß minimieren können.

Beispiele sind Bremsbacke/Bremsstein, Radkranz/Schiene, Kolben/Zylinder, Gleitführungen u. a. Der Verschleiß schreitet mit der Nutzungsdauer fort und führt zur Schädigung und schließlich zum Versagen.

Beim Ermüdungsverschleiß kommt es durch eine sich dynamisch wiederholende Belastung zu lokalen Ermüdungserscheinungen. Partikel werden aus der Oberfläche herausgelöst und führen zu abrasiven Verschleiß. Auf Laufflächen entstehen sogenannte Pittinge (kleine Löcher).

Besonders kritisch bzgl. des Ausfallverhaltens ist der adhäsive Verschleiß nach Abb. 3.29, bei der es vor dem Abschervorgang durch Verschweißung mit der Gegenfläche zum Stoffübergang kommt. Meistens endet dieser Vorgang – in der Praxis als das gefürchtete „Fressen" bei Paarungen Stahl/Stahl bekannt – sehr rasch nach progressivem Schädigungsvorlauf mit dem Totalausfall der Baugruppe.

Die hier bevorzugte Darstellung von Reibung und Verschleiß weist stark mechanische Züge auf. Es sei bemerkt, dass die wirklichen Prozesse an den Grenzflächen der Reibungskörper insbesondere unter Beteiligung der Schmierstoffe wesentlich komplizierter ablaufen und eine Wechselwirkung zwischen mechanischen, thermischen und chemischen Prozessabläufen beinhalten. Genannt sei als Beispiel der tribochemische Verschleiß. Hierzu sei auf die Spezialliteratur verwiesen (vgl. z. B. [3.05] und [3.09]).

Dem Anliegen dieses Buches entsprechend soll im Folgenden eine auf die konstruktive Auslegung zugeschnittene Berechnungsmethode für den Verschleiß und die damit verbundene Schädigung entwickelt werden.

Für die Entwicklung eines Berechnungsansatzes verschleißbedingter Schädigung ist der zeitliche Verlauf des Verschleißes wesentlich.

Die Abb. 3.30 verdeutlicht unterschiedliche Verschleißvorgänge. Grundsätzlich benötigt jede Verschleiß-Stoffpaarung eine Einlaufzeit. In dieser Phase verändern sich die fertigungstechnisch bedingten Oberflächenstrukturen, bis sich eine stabile verschleißbedingte Oberflächenrauigkeit einstellt.

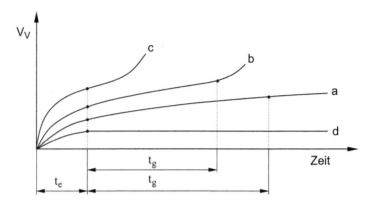

Abb. 3.30 Zeitlicher Verlauf des Verschleißes. (**a**) nach Einlaufzeit t_e stationärer Verschleiß (**b**) wie a, aber Übergang in den progressiven Verschleiß; (**c**) progressiver Verschleiß mit raschem Übergang in die Verschleißhochlage („Fressen"); (**d**) nach Einlaufzeit t_e kein Verschleiß

Erst danach kann sich ein stationärer, i. d. R. sogar linearer Verschleißablauf ausbilden, bis eine Grenznutzungsdauer t_g erreicht wird, bei der die Funktionserfüllung der Baugruppe in Fragen gestellt wird.

Der stationäre Anteil im Fall *a* stellt den einer Verschleißberechnung zugänglichen Vorgang dar. Bei den Verläufen *b* und *c* kommt es sofort oder nach anfänglichem stationären Verschleiß zum Übergang in die Verschleißhochlage, die vor allem durch Stoffauftrag auf die Gegenfläche (vgl. Abb. 3.29) verursacht wird.

Der technisch-ökonomisch günstigste, allerdings nur bei ganz speziellen Bedingungen erreichbare Verlauf wird durch *d* dargestellt. Er kann praktisch nur durch Realisierung der Flüssigkeitsreibung erreicht werden und ist weitgehend verschleißfrei.

Im Weiteren soll der stationäre Verschleißvorgang als Grundlage für eine Lebensdauerberechnung betrachtet werden.

Das Verschleißvolumen V_V bzw. die Verschleißhöhe h_V ist dabei wie der Ermüdungsvorgang von einer Beanspruchung abhängig und wird ebenfalls eine statistische Streuung aufweisen. Die Abb. 3.31 verdeutlicht diese Gesetzmäßigkeiten, wobei zunächst in der Literatur üblichen Auftragungen gefolgt wird.

Nun liegt es bei den schon angedeuteten Analogien zum Ermüdungsvorgang nahe, ebenfalls eine wöhlerlinienähnliche Auftragung anzustreben (diese wurde übrigens bereits in [3.14] vorgeschlagen).

Die Auswertung von Versuchsergebnissen (vereinfachte Darstellung s. Abb. 3.32) spricht dafür, dass auch für den Verschleiß der empirische Zusammenhang nach Gl. (3.52) in der Form

$$B_V^a \cdot x_V = const. \tag{3.66}$$

gültig ist, wenn $[B_i, x_i]$–Kombinationen identischer Verschleißhöhen h_i verbunden werden und die in Abb. 3.32 zu erkennenden Hyperbeln sich ergeben. Da nicht alle Beanspruchungen

3.3 Mathematische Beschreibung von Schädigung... 101

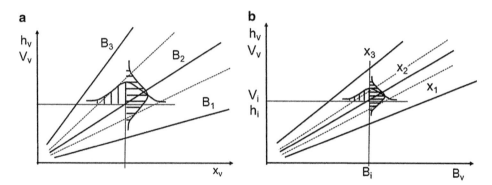

Abb. 3.31 Einfluss der Belastung auf den Verschleißvorgang (a) $B_1 < B_2 < B_3$ bzw. (b) x1 < x2 < x3) - statistische Verteilung für V_V, h_V bzw. Bv

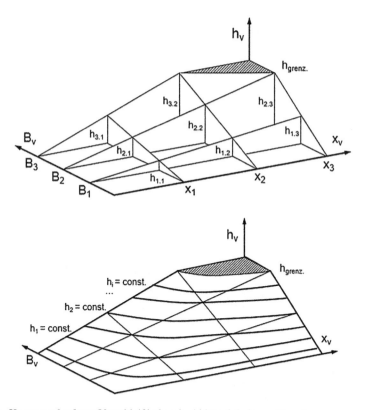

Abb. 3.32 Kurvenverlauf von Verschleißhöhen in Abhängigkeit von B und x

zu einem Verschleiß führen, kann ebenfalls die in Abb. 3.17 definierte Kurz- und Langlebigkeit (vgl. Verschleiß nach Abb. 3.30d) zutreffend sein.

Die Gültigkeit der Gl. (3.67) lässt sich auch aus bekannten Verschleißansätzen ableiten, wobei sowohl die Verschleißbeanspruchung B_V als auch die Lebensdauer L_V neu zu definieren sind.

Es ist üblich (vgl. z. B. [3.04]), eine Verschleißintensität I_h

$$I_h = \frac{h_V}{s_R} \quad (3.67)$$

mit

s_R ... Verschleißweg bzw. Reibungsweg
h_V ... Verschleiß- oder Abtragshöhe (linear)
einzuführen. Von Kragelski [3.10] wird der Zusammenhang

$$I_h = C \cdot \overline{\tau}_R^m \quad (3.68)$$

mit $\overline{\tau}_R$ ... mittlere Reibschubspannung
nachgewiesen. Durch Gleichsetzen von (3.68) und (3.69) ergibt sich

$$\frac{h_V}{s_R} = C \cdot \overline{\tau}_R^m \quad (3.69)$$

oder

$$\overline{\tau}_R^m \cdot s_R = h_V(s_R) \cdot C'. \quad (3.70)$$

Durch den Vergleich mit Gl. (3.67) wird die Verschleißbeanspruchung mit $B_v = \overline{\tau}_R$ und die Lebensdauer mit $L_V = s_R$ definiert. Deuten wir h_V als eine zum Schaden führende Verschleißhöhe, so ergibt sich eine wöhlerlinienähnliche Auftragung mit Streufeld, die wir als zweckmäßiges Arbeitsdiagramm den weiteren Betrachtungen zu Grunde legen wollen (vgl. Abb. 3.33).

Die aus der Literatur verfügbaren Aufgaben zur Quantifizierung der Verschleißdiagramme sind im Vergleich zur Ermüdung sehr spärlich. In Analogie zur Ermüdung würden ebenfalls zwei Wertepaare (τ_{R1}; s_{R1}) und (τ_{R2}; s_{R2}) genügen, um den Exponenten für Linien h_V = const. und R = const. zu bestimmen, wobei auch für den Verschleiß

$$m_{0.9} \cong m_{0.1}$$

gelten wird. Die Streuspanne kann dann mit

$$T_S = \frac{s_{R0.1}}{s_{R0.9}} \quad (3.71)$$

und

$$T_\tau^m = T_S \quad (3.72)$$

in Analogie zu Gl. (3.63) angegeben werden.

Für m = 1 geht die Gl. (3.71) mit (3.68) in die einfache Form

3.3 Mathematische Beschreibung von Schädigung...

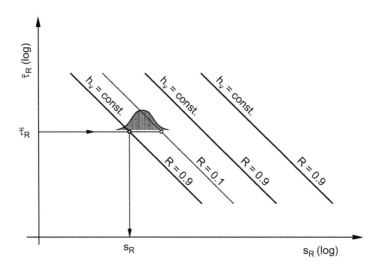

Abb. 3.33 Wöhlerkurvenähnliche Auftragung für den Verschleiß

$$\bar{\tau} = I_h \cdot C' \tag{3.73}$$

über, die völlig analog mit der von Fleischer [3.09] eingeführten „Verschleißgrund-gleichung"

$$\bar{\tau} = I_h \cdot e_R^* \tag{3.74}$$

ist. Damit gilt für die Konstante C'

$$C' = e_R^*, \tag{3.75}$$

die Fleischer als „scheinbare Reibungsenergiedichte" bezeichnet und für die in der Literatur eine Reihe von Werten vorliegt. Zweckmäßig dürfte auch die Form

$$\bar{\tau} \cdot s_R = e_R^* \cdot h_V \tag{3.76}$$

oder

$$\bar{\tau} \cdot s_R = E_V \tag{3.77}$$

sein, wobei E_V als auf 1mm Verschleiß bezogene „Verschleißfestigkeit" gedeutet werden kann. Die Abb. 3.34 gibt den Zusammenhang von Gl. (3.77) wieder.

In der Tafel III.3.1 des Anhanges sind eine Reihe von Verschleißkennwerten aus Literaturangaben zusammengestellt worden.

Weiter sei auf das Rechenbeispiel 7 verwiesen.

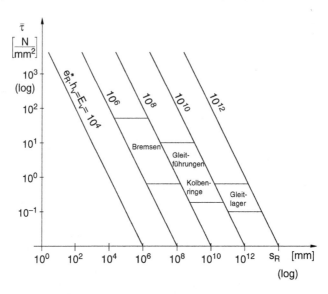

Abb. 3.34 Nomographische Darstellung der Verschleißgleichung mit Zuordnung spezieller Verschleißproblemen

3.3.4 Schädigung durch Erosion, Korrosion und andere flächenabtragende Prozesse

Neben dem in Abschn. 3.3.3 ausführlich behandelten Verschleiß, sind insbesondere die Erosion und die Korrosion als flächenabtragende Prozesse bekannt.

Es liegt nahe, auch diese in der Praxis häufig auftretenden Schädigungsarten in die angestrebte Berechnungsmethodik einzuordnen. Dabei bietet es sich an, das Ausfallverhalten in Analogie zu Gl. (3.71) durch

$$B^a \cdot L = h(t) \cdot C \tag{3.78}$$

zu beschreiben. Das Problem besteht darin, die Schädigungsbeanspruchung B zu definieren, um wiederum in einer wöhlerkurvenähnlichen Auftragung die Freiwerte C und a durch eine Versuchsserie auf zwei Horizonten bestimmen zu können.

Erosion wird z. B. an Schaufeln von Gas- und Wasserturbinen und Rohrleitungskrümmern beobachtet.

Ursache der Erosion sind offensichtlich Festkörperteilchen in Gasen oder Wasser, die bei Beschleunigungsvorgang während der Strahlumlenkung mit der Oberfläche des Strömungskanals in Kontakt kommen. Die Erosion selbst dürfte als Kombination von Ermüdung und Verschleiß anzusehen sein.

Ausgehend von der Überlegung, dass die Erosionsbeanspruchung wegen der Umlenkbeschleunigung proportional dem Quadrat der mittleren Geschwindigkeit v, der mittleren Krümmung $k = 1/r$ und der Differenz der Stoffdichte des Mediums ρ_P sein wird, gilt

3.3 Mathematische Beschreibung von Schädigung... 105

$$B_r = C_{er} \cdot \overset{-2}{v} \cdot \frac{1}{r} \cdot (\rho_P - \rho_M). \tag{3.79}$$

Natürlich werden auch die Festigkeitswerte der erodierenden Oberfläche und die Härte der Partikel von Einfluss sein. Diese und andere Größen werden in der Konstante C_{er} zusammengefasst.

Weitere Ausführungen zu Erosion sind in [3.01] und [3.04] zu finden. Einige Zahlenangaben sind der Tafel III.3 des Anhanges zu entnehmen.

Auch die flächenabtragende Korrosion dürfte grundsätzlich Gl. (3.79) genügen. Die Abb. 3.35 gibt einen Überblick über die vielfältigen Erscheinungsformen der Korrosion.

Obwohl in der Literatur (vgl. z. B. [3.13]) eine Reihe von Messwerten mitgeteilt werden, ist es schwierig, eine konkrete Korrosionsbeanspruchung $B_{Korr.}$ zu definieren. Es lässt sich zwar eindeutig eine Abhängigkeit der Korrosionsgeschwindigkeit von den Umgebungsbedingungen nachweisen, jedoch sind Angaben wie

Landatmosphäre
Meeratmosphäre
Industrieatmosphäre

(die Reihenfolge entspricht zunehmender Korrosionsbeanspruchung) nicht geeignet, eine quantifizierte Korrosionsbeanspruchung anzugeben (vgl. [3.03]).

Einige konkrete Messwerte für einen Gl. (3.79) ähnlichen empirischen Ansatz werden in [3.01] mitgeteilt (vgl. ebenfalls Tafel III.3.2 und III.3.3 des Anhanges).

Auch der Korrosionsabtrag durch Elementbildung (z. B. Eisen/Kupfer im Rohrleitungsbau oder Eisen/Bronze bei Schiffskörpern) ist trotz Kenntnis der „Spannungsreihe der Elemente" wegen schwankender Elektrolytparameter für praktische Zwecke bisher

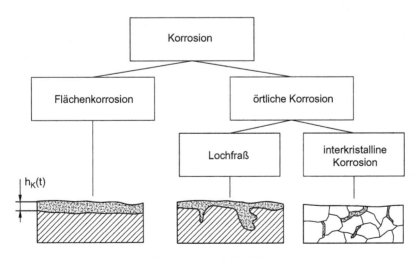

Abb. 3.35 Erscheinungsformen der Korrosion (nach [3.15])

nicht zu quantifizieren. Erschwerend wirkt sich außerdem aus, dass die Korrosionsschichtdicke sich hemmend oder fördernd auf den Korrosionsvorgang auswirken kann.

Bemerkenswert sind die Auswirkungen örtlicher Korrosion auf das Ermüdungsverhalten von Bauteilen. So kommt es unter dem Einfluss von Seewasser durch Lochfraß an Schiffswellen zu erheblichen Kerbwirkungen und in der Folge zu gefährlichen Ermüdungsbrüchen. Andererseits wird die interkristalline Korrosion durch mechanische Spannungen angeregt bzw. beschleunigt. Dieser Effekt ist als Spannungsrisskorrosion in der Literatur bekannt. So lässt sich für Schiffbaustähle ein Abfall der Schwingfestigkeit in Seewasserumgebung feststellen [3.01].

Insbesondere die knapp gehaltenen Ausführungen zu Korrosion als einer wesentlichen Schädigungsart mögen dem Leser einerseits die Grenzen einer Berechnung von Schädigungsvorgängen und andererseits die Komplexität dieser Prozesse verdeutlicht haben.

Trotzdem wird die Überzeugung geäußert, dass die entwickelte Berechnungsmethode für die unterschiedlichsten Schädigungsprozesse anwendbar ist.

3.3.5 Mehrfache Schädigung

Unter „Mehrfacher Schädigung" soll das gleichzeitige Fortschreiten mehrerer Schädigungen am Element oder an einer Baugruppe verstanden werden, wobei eine gegenseitige Beeinflussung der einzelnen Schädigungsvorgänge ausgeschlossen werden soll.

Die Vorgehensweise wird zweckmäßig an konkreten Sachverhalten dargestellt. Der Zahn eines Zahnrades kann bekanntlich sowohl an der Zahnflanke durch Pittingbildung als auch am Zahnfuß durch Bruch ausfallen (s. Abb. 3.35). Beide Schädigungen sind der Schädigungsart „Ermüdung" zuzurechnen und sie entstehen ohne gegenseitige Beeinflussung. Bei der Auslegung durch Berechnung einer „Sicherheit" wird für jede der beiden Schädigungen eine völlig getrennte Auslegung vorgenommen. Die Auslegung auf der Basis von „Lebensdauer und Zuverlässigkeit" ermöglicht eine Verknüpfung beider Schädigungen.

Wird davon ausgegangen, dass sowohl der Zahnfußbruch als auch die Pittingbildung an der Zahnflanke zum Ausfall des Getriebes führen (hier sei vernachlässigt, dass Pittingbildung in der Praxis teilweise toleriert wird), so liegt der Fall des „nichtredundanten Systems" vor und die berechneten Einzelzuverlässigkeiten $R_1(t)$ und $R_2(t)$ sind durch das Produktgesetz nach Gl. (3.43) zu verknüpfen (vgl. Abb. 3.36). Die allgemeine Lebensdauervariable x wird hier mit Betriebszeit t beschrieben.

$$R_{ges.}(t) = R_1(t) \cdot R_2(t). \qquad (3.80)$$

Die Betrachtungsweise ermöglicht die Aussage, mit welcher Wahrscheinlichkeit das Versagen durch die eine oder andere Schädigung eintritt sowie mit welcher Gesamtwahrscheinlichkeit das Bauteil ausfällt.

Auch unterschiedliche Schädigungsarten lassen sich auf diesem Wege verknüpfen. So lässt sich z. B. die Ausfallwahrscheinlichkeit einer Verstellpropellernabe infolge Ermüdung, Verschleiß und/oder Korrosion abschätzen. Mit Gl. (3.15) und (3.43) gilt

$$F_{ges.}(t) = 1 - R_{Erm.}(t) \cdot R_{Verschl.}(t) \cdot R_{Korr.}(t). \qquad (3.81)$$

3.3 Mathematische Beschreibung von Schädigung... 107

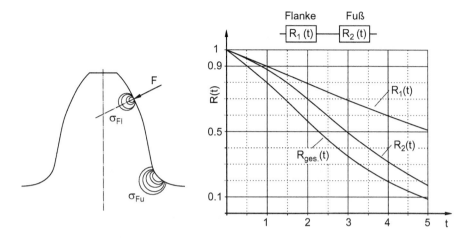

Abb. 3.36 Mehrfachschädigung am Beispiel der Verzahnung

3.3.6 Komplexe Schädigungen

3.3.6.1 Schädigung an Wälzlagern

Wälzlager haben sich im Maschinenbau seit mehr als 60 Jahren als Elemente eingeführt, deren hohe Lebensdauer und Zuverlässigkeit zugeschrieben werden [3.12]. Dabei verläuft die Schädigung des Wälzlagers äußerst kompliziert. Es sind drei Phasen zu unterscheiden:

1. Phase: Die Wälzkörper unterliegen einem ständigen Verschleiß durch die Führungskräfte des Käfigs. Bei Kugeln und Tonnen kommt der Verschleiß durch „partielles Gleiten" an Wälzkörpern und Bahnen hinzu. Jedes Wälzlager erleidet so eine Spielvergrößerung.
2. Phase: Mit zunehmendem Verschleiß geht eine Verschlechterung der Kraftübertragungsbedingungen einher. Die Abb. 3.37 verdeutlicht, wie durch Spielvergrößerung immer weniger Wälzkörper an der Kraftübertragung teilnehmen. Die Maximalkraft F_o nimmt zu.
3. Phase: Die schwellende Ermüdungsbeanspruchung insbesondere bei „Punktlast" (vgl. Abb. 3.38 und 3.39) überschreitet zunächst die Dauer-festigkeit nicht. Die in Phase 2 zunehmende Belastung der Wälzkörper bewirkt schließlich eine Überschreitung der Dauerschwingfestigkeitsgrenze und zwar in einem gewissen Maß unterhalb der Kontaktfläche zwischen Wälzkörper und Laufbahn, wodurch die bekannte Schädigung durch „Abblättern" der Laufbahnen zum schnellen Ausfall des Wälzlagers führt.

Dieser komplexe Vorgang der Schädigung beginnend mit Verschleiß und dem eigentlichen Ausfall durch Ermüdung ist in Abb. 3.40 dargestellt, wobei natürlich der Ermüdungsschaden durch Überlastung (im Vergleich mit der Auslegungsbelastung) oder durch Einbaufehler (Verspannung durch zu enge Passungen bzw. Taumelbewegungen) ebenfalls auftreten kann.

Dieser komplexe Schädigungsmechanismus führt dazu, dass trotz des Ermüdungsschadens ein Dauerfestigkeitsbereich nicht festgestellt werden kann. Das Wälzlager ist das historisch gesehen erste Maschinenelement, für welches die Lebensdauerberechnung mit den Komponenten:

- Beanspruchungs-Zeit-Zusammenhang
- statistisches Ausfallverhalten und
- Schadensakkumulation

entwickelt wurde.

Abb. 3.37 Vergrößerung der maximalen Wälzkörperbelastung durch Verschleiß

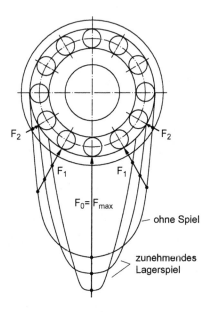

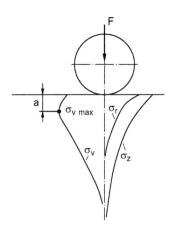

Abb. 3.38 Spannungsverlauf beim Kontakt Kugel / Halbraum. (Maximum der Vergleichspannung tritt im Abstand a unterhalb der Oberfläche auf)

3.3 Mathematische Beschreibung von Schädigung...

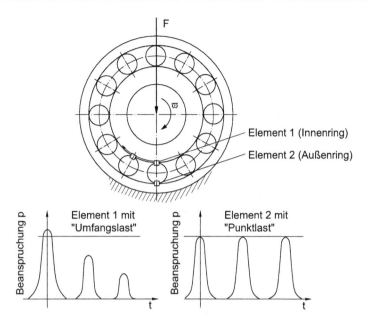

Abb. 3.39 Zeitabhängige Beanspruchungen am Innen- und Außenring eines Wälzlagers (Außenring „fest")

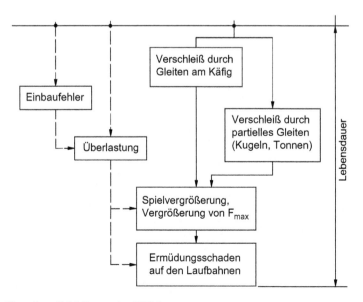

Abb. 3.40 Komplexe Schädigung des Wälzlagers

Der Ansatz nach Gl. (3.57) wird in der Wälzlagerberechnung in der Form

$$L = \left(\frac{C_{dyn.}}{P}\right)^p \cdot 10^6 \; Umdrehungen \tag{3.82}$$

mit p = 3 für Kugeln bzw. p = $10/3$ für Rollen verwendet, wodurch das in Wälzlagerkatalogen aufgeführte $C_{dyn.}$ die Dimension einer Kraft annimmt, bei der das betrachtete Wälzlager eine Lebensdauer von 10^6 Umdrehungen mit einer Wahrscheinlichkeit von 90% ohne Ausfall erreicht wird. P ist die äquivalente Beanspruchung, die aus vorhandenen radialen und axialen Lasten bestimmt wird. Details sind relevanten Wälzlagerkatalogen (s. z. B. [3.07]) zu entnehmen.

Das Ausfallverhalten wird in guter Näherung durch die Weibullverteilung nach Gl. (3.24) beschrieben, d. h. es gilt

$$R(x) = e^{-(\alpha \cdot x)^\beta}, \tag{3.83}$$

in diesem Falle zweckmäßig mit der dimensionslosen Variablen

$$x = \frac{t}{t_N} \quad \text{bzw.} \quad x = \frac{L}{L_N}$$

mit $t_N = L_N$ als „nomineller" Lebensdauer für R = 0.9. Für Wälzlager gilt z. B. nach [3.06] bzw. [3.08] hinreichend genau für die mittlere Lebensdauer L_m für R = 0.5

$$L_m \cong 3,5 \cdot L_N. \tag{3.84}$$

Aus diesen Angaben lassen sich die Freiwerte α und ß zu

α' = 0.128 und ß = 1.5

bestimmen (s. auch z. B. 5, 6, 9, 10). Der mathematische Hintergrund zur Bestimmung diesbezüglicher Werte wird im Abschn. 4 näher vorgestellt und kann Tafel III.1.4.2 entnommen werden.

Das Bemühen, unterschiedliches Belastungsniveau eines Lagers einer Berechnung zugänglich zu machen, regte Palmgren [3.12] an, bereits 1924 den linearen Schadensakkumulationsansatz (vgl. Kap. 4) zu formulieren, der 1942 von Miner [3.11] verallgemeinert wurde. Elementare Lebensdauerberechnungen für Wälzlager können in jedem Wälzlagerkatalog (vgl. z. B. [3.08]) nachgelesen werden. Für weiterführende Betrachtungen wird dem Leser das Studium des Beispiels 9 in Kap. 7 angeboten, in welchem die Notwendigkeit erhöhter Einzelzuverlässigkeit abgeleitet wird.

3.4 Anhang

Tafel III.1 Verteilungsfunktionen

Tafel III.1.1 Gaußverteilung, Formeln

Dichtefunktion	$f(x) = \dfrac{1}{s\sqrt{2\pi}} \cdot e^{-\dfrac{(x-\bar{x})^2}{2s^2}}$
Ausfallwahrscheinlichkeit	$F(x) = \dfrac{1}{s\sqrt{2\pi}} \int_{-\infty}^{x} e^{-\dfrac{(x-\bar{x})^2}{2s^2}}$
Zuverlässigkeit	$R(x) = \dfrac{1}{s\sqrt{2\pi}} \int_{x}^{+\infty} e^{-\dfrac{(x-\bar{x})^2}{2s^2}}$

mit $\bar{x}$ ... Mittelwert
s ... Standardabweichung

Tafel III.1.2 Weibullverteilung, Formeln

Dichtefunktion	$f(x) = \alpha \cdot \beta \cdot (\alpha \cdot x)^{\beta-1} \cdot e^{-(\alpha \cdot x)^\beta}$
Ausfallwahrscheinlichkeit	$F(x) = 1 - e^{-(\alpha \cdot x)^\beta}$
Zuverlässigkeit	$R(x) = e^{-(\alpha \cdot x)^\beta}$

mit α... Lageparameter
ß... Formparameter
$\alpha = \dfrac{1}{T}$
T... charakteristische Lebensdauer

Tafel III.1.3 „Wahrscheinlichkeitspapier" für die Gaußverteilung

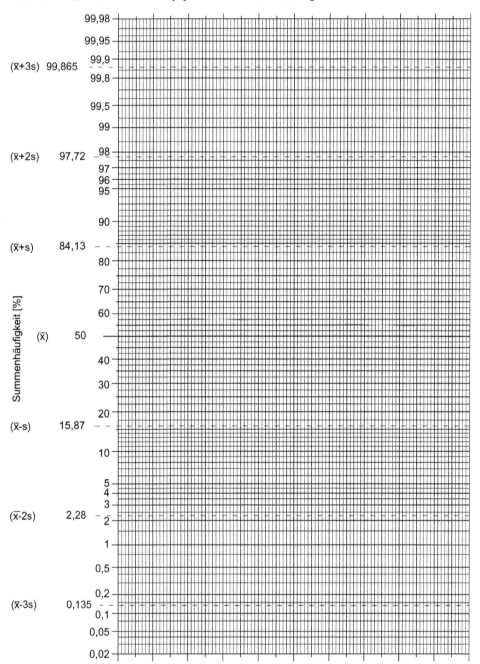

Tafel III.1.3.1 Bestimmung φ(z) für die Standardnormalverteilung (0,1-Verteilung)

$x \to z \to \Phi(z)$

$$\Phi(z) = P(Z \leq z) = \int_{-\infty}^{z} \varphi(x)dx$$

$z = \dfrac{x - \bar{x}}{s}$

$\Phi(-z) = 1 - \Phi(z)$

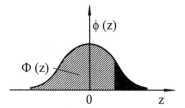

z	0	1	2	3	4	5	6	7	8	9
0,0	0,5000	0,5040	0,5080	0,5120	0,5160	0,5199	0,5239	0,5279	0,5319	0,5359
0,1	0,5398	0,5438	0,5478	0,5517	0,5557	0,5596	0,5636	0,5675	0,5714	0,5753
0,2	0,5793	0,5832	0,5871	0,5910	0,5948	0,5987	0,6026	0,6064	0,6103	0,6141
0,3	0,6179	0,6217	0,6255	0,6293	0,6331	0,6368	0,6406	0,6443	0,6480	0,6517
0,4	0,6554	0,6591	0,6628	0,6664	0,6700	0,6736	0,6772	0,6808	0,6844	0,6879
0,5	0,6915	0,6950	0,6985	0,7019	0,7054	0,7088	0,7123	0,7157	0,7190	0,7224
0,6	0,7257	0,7291	0,7324	0,7357	0,7389	0,7422	0,7454	0,7486	0,7517	0,7549
0,7	0,7580	0,7611	0,7642	0,7673	0,7704	0,7734	0,7764	0,7794	0,7823	0,7852
0,8	0,7881	0,7910	0,7939	0,7967	0,7995	0,8023	0,8051	0,8078	0,8106	0,8133
0,9	0,8159	0,8186	0,8212	0,8238	0,8264	0,8289	0,8315	0,8340	0,8365	0,8389
1,0	**0,8413**	0,8438	0,8461	0,8485	0,8508	0,8531	0,8554	0,8577	0,8599	0,8621
1,1	0,8643	0,8665	0,8686	0,8708	0,8729	0,8749	0,8770	0,8790	0,8810	0,8830
1,2	0,8849	0,8869	0,8888	0,8907	0,8925	0,8944	0,8962	0,8980	0,8997	0,9015
1,3	0,9032	0,9049	0,9066	0,9082	0,9099	0,9115	0,9131	0,9147	0,9162	0,9177
1,4	0,9192	0,9207	0,9222	0,9236	0,9251	0,9265	0,9279	0,9292	0,9306	0,9319
1,5	0,9332	0,9345	0,9357	0,9370	0,9382	0,9394	0,9406	0,9418	0,9429	0,9441
1,6	0,9452	0,9463	0,9474	0,9484	0,9495	0,9505	0,9515	0,9525	0,9535	0,9545
1,7	0,9554	0,9564	0,9573	0,9582	0,9591	0,9599	0,9608	0,9616	0,9625	0,9633
1,8	0,9641	0,9649	0,9656	0,9664	0,9671	0,9678	0,9686	0,9693	0,9699	0,9706
1,9	0,9713	0,9719	0,9726	0,9732	0,9738	0,9744	0,9750	0,9756	0,9761	0,9767
2,0	**0,9772**	0,9778	0,9783	0,9788	0,9793	0,9798	0,9803	0,9808	0,9812	0,9817
2,1	0,9821	0,9826	0,9830	0,9834	0,9838	0,9842	0,9846	0,9850	0,9854	0,9857
2,2	0,9861	0,9864	0,9868	0,9871	0,9875	0,9878	0,9881	0,9884	0,9887	0,9890
2,3	0,9893	0,9896	0,9898	0,9901	0,9904	0,9906	0,9909	0,9911	0,9913	0,9916
2,4	0,9918	0,9920	0,9922	0,9925	0,9927	0,9929	0,9931	0,9932	0,9934	0,9936
2,5	0,9938	0,9940	0,9941	0,9943	0,9945	0,9946	0,9948	0,9949	0,9951	0,9952
2,6	0,9953	0,9955	0,9956	0,9957	0,9959	0,9960	0,9961	0,9962	0,9963	0,9964
2,7	0,9965	0,9966	0,9967	0,9968	0,9969	0,9970	0,9971	0,9972	0,9973	0,9974
2,8	0,9974	0,9975	0,9976	0,9977	0,9977	0,9978	0,9979	0,9979	0,9980	0,9981
2,9	0,9981	0,9982	0,9982	0,9983	0,9984	0,9984	0,9985	0,9985	0,9986	0,9986
3,0	**0,9987**	0,9987	0,9987	0,9988	0,9988	0,9989	0,9989	0,9989	0,9990	0,9990

Tafel III.1.4 „Wahrscheinlichkeitspapier" für die Weibullverteilung

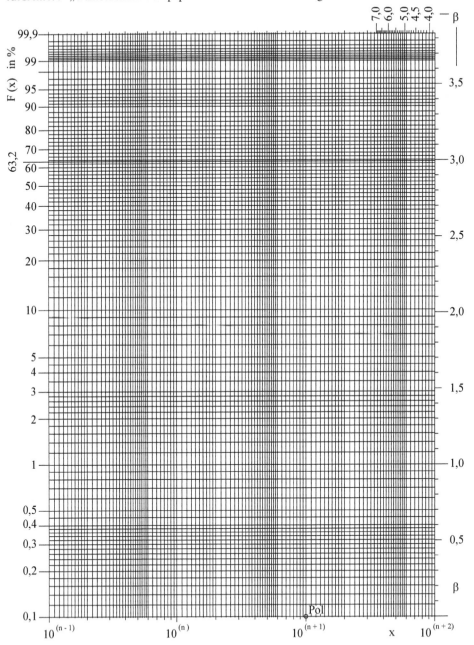

3.4 Anhang

Tafel III.1.4.1 Weibull-Wahrscheinlichkeitspapier, Parameterbestimmung

<u>Bestimmung von T bzw. α</u>

Schnittpunkt der Gerade mit F(x) = 63,2% ergibt T.

<u>Bestimmung von β</u>

Parallelverschiebung der Geraden durch den Pol. Schnittpunkt auf der rechten Ordinate ergibt ß.

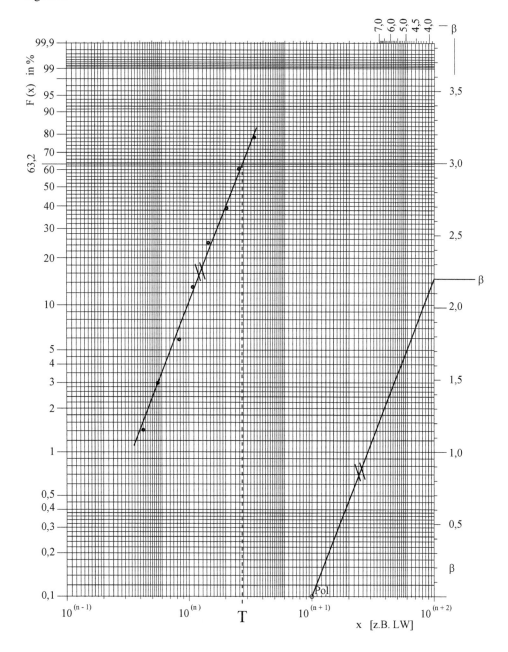

Tafel III.1.4.2 Bestimmungsgleichungen häufig verwendeter charakteristischer Kenngrößen für die Weibullverteilung (mit $x_n = x_{0,9}$ $x_m = x_{0,5}$ $T_x = x_{0,1}/x_{0,9}$)

Bestimmung von ...	aus ...	mit ...
Formparameter β	T_x, $x_{0.1}$, x_n	$\beta \approx \dfrac{3.084}{\ln T_x} = \dfrac{3.084}{\ln x_{0.1} - \ln x_n}$
Formparameter β	x_m, x_n	$\beta \approx \dfrac{1.884}{\ln x_m - \ln x_n}$
Formparameter β	T, x_n	$\beta \approx \dfrac{2.25}{\ln T - \ln x_n}$
charakt. Lebensdauer T	β, x_m	$T \approx \sqrt[\beta]{1.443} \cdot x_m$
charakt. Lebensdauer T	β, x_n	$T \approx \sqrt[\beta]{9.491} \cdot x_n$
charakt. Lebensdauer T	T_x, x_n	$T \approx T_x^{0.73} \cdot x_n$
Reziprokewert von T α	β, x_n	$\alpha \approx \sqrt[\beta]{0{,}1053} \cdot x_n^{-1}$
Median x_m	T_x, x_n	$x_m = x_{0.5} \approx T_x^{0.611} \cdot x_n$
Median x_m	β, T	$x_m = x_{0.5} \approx \sqrt[\beta]{0.693} \cdot T$
Median x_m	β, x_n	$x_m = x_{0.5} \approx \sqrt[\beta]{6.579} \cdot x_n$
nominelle Lebensdauer x_n	β, x_m	$x_n \approx \sqrt[\beta]{0.152} \cdot x_m$
nominelle Lebensdauer x_n	β, T	$x_n \approx \sqrt[\beta]{0.105} \cdot T$
Streuspanne T_x	β	$T_x \approx \sqrt[\beta]{21.854}$
Modalwert x_{modal}	β, T	$x_{modal} = \sqrt[\beta]{1 - \dfrac{1}{\beta}} \cdot T$

3.4 Anhang

Tafel III.2 Wöhlerdiagramme

Tafel III.2.1 Wöhlerfunktion für Ermüdung

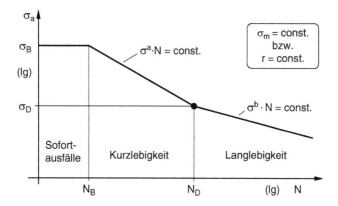

Tafel III.2.2 Wöhlerfunktion mit Streufeld, normiert

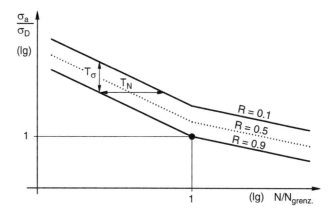

Tafel III.2.3 Normierte Wöhlerdiagramme (nach [3.09])

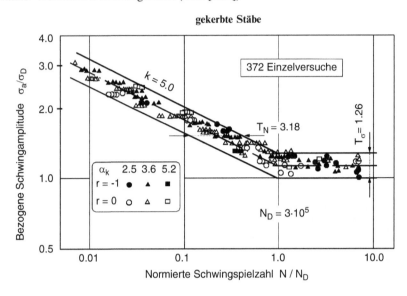

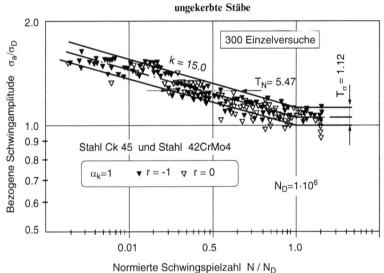

3.4 Anhang

Element	Beanspruchbarkeit B_N	Grenzlebensdauer X_N	Zuverlässigkeit R_N	Wöhlerexponent a	Wöhlerexponent b	Streuspanne T_X	Weibullparameter ß
Wälzlager	Tragzahl $C_{dyn.}$	10^6 Umdrehungen	90%	Kugel 3 Rolle 3,3	a = b	7,8 ... 13,7	1,5 ... 1,18
Zahnräder	Flankenpressung σ_{Hlim} Zahnbiegung σ_{Flim}	$5 \cdot 10^7$ LW $3 \cdot 10^6$ LW	99%	Zahnflanke 3 ... 8 Zahnfuß/Evolvente 6 ... 12	a = b ∞ bzw. 2a-1	8 ... 10 4 ... 8	1,48 ... 1,34 2,22 ... 1,48
Wellen	Wechselfestigkeit σ_W	10^7 LW	97,5%	**ungekerbte Stäbe** 12 ... 15		5 ... 8	1,92 ... 1,48
Stahlbau	Längsspannungen Dauerfestigkeit σ_D Schwellenfestigkeit σ_L Schubspannungen Schwellenfestigkeit σ_L Bezugswert (Kerbfall)	$5 \cdot 10^6$ LW 10^8 LW 10^8 LW $2 \cdot 10^6$ LW	95 %	**gekerbte Bauteile** Spitzkerben 3 ... 4 Normalkerben 5 ... 7 Flachkerben 6 ... 8	∞ bzw. 2a-1	1,2 ... 1,4 3 ... 5 6 ... 8	16,9 ... 9,17 2,81 ... 1,92 1,72 ... 1,48
Schweiß- verbindungen	Identisch mit Stahlbau jedoch ohne σ_L	$5 \cdot 10^6$ LW	97,5 %	4 ... 8		15 ... 25	1,14 ... 0,96
Linearführungen	Tragzahl $C_{dyn.}$	50 km (Kugel) 100 km (Rolle)	90%	Kugel 3 Roll 3,3	a = b	-	-
Rohrleitungen	Berechnungsbeiwert B	$2 \cdot 10^6$ Druckzykeln	50%	geschweißt 3 nahtlos 3,3	∞ bzw. 2a-1	-	-
Ventilsitze	-	-	-	3 ... 5	a = b	7 ... 15	1,58 ... 1,14
Brems- und Kupplungsbeläge	-	-	-	1 ... 2,5	a = b	3 ... 8	2,81 ... 1,48

Tafel III.2.4 Typische Streufelder und Exponenten für Wöhler-Diagramme und Weibullfuntionen (Maschinenbau)

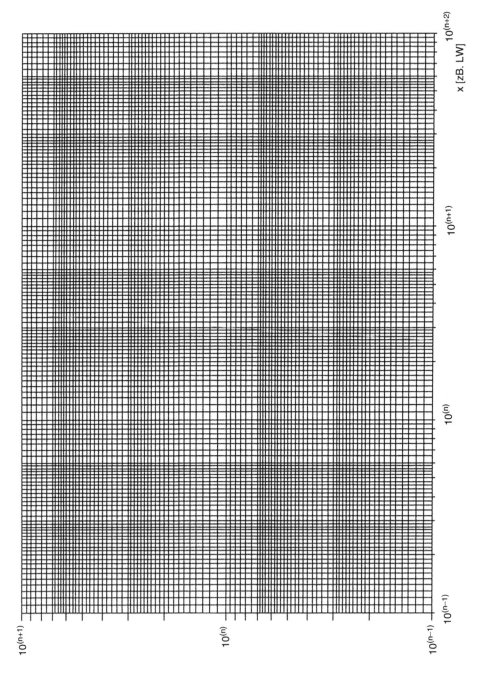

Tafel III.2.5 Doppel-l ogarithmisches Arbeitspapier für Wöhlerdiagramme

3.4 Anhang

Tafel III.3 Parameter für Verschleiß und andere flächenabtragende Prozesse

Tafel III.3.1 Reibungsbeiwerte, Verschleißkonstanten $C = e_R^*$ (Reibungsenergiedichte) und Verschleißintensitäten I_h für ausgewählte Reibpaarungen für $m = 1$

Reibpaarung	μ [–]	$C = e_R^*$ [Nm/mm³]	I_h [–]
Gleitlager zeitweise Mischreibung	0.01	$1 \cdot 10^9$	$1 \cdot 10^{-13}$
Dichtungsgleitringe GG/Stahl	0.04	$2 \cdot 10^8$	$4 \cdot 10^{-13}$
Kolbenringe in Verbrennungsmotoren	0.05	$5 \cdot 10^7$	$1 \cdot 10^{-12}$
Gleitführungen in Werkzeugmaschinen	0.08	$5 \cdot 10^6$	$1 \cdot 10^{-11}$
Zahnräder	0.06	$3 \cdot 10^7$	$5 \cdot 10^{-9}$
Eisenbahnräder gebremst	0.1	$2 \cdot 10^6$	$2 \cdot 10^{-8}$
Kupplungen GG/Stahl geschmiert	0.1	$1 \cdot 10^6$	$1 \cdot 10^{-8}$
Brems- und Kupplungsbeläge (trocken)	0.3	$2 \cdot 10^5$	$10^{-9} \ldots 10^{-6}$

Tafel III.3.2 Vergleich von Korrosionsgeschwindigkeiten

Umgebung	Stahl [g/m²· d]	Zink [g/m²· d]	Kupfer [g/m²· d]
Landatmosphäre	-	0.017	0.014
Meeresatmosphäre	0.29	0.031	0.032
Industrieatmosphäre	0.15	0.1	0.029
Meerwasser	2.50	1.0	0.8

Tafel III.3.3 Langjährige Grenzwerte der Konstanten a und b zur Bestimmung des Korrosionsverlustes K für Kohlenstoffstähle (nach [3.04])
$K = a \cdot t^b \left[g / m^2 \right]$

	Konstante a		Konstante b	
Ort	Minimum	Maximum	Minimum	Maximum
Kap Arkona	320	400	0.553	0.606
Halle (Saale)	665	1060	0.402	0.496
Cottbus	485	775	0.443	0.506

Quellen und weiterführende Literatur

[3.01] Baumann, K.: Einfluß von Korrosionsvorgängen und Korrosionsschutz auf die Zuverlässigkeit von Erzeugnissen. In: Die Technik 11:S. 611–614, 1978.
[3.02] Beichelt, F.: Zuverlässigkeits- und Instandhaltungstheorie. Teubner, Stuttgart, 1993.
[3.03] Bertsche, B., Lechner, G.: Zuverlässigkeit im Fahrzeug- und Maschinen bau. Ermittlung von Bauteil- und Systemzuverlässigkeiten. (VDI-Buch) Springer, Berlin, Heidelberg New York, 3. Auflage, 2004.
[3.04] Broichhausen, J.: Schadenskunde. Carl Hanser, München Wien, 1985.
[3.05] Czichos, H.; Habig, K. H.: Tribologiehandbuch. Tribometrie, Tribomaterialien, Tribotechnik. Springer Vieweg, 4. Auflage, 2015.
[3.06] DIN ISO 281: Wälzlager – Dynamische Tragzahlen und nominelle Lebensdauer (ISO 281-2007), Beuth, Berlin, 2010.
[3.07] FAG OEM und Handel AG: FAG Wälzlager-Katalog WL 41520, FAG, Schweinfurth, 1996.
[3.08] Fleischer, G.; Gröger, H.; Thum, H.: Verschleiß und Zuverlässigkeit. Technik, Berlin, 1980.
[3.09] Haibach, E.: Betriebsfestigkeit - Verfahren und Daten zur Bauteilberechnung. Springer Verlag (VDI-Buch), 3. Auflage, 2006.
[3.10] Kragelski, J.W. Reibung und Verschleiß. Technik, Berlin, 1971.
[3.11] Miner, N. Anton: Cumulative Damage in Fatigue. In: Journal of Appl. Mech. Trans. ASME 12: 159–164, 1945.
[3.12] Palmgren, Arvid: Die Lebensdauer von Kugellagern. In: VDI-Zeitschrift 58: 339–341, 1924.
[3.13] RGW Standard, Entwurf "Stirnradpaare/ Festigkeitsberechnung, 1984.
[3.14] Schlottmann, Dietrich, u.a.: Konstruktionslehre – Grundlagen. Technik, Berlin, 1970.
[3.15] Schlottmann, D.; Günther, E.: Der DMR-Verstellpropeller NN Überlegungen zum Entwurf. In: Seewirtschaft 4: S. 293–298, 1970.
[3.16] Schott, G. Werkstoffermüdung. Deutscher Verlag für Grundstoffindustrie, Leipzig, 1985
[3.17] Uhlig, H.H.: Korrosion und Korrosionsschutz. Akademie-Verlag, Berlin, 1975.
[3.18] Wöhler, August: Über die Festigkeitsversuche mit Eisen und Stahl. In: Zeitschrift für Bauwesen XX: 81–89, 1870.

4 Berechnung der Lebensdauer bei nomineller und variabler Zuverlässigkeit

4.1 Allgemeine Grundlagen der Lebensdauerberechnung

4.1.1 Klassische Lebensdauerberechnung

Für das Wälzlager, welches bzgl. des Schädigungsprozesses bereits ausführlich in Abschn. 3.3.6 dargestellt wurde, hat insbesondere Palmgren [4.12] die wesentlichen Grundlagen für die Lebensdauerberechnung entwickelt.

Nachdem fast alle Schädigungen durch Ermüdung dank der „Dauerfestigkeit" weiter mit Hilfe einer „Sicherheitszahl" ausgelegt werden konnten, musste für das Wälzlager wegen des Fehlens der Dauerfestigkeit infolge der komplexen Schädigung ein qualitativ neuer Weg beschritten werden – eben die Berechnung der Lebensdauer. Für den Lebensdauernachweis genügt es i. d. R. nachzuweisen, dass

$$L_{vorh.} \geq L_{erf.} \tag{4.1}$$

gilt. Vorschläge für die erforderliche Lebensdauer $L_{erf.}$ sind in der Tafel IV.1 des Anhanges zusammengestellt. Die mit einer Konstruktion erreichbaren Lebensdauern $L_{vorh.}$ beziehen sich dabei auf eine noch zu definierende nominelle bzw. erforderliche Zuverlässigkeit.

Die wesentlichen Grundelemente dieser Lebensdauerberechnung, die auch später von der Betriebsfestigkeitslehre übernommen wurden, bestehen in der Approximation des Zusammenhanges zwischen Lebensdauer x und Belastung B in Form der Gl. 3.56 oder in der allgemeinen Schreibweise nach Gl. 3.49 (vgl. Abschn. 3.3) und der noch abzuleitenden Schadensakkumulationshypothese sowie der daraus entwickelten sog. Äquivalenzbelastung.

Folgen wir der Modellvorstellung nach Abb. 4.1a so ergibt sich die Lebensdauer x für eine bestimmte Belastung B mit Gl. 4.2

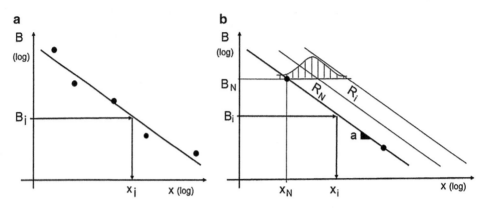

Abb. 4.1 Lebensdauermodelle (**a**) Perlschnurverfahren (**b**) 2 Horizonte

$$x = \frac{C}{B^a} \quad \text{bzw.} \quad x = C \cdot B^{-a}. \tag{4.2}$$

Diese Gleichung ist auch als Basquin'sche Gleichung (H.H. Basquin 1910, s. [4.01]) in der Literatur aufgeführt. Zur Berechnung der Lebensdauer muss der als „Wöhler-Exponent" bezeichnete Wert a und die Konstante C bekannt sein.

Liegen Wertepaare [x_i, B_i] aus mehrstufigen Lebensdauerversuchen vor, bei denen nur jeweils ein Versuch je Belastungshorizont durchgeführt worden ist (Perlschnurverfahren s. Abb. 4.1a), können die Parameter a und C mittels Regressionsanalyse nach der Methode der kleinsten Fehlerquadrate bestimmt werden. Dazu wird durch Linearisierung von Gl. 4.2 die entstehende Gleichung

$$\log x = \log C - a \cdot \log B, \tag{4.3}$$

mit der allgemeinen Regressionsgerade

$$\bar{y} = a_x + b_x \cdot \bar{x} \tag{4.4}$$

verglichen. Abgeleitet werden können für die Bestimmung von C und a die Zusammenhänge

$$C = 10^{a_x} \quad \text{und} \quad a = -b_x. \tag{4.5}$$

Nach Anwendung der Regressionsanalyse gilt für den Parameter a_x

$$a_x = \bar{y} - b_x \cdot \bar{x} \tag{4.6}$$

und für b_x

$$b_x = \frac{\sum_{i=1}^{n}\left[(\log B_i - \bar{x}) \cdot (\log x_i - \bar{y})\right]}{\sum_{i=1}^{n}(\log B_i - \bar{x})^2} \tag{4.7}$$

4.1 Allgemeine Grundlagen der Lebensdauerberechnung

mit

$$\overline{x} = \frac{\sum_{i=1}^{n} \log B_i}{n} \quad \text{bzw.} \quad \overline{y} = \frac{\sum_{i=1}^{n} \log x_i}{n}. \tag{4.8}$$

Wird in Gl. 4.2 die Konstante C durch ein zweites Wertepaar ersetzt, erhalten wir die bereits vorgestellte Gleichung

$$x_i = \left(\frac{B_N}{B_i}\right)^a \cdot x_N. \tag{4.9}$$

Der Wöhlerlinienexponent a kann aus zwei bekannten Wertepaaren berechnet werden.

$$a = \frac{\log x_1 - \log x_2}{\log B_2 - \log B_1} \tag{4.10}$$

Die Wertepaare sind das Ergebnis der statistischen Auswertung von Lebensdauerwerten auf zwei Belastungshorizonten. Werte gleicher Zuverlässigkeit werden zur Lebensdauerlinie verbunden (s. Abb. 4.1b). Zweckmäßig ist dabei die Nutzung eines spezifischen Wertepaares [B_N, x_N]. Speziell für Wälzlager nimmt nach Palmgren die Gl. 4.9 beispielsweise die Form

$$L = \left(\frac{C_{dyn.}}{P}\right)^p \cdot 10^6 \, Umdr. \tag{4.11}$$

an (vgl. Abschn. 3.3.6). Die dynamische Tragzahl $C_{dyn.}$ und 10^6 Umdrehungen entsprechen dabei dem Wertepaar [B_N, x_N], dem die nominelle Zuverlässigkeit $R_N = 90\%$ zugeordnet ist. Wegen des Fehlens eines „Dauerfestigkeitsbereiches" sind bei der Lebensdauerberechnung für Wälzlager keine Einschränkungen des Gültigkeitsbereiches notwendig. Liegt im Fall anderer Maschinenelemente eine Dauerfestigkeit vor, sind die Betrachtungen gemäß Abschn. 3.3 zu berücksichtigen.

Weitere Beispiele für gegenwärtig verwendete Wertepaare sind in Tafel III.2.4 aufgeführt. Da die Wertepaare jeweils für eine nominelle Ausfallwahrscheinlichkeit bzw. Zuverlässigkeit R_N gelten (vgl. Tafel III.2.4), ist zusammen mit den charakteristischen Kennwerten $\overline{X}$ und s bzw. T und ß der verwendeten Verteilung unmittelbar ein später benötigter stochastischer Zusammenhang gegeben, weshalb diese Betrachtung für spätere Betrachtungen bevorzugt wird.

Abschließend soll noch auf den Sachverhalt verwiesen werden, dass bei der klassischen Lebensdauerberechnung im Wöhlerdiagramm die mathematische Gleichung nicht mit der graphischen Darstellung übereinstimmt. Entgegen des mathematische Ansatzes der Lebensdauer x als Funktion der Belastung B, sind traditionell die Lebensdauern x auf der Abzisse abgetragen. Dieses ist mit großer Wahrscheinlichkeit auf die angenehmere Betrachtungsweise des Anwenders zurückzuführen, der eine Belastung auf der Ordinate auswählt und dann in Analogie zur zeitlich „horizontal" voranschreitenden Lastspielzahl die erreichbare Lebensdauer auf der Abszisse ablesen kann.

4.1.2 Lebensdauerberechnung bei Kollektivbeanspruchung

Während die meisten dynamischen Beanspruchungen als sinusförmige Dauerbeanspruchung mit schwellenden oder wechselnden Amplitudenverlauf angesehen werden können (s. auch Abschn. 3, Abb. 3.17) und im Regelfall die Wöhlerlinien für Bauteile bzw. Probekörper mittels Pulsator bei periodisch schwingenden Beanspruchungsfolgen mit konstanter Amplitudenhöhe ermittelt werden, sind in der Praxis auch zeitlich zyklisch wiederkehrende Belastungsfolgen unterschiedlicher Amplitudenhöhe bzw. zeitlich regellose Belastungsfolgen mit stochastischer Amplitudenhöhe anzutreffen. Sie sind z. B. typisch für das Zusammenwirken von Kraftfahrzeug und Fahrbahn, für das Schiff im Seegang oder für Bodenbearbeitungsgeräte in der Landtechnik. Stochastisch schwingende Beanspruchungsfunktionen sind i. d. R. das Ergebnis einer experimentellen Beanspruchungsermittlung in einem repräsentativen Beobachtungszeitintervall. Das Ergebnis einer solchen Messung ist in Abb. 4.2 schematisch dargestellt.

Um stochastische Belastungsfolgen der Lebensdauerberechnung zugänglich zu machen, müssen zunächst die regellosen Folgen in sogenannte Kollektive (s. Abb. 4.3) überführt werden.

Ein Kollektiv entsteht nach Klassierung der Beanspruchungen. Mit einer Auswertung im Amplitudenbereich folgen wir der Erkenntnis, dass als Schädigungsursache z. B. für Werkstoffermüdung das Schwingspiel anzusehen ist. Monotone Beanspruchungen werden in Folgen konstanter Beanspruchung überführt. Anwendung finden Ordnungen nach fallenden Beanspruchungen oder einem sogenannten genormten Kollektiv (s. Abb. 4.3). Bei Normierung (s. Abb. 4.3b) werden die Beanspruchungsfunktion Gl. 4.12 und die Häufigkeitsfunktion Gl. 4.13 definiert.

$$y_B = \frac{B}{B_{max}} \qquad (4.12)$$

$$\Phi = \frac{x}{x_{max}} \qquad (4.13)$$

Abb. 4.2 Stochastische Beanspruchungsfolge

4.1 Allgemeine Grundlagen der Lebensdauerberechnung

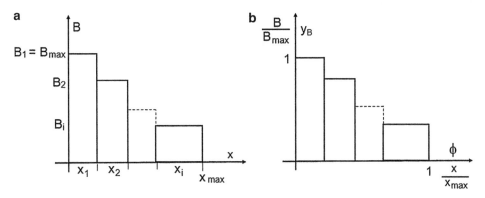

Abb. 4.3 Aufbereitung der Beanspruchungsfolgen zum Kollektiv. (**a**) Ordnung nach fallender Beanspruchung; (**b**) Normierte Ordnung

Auswertverfahren	
einparametrig	zweiparametrig
Spitzenwertverfahren	Spannenmittelwertverfahren
Klassendurchgangsverfahren	Matrix-Verfahren
Spannenverfahren	Rainflow-Verfahren
Spannenpaarverfahren	Verweildauervefahren
	Verfahren der Amplitudentransformation

Abb. 4.4 Auswertverfahren für die Ermittlung von Spannungskollektiven

Insbesonders für die Häufigkeitsfunktion ϕ ist es damit unerheblich, ob sie aus Zeit-, Weg- oder Lastspielvariablen gebildet wird. Die Größe x_{max} ist dabei identisch mit den Erfassungs- oder Beobachtungsintervallen bei der experimentellen Ermittlung des Kollektivs.

Für die eigentliche Auswertung hat die „Betriebsfestigkeit" eine Reihe von ein- bzw. zweiparametrigen Verfahren (s. Abb. 4.4) entwickelt. Für eine Klassierung der Beanspruchung B ist z. B. das

- Spannenverfahren (Range Counting)
- Spitzenwertverfahren (Peak Counting)
- Klassendurchgangsverfahren (Level Crossing Counting)

wegen der sehr einfachen Anwendbarkeit üblich. Abbildung 4.5 veranschaulicht grafisch diese drei Amplituden-Auswerteverfahren. Die Schwingweitenzählung nach Abb. 4.5a muss als einfachstes Auswerteverfahren angesehen werden. Sie vernachlässigt jedoch den Einfluss der Mittelspannung, der – wie an jedem Smith-Diagramm sichtbar wird – objektiv vorhanden ist.

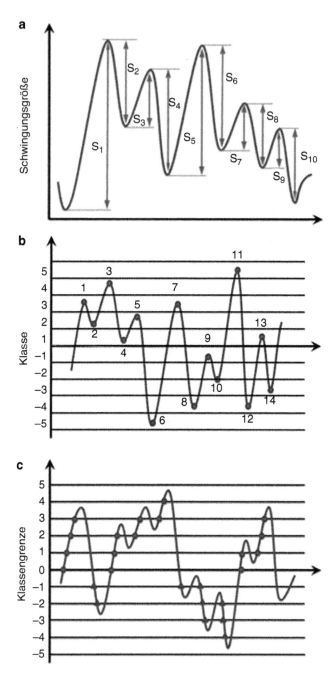

Abb. 4.5 Auswertverfahren. (**a**) Spannenverfahren; (**b**) Spitzenwertverfahren; (**c**) Klassendurchgangsverfahren

4.1 Allgemeine Grundlagen der Lebensdauerberechnung

Für die Kollektivbildung aus stochastischen Beanspruchungskollektiven sind in der Betriebsfestigkeitslehre, wie in Abb. 4.4 dargestellt, eine Reihe weiterer, auch zweiparametrischer Zählverfahren entwickelt worden, die aus der Sicht einer Auslegungsrechnung im Konstruktionsprozess hier nicht relevant sind. In Tafel IV.3 ist als Ergänzung schematisch die jeweilige Philosophie skizziert. Für eine konkrete Anwendung sei auf die Spezialliteratur (z. B. [4.03], [4.04], [4.08], [4.14]) verwiesen.

Nachdem die Wöhlerlinie eines Bauteils experimentell durch periodisch schwingende Belastungen, wir können auch sagen durch Rechteckkollektive ermittelt wurde und in einem repräsentativen Beobachtungszeitraum die real wirkenden Belastungen erfasst und zum Kollektiv transformiert wurden (s. Abb. 4.6), müssen für die Lebensdauerberechnung beide Datensätze nun miteinander verbunden werden.

Es ist die Leistung von Nils Arvid Palmgren (1890–1971), dieses Problem bereits 1924 mit einem genial einfachen Ansatz gelöst zu haben. Der Grundgedanke besteht darin, dass auf jedem Beanspruchungshorizont die Schädigung D linear fortschreitet und bei einem Horizont nach der Schädigungsdauer X mit der Wahrscheinlichkeit 1 - R zum Schaden führt.

Für die Schädigung D soll der Wertebereich D " 1 gelten. Bei mehreren Horizonten kann jeweils nur eine Teilschädigung (vgl. Abb. 4.7) zugelassen werden. Die Teilschädigung definieren wir als

$$D_i = \frac{x_i}{X_i}, \qquad (4.14)$$

d. h. der Schaden tritt dann bei

$$D = \sum D_i = \sum \frac{x_i}{X_i} = 1 \qquad (4.15)$$

ein. Nun sind i. d. R. die tatsächlich zum Schaden führenden x_i nicht bekannt, wohl aber die x_i^* des beobachteten Beanspruchungskollektivs, wobei $x_i^* < x_i$ gilt. Führen wir einen Faktor α ein, so können wir schreiben

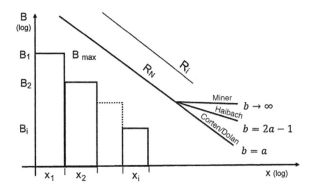

Abb. 4.6 Grundmodell Lebensdauerberechnung Treppenkollektiv / Wöhlerlinie

Abb. 4.7 Lebensdauer bei Kollektivbeanspruchung

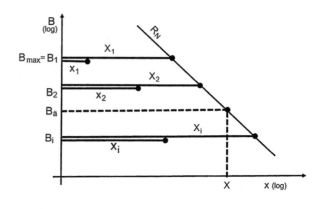

$$x_i^* = \alpha \cdot x_i \qquad (4.16)$$

d. h. das Beobachtungskollektiv führt zu einer Teilschädigung

$$D^* = \sum \frac{x_i^*}{X_i} = \alpha. \qquad (4.17)$$

Aus

$$X = \sum x_i = \frac{1}{\alpha} \cdot \sum x_i^*$$

folgt dann

$$X = \frac{\sum x_i^*}{\sum \frac{x_i^*}{X_i}} \qquad (4.18)$$

und damit auch

$$\boxed{X = \frac{\sum x_i}{\sum \frac{x_i}{X_i}}.} \qquad (4.19)$$

Gleichung (4.8) ist die bekannte Lebensdauergleichung nach Palmgren, die später von Miner auf die Betriebsfestigkeitslehre übertragen wurde und heute allgemein als Schadensakkumulationshypothese in der Literatur aufgeführt wird.

Wird die bei konstantem Belastungshorizont mit R_N zum Versagen führende Lebensdauer X_i aus (Gl. 4.19) mit (Gl. 4.9) ergänzt, erhalten wir für die Lebensdauerberechnung

4.1 Allgemeine Grundlagen der Lebensdauerberechnung

$$X = \frac{\sum x_i}{\sum \frac{x_i}{X_N} \cdot \left(\frac{B_i}{B_N}\right)^a}. \qquad (4.20)$$

In Bezug auf die unterschiedlichen Modelle (s. Abb. 4.6) werden bei der Original Miner Regel [4.11] nur Spannungsamplituden berücksichtigt, die oberhalb der Dauerfestigkeit liegen ($B_i > B_N$). Amplituden unterhalb der Dauerfestigkeit sollen keinen Einfluss auf den Schaden haben.

Nach dem Modell von Cortan/Dolan [4.05] – auch als Elementare Miner Regel benannt – wonach es bei vielen Bauteilen keinen Dauerfestigkeitsbereich gibt, werden alle Amplituden bei der Berechnung berücksichtigt. Anwendung findet dieses Modell auch, wenn aus Zeit- bzw. Kostengründen die experimentelle Ermittlung des Dauerfestigkeitspunktes nicht möglich ist.

Nachdem experimentelle Untersuchungen zeigten, dass die Original-Miner-Regel zu optimistische und die Elementare Miner Regel zu pessimistische Lebensdauern ergibt, wurde durch Haibach [4.08] unterhalb von B_N für die Wöhlerlinie der Exponent $2a - 1$ definiert. Mit dieser Annahme wird (Gl. 4.20) zu

$$X = \frac{\sum_{i=1}^{n} x_i}{\sum_{i=1}^{m} \frac{x_i}{X_N} \cdot \left(\frac{B_i}{B_N}\right)^a + \sum_{i=m+1}^{n} \frac{x_i}{X_N} \cdot \left(\frac{B_i}{B_N}\right)^{2a-1}}. \qquad (4.21)$$

Für die Anwendung sei auf die Bsp. 3 bis 6 und 9 bis 10 im Kap. 7 verwiesen.

Neuere Überlegungen greifen den Gedanken der Schadenslinie auf. Das in [4.10] entwickelt Konzept der Folgewöhlerlinien oder auch die in [4.02] vorgeschlagene Berücksichtigung des Sinkens der Dauerfestigkeit durch eine Ermüdungsvorgeschichte ermöglichen weitere Annäherungen an die realen Verhältnisse. Der Genauigkeitszuwachs rechtfertigt jedoch kaum den nicht unerheblichen Aufwand.

Für praktische Aufgaben sollte wegen der Vergleichbarkeit der Ergebnisse immer die gleiche Methode angewendet werden. Nach den Erfahrungen der Verfasser ist die klassische Palmgren-Miner-Formel mit dem von Haibach vorgeschlagenen Exponenten eine geeignete Anwendung.

4.1.3 Lebensdauerberechnung bei Äquivalenzbelastung

Bemerkenswert ist auch die auf die Wälzlagerberechnung zurückgehende „Äquivalenzlast", einer Belastung oder Beanspruchung mit analoger Schädigung wie das Kollektiv.

Gehen wir von (Gl. 4.2) aus, so gilt die Beanspruchung auf einem Horizont

$$X_i = \frac{C}{B_i^a}. \qquad (4.22)$$

Gleichung (4.15) für die Gesamtschädigung lautet damit

$$D = \frac{1}{C} \cdot \sum x_i \cdot B_i^a \qquad (4.23)$$

und für eine äquivalente Beanspruchung (s. Abb. 4.7)

$$D = \frac{1}{C} \cdot X \cdot B_a^a. \qquad (4.24)$$

Durch Gleichsetzen der Gl. (4.23) und (4.24) folgt

$$B = \sqrt[a]{\sum B_i^a \left(\frac{x_i}{X}\right)}. \qquad (4.25)$$

Nun sind wiederum x_i und X selbst nicht bekannt, wohl aber die x_i^* der Beobachtungsdauer X^*. Die relative Beanspruchungsdauer x_i/X ist offensichtlich gleich der relativen Beobachtungsdauer x_i^*/X^*, so dass gilt

$$q_i = \frac{x_i^*}{X^*} = \frac{x_i}{X}; 0 \leq q \leq 1, \qquad (4.26)$$

d.h. die Äquivalenzbelastung kann bei Kenntnis des Kollektivs berechnet werden.

Mit dem relativen Zeitmaß q_i ergibt sich

$$\boxed{B = \sqrt[a]{\sum B_i^a \cdot q_i} \quad \text{mit} \quad q_i = \frac{x_i}{\sum x_i}.} \qquad (4.27)$$

Diese Gleichung wurde für die Wälzlagerberechnung (z. B. [4.08]) in vielfältiger Weise modifiziert. Bei Kenntnis der Äquivalentlast folgt die Lebensdauer aus der einfachen Lebensdauerformel

$$X = \left(\frac{B_N}{B}\right)^a \cdot x_N \qquad (4.28)$$

für einen Horizont einer vorgegebenen nominellen Zuverlässigkeit. Diese beträgt für das Wälzlager bekanntlich R = 0,9, d.h. es werden für die Auslegung 10% vorzeitiger Ausfall zugelassen.

4.1.4 Lebensdauerberechnung mit Äquivalenzfaktor

So zweckmäßig in der Praxis gestufte Kollektive auch sein mögen, für die allgemeine Darstellung haben analytische Beschreibungen ihre Vorteile.

Ein einfacher Ansatz der Form (vgl. [4.09])

$$y_B = 1 - \Phi^\gamma \qquad (4.29)$$

ergibt das Kollektivsystem nach Abb. 4.8a Dieser Ansatz kann für „abgeschnittene" Kollektive durch Einführung von $B_{min}/B_{max.}$ angepasst werden (vgl. Abb. 4.8b).

$$y_B = 1 - \Phi^\gamma \left(1 - \frac{B_{min}}{B_{max}}\right). \qquad (4.30)$$

Beide Ansätze gehen für $\gamma = 0$ in das sog. „Rechteck"-Kollektiv für statische konstante Beanspruchung bzw. Ermüdung für konstant schwingende Beanspruchung über.

Für die Arbeit mit den verschiedenen Formen der Beanspruchungsfunktionen ist es zweckmäßig, die elementare Lebensdauergleichung (4.20) anzupassen. Mit $B_{max} = B_N$ kann die Belastungsfunktion y_B nach (Gl. 4.12) eingeführt werden. Mit $X_N = X(B_{max})$ schreiben wir

$$X = \frac{X(B_{max}) \cdot \sum x_i}{\sum x_i \cdot y_b^a}, \qquad (4.31)$$

Für die analytische Kollektivform

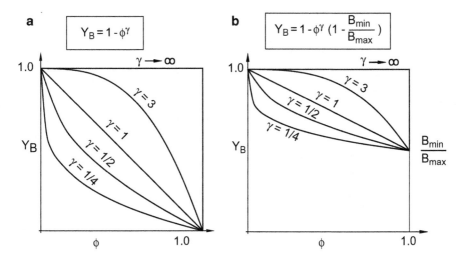

Abb. 4.8 Analytische Beschreibung von Beanspruchungskollektiven

$$y_B = f(\Phi) \qquad (4.32)$$

ist der Übergang auf eine integrale Lebensdauerformel zweckmäßig. Mit $x_i \sim \Delta\Phi_i$ folgt aus Gl. (4.31)

$$X = \frac{X(B_{max}) \cdot \sum \Delta\Phi_i}{\sum \Delta\Phi_i \cdot y_B{}^a}. \qquad (4.33)$$

Wegen der Summierung von $\Delta\Phi_i$ über den Definitionsbereich von Φ gilt

$$\sum \Delta\Phi_i = 1$$

und damit

$$X = \frac{X(B_{max})}{\sum \Delta\Phi_i \cdot y_B{}^a}. \qquad (4.34)$$

Der Grenzübergang der Summe zum Integral führt auf die einfache Formel

$$X = \frac{X(B_{max})}{\int_0^1 y_B^a \cdot d\Phi}. \qquad (4.35)$$

Für stetige Wöhlerlinien, d. h. für solche ohne Langlebigkeitsbereich, ist die Anwendung der abgeleiteten Gleichungen unproblematisch. Insbesondere in Hinblick auf die Schädigung durch Ermüdung wird die besondere Beachtung des Langlebigkeitsbereiches notwendig. Kollektivbeanspruchungen im Langlebigkeitsbereich und natürlich zugleich auch im Kurzlebigkeitsbereich lassen sich mit mathematischen Mitteln wie der Integration über Unstetigkeitsstellen hinweg lösen. Unter Anwendung (Gl. 4.21) und der oben beschriebenen Substitutionen durch $\Delta\Phi_i$ und y_B erhalten wir für die Lebensdauerberechnung die Integralform

$$X = \frac{X_N}{\int_0^{\Phi g} y_B^a \cdot d\Phi + \int_{\Phi g}^1 y_B^{(2a-1)} \cdot d\Phi}. \qquad (4.36)$$

Ausgehend von Gl. (4.25) kann mit Gl. (4.13) für die äquivalente Beanspruchung auch geschrieben werden

$$B = \sqrt[a]{\sum B_i^a \cdot \Delta\Phi_i}. \qquad (4.37)$$

Nach Umstellung der Belastungsnormierung y_B (s. Gl. 4.12) nach B_i und Einsetzen in Gl. 4.37 schreiben wir

4.2 Lebensdauerberechnung bei variabler Zuverlässigkeit

$$B = B_{max} \cdot \sqrt[a]{\sum y_B^a \cdot \Delta\Phi_i} \qquad (4.38)$$

und in Analogie zu den Gl. (34) und (35)

$$B = B_{max} \sqrt[a]{\int_0^1 y_B^a \, d\Phi}. \qquad (4.39)$$

Aus diesem Lösungsansatz folgt der Äquivalenzfaktor $\chi_{ä}$ mit

$$\chi_{ä} = \frac{B}{B_{max}} = \sqrt[a]{\int_0^1 y_B^a \, d\Phi} \quad 0 \leq \chi_{ä} \leq 1. \qquad (4.40)$$

Leider ist dieser Äquivalenzfaktor abhängig vom Wöhlerlinienexponenten a und der verwendeten Akkumulationshypothese.

In diesem Zusammenhang sei auf einen Standardentwurf für Zahnradberechnungen [4.13] verwiesen, in dem 12 typische Kollektivformen angeboten werden (s. Tafel IV.4). Für die im Anhang angegebenen zwölf Musterkollektive wurde der Äquivalenzfaktor nach der linearen Schadensakkumulationshypothese in der Version Corten/Dolan (b=a) berechnet.

Zur Lebensdauerabschätzung reicht es aus, ein gestuftes Kollektiv im gleichen Maßstab wie diese Kollektive zweckmäßig auf Transparentpapier aufzutragen, um die Übereinstimmung mit einem der zwölf Kollektive zu prüfen. Mit dem zugehörigen Äquivalenzbeiwert und der maximalen Belastung können die äquivalente Belastung

$$B_ä = \chi_ä \cdot B_{max} \qquad (4.41)$$

und damit die Lebensdauer mit Gl. (4.28) bestimmt werden.

Es wird auf das Beispiel 4 in Kap. 7 verwiesen.

4.2 Lebensdauerberechnung bei variabler Zuverlässigkeit

Lebensdauerwerte x_i für alle Versagenskriterien sind zufällige Ereignisse, die statistisch ausgewertet werden können (s. Abschn. 3). Ganze Produkte, Baugruppen aber auch deren Elemente werden im einfachsten Fall experimentell der Belastung ausgesetzt, die auch im späteren Feldeinsatz vorkommt. Dieses wird vor allem bei der Bauteilqualifikation eingesetzt, wo das Erreichen einer bestimmten Lebensdauer nachgewiesen werden soll. Für eine ganzheitliche Betrachtung werden Wöhlerdiagramme aufgenommen, die wie dargestellt auf die Auswertung unterschiedlicher Belastungshorizonte zurückzuführen sind. Aktuell erfahren diese Betrachtungen im Rahmen einer Robustness Validation (Robustheitsbewertung) einen neuen Impuls. Aus Zeit- und Kostengründen sind auch immer häufiger Lebensdauertests Stand der Technik, bei denen die Bauteile mit

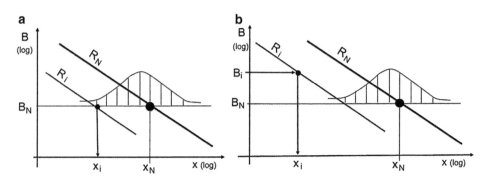

Abb. 4.9 Stochastische Betrachtungsmodelle (a) $B_i = B_N$ (b) $B_i \neq B_N$

„Burn-in"-Belastungen beansprucht werden, die im späteren Einsatz i. d. R. nicht mehr auftreten, aber eine ganzheitliche Betrachtung auch bei niedrigeren Belastungen ermöglichen sollen. Da die Zuverlässigkeit alias Überlebenswahrscheinlichkeit und die Ausfallwahrscheinlichkeit in aktuellen Sicherheitsbetrachtungen (s. Abschn. 2.10) ebenfalls relevant sind und die Wahrscheinlichkeiten untrennbar mit der Belastung und der Lebensdauer verbunden sind, sollen in diesem Abschnitt Möglichkeiten aufgezeigt werden, um Lebensdauern durch Vorgabe einer individuellen Wahrscheinlichkeit auf konstantem Belastungshorizont (s. Abb. 4.9a) oder Lebensdauern auf einem von einem Normhorizont [x_N, B_N und R_N) abweichendem Belastungshorizont B_i (s. Abb. 4.9b) bestimmen zu können.

Betrachtet werden in diesem Abschnitt Lebensdauerverteilungen, die durch statistische Auswertungen auf einem Belastungshorizont gemäß Abb. 4.9a ermittelt worden sind. Für die Berechnung der Lebensdauer sollen die Gaußverteilung und die Weibullverteilung (s. Abschn. 3.2) genutzt werden.

4.2.1 Zuverlässigkeitsbasierte Lebensdauerberechnung bei konstanter Beanspruchung und Gaußverteilung

Betrachtet wird das Modell nach Abb. 4.9a. Die statistische Beschreibung der Verteilung der Lebensdauerwerte erfolgt mit Hilfe der Gaußverteilung (s. Abschn. 3.2). Soll eine Lebensdauer für eine individuelle Zuverlässigkeit bestimmt werden,

muss auf Grund der nicht gegebenen elementaren Lösbarkeit auf die substituierte (0,1)-Verteilung (vgl. Abschn. 3.2.4) und der zugehörigen Wertetabelle (s. Tafel IV.2) zurückgegriffen werden.

Wird der Substitutionsterm nach (Gl. 3.36) zur Lebensdauer x umgestellt, erhalten wir für die Berechnung der Lebensdauer

$$\boxed{x = z \cdot s + \overline{x}.} \quad (4.42)$$

4.2 Lebensdauerberechnung bei variabler Zuverlässigkeit

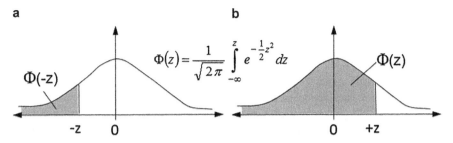

Abb. 4.10 Ausfallwahrscheinlichkeit Φ und zugehörige z-Werte (**a**) Φ<50% (**b**) Φ>50%

Während die Verteilungsparameter s und $\bar{x}$ aus der statistischen Versuchsauswertung (Abschn. 3.2.3) bekannt sind, muss die Laufvariable z in Abhängigkeit der gesuchten Zuverlässigkeit R(x) bestimmt werden.

Dazu wird im ersten Arbeitsschritt die Ausfallwahrscheinlichkeit berechnet.

$$F(x) = 1 - R(x) \Rightarrow \Phi(z) \tag{4.43}$$

Bei R(x)>50 % bzw. F(x)<50 % erhalten wir negative z Werte und damit ein Φ(-z) (s. Abb. 4.10a). Bei R(x)<50 % bzw. F(x)>50 % erhalten wir positive z Werte und damit ein Φ(z) (s. Abb. 4.10b). Es besteht für negative z-Werte der Zusammenhang

$$\Phi(-z) = 1 - \Phi(z). \tag{4.44}$$

Die Kenntnis dieses Zusammenhanges kann erforderlich sein, wenn nicht mit Tafel IV.2 gearbeitet wird, sondern mit allgemeinen statistischen Fachbüchern, in denen i. d. R. nur Tabellen mit Φ(+z)-Werten enthalten sind. Verwenden wir die im Anhang befindliche Tabelle (Tab. IV.2), kann der z-Wert für die gewünschte Zuverlässigkeit direkt abgelesen und in die Gl. 4.42 zur Berechnung der Lebensdauer eingesetzt werden.

Als unkompliziertere Alternative kann natürlich auch die Verwendung des Wahrscheinlichkeitspapiers nach Gauß (s. Abschn. 3.2.3) angesehen werden.

4.2.2 Zuverlässigkeitsbasierte Lebensdauerberechnung bei konstanter Beanspruchung und Weibullverteilung

Betrachtet wird das Modell nach Abb. 4.9a. Die statistische Beschreibung der Verteilung der Lebensdauerwerte erfolgt mit Hilfe der Weibullverteilung (s. Abschn. 3.2). Aus der Zuverlässigkeitsgleichung

$$R(x) = e^{-\left(\frac{x}{T}\right)^{\beta}} \tag{4.45}$$

wird durch Umstellung nach x die Lebensdauergleichung

$$x = \sqrt[\beta]{-\ln R(x)} \cdot T \qquad (4.46)$$

generiert. Durch Verwendung der Verteilungsparameter ß und T (Ermittlung s. Abschn. 3.2.3) und Eingabe der benötigten Zuverlässigkeit kann die Lebensdauer berechnet werden. Das Wahrscheinlichkeitspapier (s. Abb. 3.8) kann alternativ ebenfalls verwendet werden.

Aus vorangehenden Kapiteln kennen wir die Arbeit mit genormten Funktionen, weshalb für die Weibullverteilung eine Lebensdauerberechnung in Bezug auf einen Normpunkt x_N, B_N und R_N im Folgenden bereitgestellt werden soll.

Umgeformt wird die (Gl. 4.45) zum Term T^β, der durch zusammengehörige R_i, x_i Wertepaare einer bekannten Verteilungsfunktion mit (Gl. 4.47) beschrieben werden kann.

$$T^\beta = \frac{x^\beta}{-\ln R(x)} = \frac{x_N^{\,\beta}}{-\ln R_N} \qquad (4.47)$$

Aus (Gl. 4.47) resultiert die auf einen Normpunkt bezogene Lebensdauergleichung

$$x = \sqrt[\beta]{\frac{-\ln R(x)}{-\ln R_N}} \cdot x_N \qquad (4.48)$$

Der Wurzelterm des Quotienten der natürlichen Zuverlässigkeitslogarithmen wird in Wälzlagerkatalogen (z. B. [4.07]) und der zugehörigen Wälzlager-Norm (vgl. [4.06]) als Faktor a_1 für Ausfallwahrscheinlichkeit bezeichnet, in Bezug auf $x_N = 1$ für R = 99, 98, 97, 96, 95 und 90% angegeben und für die Berechnung der modifizierten Lebensdauer verwendet. Für weitere Anwendungen können die Normwerte natürlich individuell gewählt werden.

4.2.3 Zuverlässigkeitsbasierte Lebensdauerberechnung bei variabler Beanspruchung und Normpunkt

Das folgende Modell geht davon aus, dass für ein betrachtetes Bauteil die Wöhlerlinie bekannt ist. Das Wöhlerdiagramm ist durch einen Normpunkt B_N, x_N bei einer Zuverlässigkeit R_N und dem Wöhlerexponenten a gegeben. Zusätzlich ist mindestens der Verteilungsparameter ß für den Belastungshorizont B_N bekannt.

Möchte der Auslegungsingenieur für eine erforderliche Zuverlässigkeit R_i und einen vorhandenen Beanspruchungshorizont B_i die erreichbare Lebensdauer x_i abschätzen – Alternative Fragestellung: „Welche Lebensdauer x_i wird mit einer Wahrscheinlichkeit von R_i bei einer Belastung B_i ohne Ausfall erreicht?" kann er das Lebensdauerberechnungsmodell nach (Gl. 4.51) nutzen, welches im Folgenden hergeleitet werden soll.

4.2 Lebensdauerberechnung bei variabler Zuverlässigkeit

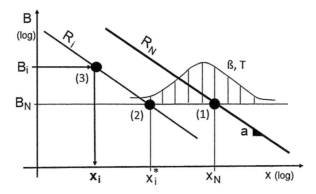

Abb. 4.11 Weibull-Wöhler-Lebensdauermodell

Ausgehend vom Normpunkt [x_N, B_N, R_N] (vgl. (1) in Abb. 4.11) wird zunächst durch Anwendung der Gleichung 4.48 auf dem Belastungshorizont B_N die Lebensdauer x_N zum Lebensdauerwert x_i^* des geforderten Zuverlässigkeitshorizontes R_i transformiert (vgl. (2) in Abb. 4.11). Es gilt

$$x_i^* = \sqrt[\beta]{\frac{-\ln R_i}{-\ln R_N}} \cdot x_N \tag{4.49}$$

Im nächsten Schritt wird dieser Lebensdauerwert in die Wöhlerliniengleichung des geforderten Zuverlässigkeitshorizontes eingesetzt. Geschrieben wird

$$B_i^a \cdot x_i = B_N^a \cdot x_i^* = B_N^a \cdot \sqrt[\beta]{\frac{-\ln R_i}{-\ln R_N}} \cdot x_N. \tag{4.50}$$

Daraus kann nun die notwendige Lebensdauergleichung abgeleitet werden, mit der durch Eingabe von R_i und B_i die erreichbare Lebensdauer berechnet werden kann.

Erkennbar ist in (Gl. 4.51) die klassische Wöhlerliniengleichung, die um den Korrekturfaktor aus (Gl. 4.48) ergänzt wurde.

$$\boxed{x = \left(\frac{B_N}{B_i}\right)^a \cdot \sqrt[\beta]{\frac{-\ln R_i}{-\ln R_N}} \cdot x_N.} \tag{4.51}$$

Der gleiche Algorithmus zur Verknüpfung einer Verteilungsfunktion mit der Wöhrlerliniengleichung kann selbstverständlich auch für andere Verteilungsfunktionen realisiert werden, auch wenn vielleicht keine wie mit der Weibullverteilung durchgehende numerische Lösung notiert werden kann. Hingewiesen sei auf die Nutzung von Wertetabellen z. B. bei der Gauß-Verteilung.

Die vorgestellten Gleichungen sind uneingeschränkt für die Lebensdauerhypothese nach Corten/Dolan anzuwenden. Liegt ein Dauerfestigkeitsbereich (Modell Miner) bzw. eine abgeknickte Lebensdauerlinie (Modell Haibach) vor (s. Abschn. 3.3.1 und 4.1.2), dann sind die Geltungsbereiche mit den entsprechenden Wöhlerexponenten und Verteilungsparameter zu berücksichtigen.

4.2.4 Zuverlässigkeitsbasierte Lebensdauerberechnung bei Kollektivbeanspruchung und Normpunkt

Im Abschn. 4.1.2 wurde für eine Wöhlerlinie konstanter Zuverlässigkeit die Anwendung der Schadensakkumulationshypothese vorgestellt. Durch Kombination von (Gl. 4.19) mit (Gl. 4.51) entsteht für eine Lebensdauerberechnung bei Kollektivbelastung der Berechnungsansatz

$$x = \frac{\sum_{i=1}^{n} x_i}{\sum_{i=1}^{n} \frac{x_i}{X_N} \left(\frac{B_i}{B_N}\right)^a \cdot \sqrt[\beta]{\frac{-\ln R_N}{-\ln R_i}}}. \quad (4.52)$$

Nach einer Transformation vom Normpunkt auf den gewünschten Zuverlässigkeitshorizont (s. Abb. 4.12), werden, wie bereits in Abschn. 4.1.2 dargelegt, die Teilschädigungen, hier jedoch unter Berücksichtigung der Zuverlässigkeit, für die Berechnung der Lebensdauer ermittelt.

Als eine Alternative zu (Gl. 4.52) kann (Gl. 4.53) angesehen werden. Verwendet wird hier die Äquivalenzbelastung aus Abschn. 4.1.3.

$$x = \left(\frac{B_N}{B}\right)^a \cdot \sqrt[\beta]{\frac{-\ln R_i}{-\ln R_N}} \cdot x_N \quad \text{mit} \quad B = \sqrt[a]{\sum B_i^a \cdot \frac{x_i}{\sum x_i}} \quad (4.53)$$

Da es zur Zeit noch viele andere Lebensdauerhypothesen auf dem Markt gibt, die für eine Standardauslegung nicht relevant sind, sei an dieser Stelle auf die Fachliteratur verwiesen.

Abb. 4.12 Weibull-Wöhler-Lebensdauermodell für Kollektivbelastung

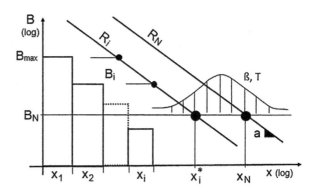

4.3 Anhang

Tafel IV.1 Richtwerte für Lebensdauerberechnungen im Maschinenbau

Bereich	Rechnerische Lebensdauer in Betriebsstunden für $R=0.9$	Umrechnung in km mittlere Laufleistung
Allgemeiner Maschinenbau		
• Werkzeugmaschinen	15000 – 25000	30000 – 300000
• Textilmaschinen	10000 – 20000	
• Fahrzeuge	1000 – 40000	
Fahrzeugbau		
• Krafträder	1000 – 2000	30000 – 60000
• Personenkraftwagen	3000 – 5000	100000 – 300000
• Lastkraftwagen	2000 – 5000	60000 – 200000
• Omnibusse	4000 – 6000	200000 – 400000
• Schienenfahrzeuge	20000 – 40000	$2 \cdot 10^6 - 4 \cdot 10^6$
Achslager in Fahrzeugen		
• Kraftfahrzeuge	2000 – 6000	
• Schienenfahrzeuge	20000 – 30000	
Getriebe in Fahrzeugen		
• Kraftfahrzeuge	2000 – 4000	
• Schienenfahrzeuge	20000 – 40000	
• Schiffsgetriebe	20000 – 80000	
Elektrische Maschinen und Geräte		
• Haushaltsgeräte	1000 – 3000	
• Elektromotoren bis 4 kW	8000 – 12000	
• Elektromotoren > 4 kW	10000 – 20000	
stationäre elektrische Maschinen (z. B. Kraftwerke)	50000 und mehr	

Tafel IV.2 Bestimmung der z-Werte für die Standardnormalverteilung (0,1-Verteilung)

$\Phi(z) \to z \to x = z \cdot s + \overline{x}$

$\Phi(-z) = 1 - \Phi(z)$

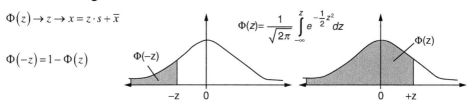

$\Phi(z) = \dfrac{1}{\sqrt{2\pi}} \displaystyle\int_{-\infty}^{z} e^{-\frac{1}{2}z^2} dz$

ϕ(z)	z	ϕ(z)	z	ϕ(z)	z	ϕ(z)	z
0,01	−2,3263	0,21	−0,8064	0,41	−0,2275	0,61	0,2793
0,02	−2,0537	0,22	−0,7722	0,42	−0,2019	0,62	0,3055
0,03	−1,8808	0,23	−0,7388	0,43	−0,1764	0,63	0,3319
0,04	−1,7507	0,24	−0,7063	0,44	−0,1510	0,64	0,3585
0,05	−1,6449	0,25	−0,6745	0,45	−0,1257	0,65	0,3853
0,06	−1,5548	0,26	−0,6433	0,46	−0,1004	0,66	0,4125
0,07	−1,4758	0,27	−0,6128	0,47	−0,0753	0,67	0,4399
0,08	−1,4051	0,28	−0,5828	0,48	−0,0502	0,68	0,4677
0,09	−1,3408	0,29	−0,5534	0,49	−0,0251	0,69	0,4958
0,10	−1,2816	0,30	−0,5244	0,50	0,0000	0,70	0,5244
0,11	−1,2265	0,31	−0,4958	0,51	0,0251	0,71	0,5534
0,12	−1,1750	0,32	−0,4677	0,52	0,0502	0,72	0,5828
0,13	−1,1264	0,33	−0,4399	0,53	0,0753	0,73	0,6128
0,14	−1,0803	0,34	−0,4125	0,54	0,1004	0,74	0,6433
0,15	−1,0364	0,35	−0,3853	0,55	0,1257	0,75	0,6745
0,16	−0,9945	0,36	−0,3585	0,56	0,1510	0,76	0,7063
0,17	−0,9542	0,37	−0,3319	0,57	0,1764	0,77	0,7388
0,18	−0,9154	0,38	−0,3055	0,58	0,2019	0,78	0,7722
0,19	−0,8779	0,39	−0,2793	0,59	0,2275	0,79	0,8064
0,20	−0,8416	0,40	−0,2533	0,60	0,2533	0,80	0,8416

ϕ(z)	z	ϕ(z)	z	ϕ(z)	z	ϕ(z)	z
0,81	0,8779	0,91	1,3408	0,991	2,3656	0,9999	3,7195
0,82	0,9154	0,92	1,4051	0,992	2,4089	0,99999	4,2655
0,83	0,9542	0,93	1,4758	0,993	2,4573	...	...
0,84	0,9945	0,94	1,5548	0,994	2,5121		
0,85	1,0364	0,95	1,6449	0,995	2,5758		
0,86	1,0803	0,96	1,7507	0,996	2,6521		
0,87	1,1264	0,97	1,8808	0,997	2,7478		
0,88	1,1750	0,98	2,0537	0,998	2,8782		
0,89	1,2265	0,99	2,3263	0,999	3,0902		
0,90	1,2816						

4.3 Anhang

Tafel IV.3 Auswerteverfahren für Kollektivbeanspruchungen [nach Abb. 4.4]

Spannenpaarverfahren
Range Pair Counting

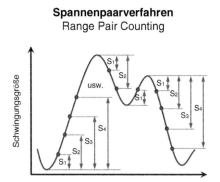

Spannen-Mittelwert-Verfahren
Range Average-Counting

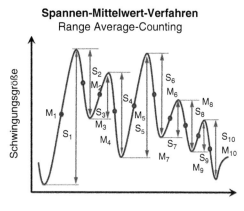

Rainflow-Verfahren

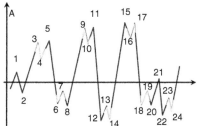

Originäre Beanspruchungs-Zeit-Funktion

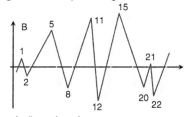

um primär vorhandene Zwischenschwingungen reduzierte Beanspruchungs-Zeit-Funktion

Matrix-Verfahren Matrix-Counting

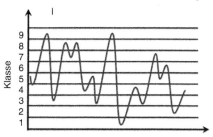

Verweildauerverfahren Time Range Counting

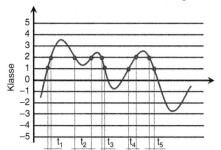

Darstellung mit Zählbeispiel für Klasse 1

Tafel IV.4 Beanspruchungskollektive und Äquivalenzfaktoren (nach [4.13])

Tafel IV.4.1 Typische Beanspruchungskollektive mit Äquivalenzfaktoren

	Äquivalenzfaktor $\chi_ä$			
	$a=3$	$a=6$	$a=9$	$a=12$
1	0,750	0,776	0,799	0,817
2	0,640	0,664	0,685	0,702
3	0,500	0,584	0,664	0,709
4	0,450	0,491	0,522	0,540
5	0,342	0,436	0,502	0,564
6	0,257	0,310	0,360	0,407
7	0,192	0,290	0,389	0,446

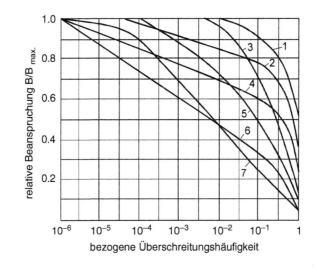

4.3 Anhang

Tafel IV.4.2 Beanspruchungskollektive mit Äquivalenzfaktoren, Mischkollektive

	Äquivalenzfaktor $\chi_{\ddot{a}}$			
	a=3	a=6	a=9	a=12
8	0,779	0,781	0,784	0,787
9	0,534	0,547	0,555	0,566
10	0,327	0,354	0,380	0,407
11	0,182	0,191	0,244	0,336
12	0,045	0,076	0,108	0,196

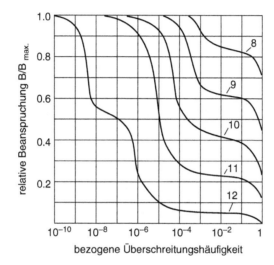

Quellen und weiterführende Literatur

[4.01] Basquin, O.H.: The exponential law of endurance tests. Proc. ASTM 11, S. 625, 1910.
[4.02] Beichelt, F.: Zuverlässigkeits- und Instandhaltungstheorie. Teubner, Stuttgart, 1993.
[4.03] Broichhausen, J.: Schadenskunde. Carl Hanser, München Wien, 1985.
[4.04] Buxbaum, O.: Betriebsfestigkeit - Sichere und wirtschaftliche Bemessung schwingbruchgefährdeter Bauteile. Düsseldorf: Verlag Stahleisen mbH, 1988.
[4.05] Corten, H. T., Dolan, T. J., Cumulative fatigue damage. In: Proceedings of the International Conference on Fatigue of Metals. Institution of Mechanical Engineers, ASME, pp. 235–246, 1956.
[4.06] DIN 3990-1 Tragfähigkeitsberechnung von Stirnrädern. Einführung und allgemeine Einflussfaktoren Beuth, Berlin, 1987.
[4.07] DIN ISO 281: Wälzlager – Dynamische Tragzahlen und nominelle Lebensdauer (ISO 281-2007), Beuth, Berlin, 2010.
[4.08] FAG OEM und Handel AG: FAG Wälzlager-Katalog WL 41520, FAG, Schweinfurth, 1996.
[4.09] Haibach, E.: Betriebsfestigkeit - Verfahren und Daten zur Bauteilberechnung. Springer Verlag (VDI-Buch), 3. Auflage, 2006.
[4.10] Eichler, C.: Instandhaltungstechnik. Technik, Stuttgart, 1990.
[4.11] Forschungskuratorium Maschinenbau: Festigkeitsnachweis Vorhaben 154, Rechnerischer Festigkeitsnachweis für Maschinenbauteile. In: FKM 183-2, Frankfurt, 1994.
[4.12] Miner, N. Anton: Cumulative Damage in Fatigue. In: Journal of Appl. Mech. Trans. ASME 12: 159-164, 1945.
[4.13] Palmgren, Arvid: Die Lebensdauer von Kugellagern. In: VDI-Zeit- schrift 58: 339-341, 1924.
[4.14] RGW Standard: Entwurf "Stirnradpaare/ Festigkeitsberechnung, 1984.
[4.15] Uhlig, H.H.: Korrosion und Korrosionsschutz. Akademie-Verlag, Berlin, 1975.

Zusammenhänge zwischen Sicherheit, Lebensdauer und Zuverlässigkeit – eine neue Auslegungsphilosophie

5.1 Systematisierung und Zielstellung

In Abschn. 1.1 wurden die Berechnung von Sicherheit, Lebensdauer und Zuverlässigkeit als historisch gewachsene Auslegungsmethoden gekennzeichnet.

Trotz der kritischen Bemerkungen zur Sicherheit (s. Abschn. 2.9) und trotz Betonung der Grenzen der Lebensdauerberechnung im Sinne der Betriebsfestigkeitslehre (s. Kap. 4) muss realistisch davon ausgegangen werden, dass beide Auslegungsmethoden auch in Zukunft zum festen Bestand der konstruktionsmethodischen Grundlagen gehören werden, auch wenn das einzige „wahre" Auslegungskriterium die Ausfallwahrscheinlichkeit sein dürfte.

Natürlich gibt es in der Literatur zuverlässigkeitstheoretische Ansätze zur Berechnung der Ausfallwahrscheinlichkeit (vgl. z. B. [5.02] und [5.19]). Leider sind diese mathematisch relativ anspruchsvoll und nur numerisch zu lösen.

Bevor wir darauf eingehen, sollen einfache Berechnungsmodelle vorgestellt werden, die den Leser in die Problemstellung einführen und auf der Basis von Sicherheits- und Lebensdauerberechnungen einfach handhabbar und in der praktischen Konstruktionsarbeit einsetzbar sind.

5.2 Zusammenhang zwischen Lebensdauer und Sicherheit im Zeitfestigkeitsbereich bei variabler Zuverlässigkeit

Wöhlerdiagramme sind gewöhnlich mit einem charakteristischen Wertepaar [x_N, B_N] für eine konkrete Zuverlässigkeit R_N und dem Wöhlerlinienexponenten a gegeben, was für die „klassische" Lebensdauerberechnung (s. Abschn. 4.1) ausreichend ist. Sollen jedoch für Lebensdauerlinien beliebiger Zuverlässigkeit R_i die Beanspruchbarkeiten $B_{vers.}$ als

Abb. 5.1 Zuverlässigkeitsbasierte Abschätzung der Beanspruchbarkeit

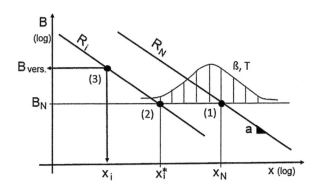

Funktion der geforderten Lebensdauer x_i oder die Lebensdauern x_i als Funktion der Beanspruchung $B_{vorh.}$ ermittelt werden, bedarf es eines neuen Lösungsansatzes.

In Abschn. 4.2.3 haben wir bereits einen Ansatz für den Zusammenhang von Lebensdauer, Beanspruchung und Zuverlässigkeit auf der Basis der Weibull-Verteilung in Kombination mit der Wöhlerliniengleichung kennengelernt. Nach (Gl. 4.50) gilt

$$B_i^a \cdot x_i = B_N^a \cdot \sqrt[\beta]{\frac{-\ln R_i}{-\ln R_N}} \cdot x_N. \tag{5.1}$$

Neben der Gleichung zur Bestimmung der Lebensdauer in Abhängigkeit von der Beanspruchung und der Zuverlässigkeit (s. Gl. 4.51) kann auch ein Ansatz für die Berechnung der Beanspruchbarkeit $B_{vers.}$ als Funktion der geforderten Zuverlässigkeit R_i und geforderten Lebensdauer x_i in Bezug auf den Normpunkt [x_N, B_N, R_N] abgeleitet werden (s. Abb. 5.1). Für $B_{vers.}$ folgt aus (Gl. 5.1)

$$B_{vers.} = B_N \cdot \sqrt[a \cdot \beta]{\frac{-\ln R_i}{-\ln R_N}} \cdot \sqrt[a]{\left(\frac{x_N}{x_i}\right)}. \tag{5.2}$$

Zusammen mit der Sicherheitsgleichung (s. Gl. 2.3, Abschn. 2.1) erhalten wir den Zusammenhang zwischen Sicherheit, Lebensdauer und Zuverlässigkeit

$$S_B = \frac{B_{vers.}}{B_{vorh.}} = \frac{B_N}{B_{vorh.}} \cdot \sqrt[a \cdot \beta]{\frac{-\ln R_i}{-\ln R_N}} \cdot \sqrt[a]{\left(\frac{x_N}{x_i}\right)} \tag{5.3}$$

Wir erkennen, dass zum Zeitpunkt x_i bei Vergrößerung der geforderten Zuverlässigkeit der Versagenswert $B_{vers.}$ und damit auch die vorhandene Sicherheit sinkt.

Sollen bestimmte Sicherheiten in Bezug auf das wahrscheinliche Versagen realisiert werden, können für Auslegungen im Zeitfestigkeitsbereich oder allgemein für Auslegungen nach der Theorie von Cortan/Dolan (vgl. Kap. 4) die Beanspruchbarkeiten nach (Gl. 5.4) zuverlässigkeits- und sicherheitsbezogen bestimmt werden.

5.3 Zusammenhang zwischen Lebensdauer und Sicherheit...

$$B_{zul.} = \frac{B_N}{S_B} \cdot \sqrt[a\cdot\beta]{\frac{-\ln R_i}{-\ln R_N}} \cdot \sqrt[a]{\left(\frac{x_N}{x_i}\right)} \tag{5.4}$$

Anstatt der Weibullverteilung können natürlich auch andere Verteilungsfunktionen genutzt werden, womit aber keine geschlossene numerische Beschreibung möglich ist.

5.3 Zusammenhang zwischen Lebensdauer und Sicherheit im Zeitfestigkeitsbereich bei gleichbleibender Zuverlässigkeit

In Analogie zur Relation zwischen „erforderlicher" und „vorhandener" Sicherheit wird bei der Lebensdauerberechnung zwischen „Mindestlebensdauer" und „vorhandener Lebensdauer" bzw. erreichbarer Lebensdauer unterschieden.

Für den Fall gleichbleibender Zuverlässigkeit lässt sich ein einfacher Zusammenhang herstellen (vgl. [5.15]).

Lassen wir den Dauerfestigkeitsbereich im Sinne der Hypothese nach Corten/Dolan außer Betracht, wird in Abb. 5.2 deutlich, dass auf der Wöhlerlinie für R = const. zwei Punkte existieren, für die geschrieben werden kann

$$B_{vers.}^a \cdot x_{vorh.} = B_{vorh.}^a \cdot x_{vers.} \tag{5.5}$$

$X_{vorh.}$ ist die Lebensdauer, die unter $B_{vorh.}$ mit einer gewissen Wahrscheinlichkeit bereits ohne Ausfall erreicht wurde bzw. gefordert wird und $x_{vers.}$ die Lebensdauer, die mit einer Wahrscheinlichkeit R vom Bauteil erreicht werden könnte.

Wenn aus (Gl. 5.5) durch Umstellung die Gleichung

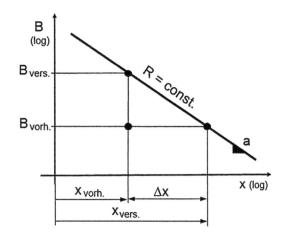

Abb. 5.2 Ansatz zum Zusammenhang zwischen Sicherheit und Lebensdauer bei R = const

$$\left(\frac{B_{vers.}}{B_{vorh.}}\right)^a = \frac{x_{vers.}}{x_{vorh.}} \quad (5.6)$$

wird, ist das Verhältnis der Beanspruchungen die bekannte Sicherheitszahl S_B. Für das Verhältnis der Lebensdauern ist bisher in der Auslegungspraxis keine der „Sicherheit" äquivalente Größe eingeführt worden – denkbar ist aber einer lebensdauerbezogene Sicherheitszahl S_x, sodass gilt

$$S_B^a = S_x. \quad (5.7)$$

Sinnvoll dürfte aber auch die Definition einer „Lebensdauerreserve" Δx sein, mit der gemäß Abb. 5.2

$$x_{vorh.} + \Delta x = x_{vers.} \quad (5.8)$$

gilt und damit auch

$$B_{vers.}^a \cdot x_{vorh.} = B_{vorh.}^a \cdot (x_{vorh.} + \Delta x). \quad (5.9)$$

bzw.

$$\left(\frac{B_{vers.}}{B_{vorh}}\right)^a = 1 + \frac{\Delta x}{x_{vorh.}}. \quad (5.10)$$

Im Quotienten der Spannungen erkennen wir wiederum die früher definierte Sicherheit nach Gl. (5.7). $\Delta x/x_{vorh.}$ wollen wir als „relative" Lebensdauerreserve bezeichnen. Für die Sicherheit als Funktion der relativen Lebensdauerreserve schreiben wir

$$S_B = \sqrt[a]{1 + \frac{\Delta x}{x_{vorh.}}} \quad (5.11)$$

oder

$$\frac{\Delta x}{x_{vorh.}} = S_B^a - 1. \quad (5.12)$$

Die relative Lebensdauerreserve scheint geeignet, wie die Sicherheit in Spannungen, für Lebensdauerberechnungen in ingenieurmäßig einfacher Form den „Abstand" vom Versagenspunkt zu beschreiben.

In Abb. 5.3 ist der Zusammenhang zwischen Lebensdauerreserve $\Delta N/N_{vers.}$ und Sicherheit S dargestellt.

Es wird deutlich, dass für große Wöhlerkurvenexponenten a erhebliche Lebensdauerreserven erforderlich sind, um ausreichende Sicherheiten zu erreichen.

Abbildung 5.2 verdeutlicht, dass sowohl die Lebensdauerreserve nach Gl. (5.11) ohne Kenntnis der Verteilungsfunktion für ein R=const. berechnet werden kann (vgl. dazu Bsp. 3 und 4).

5.4 Zusammenhang zwischen Zuverlässigkeit bzw. Schadenswahrscheinlichkeit...

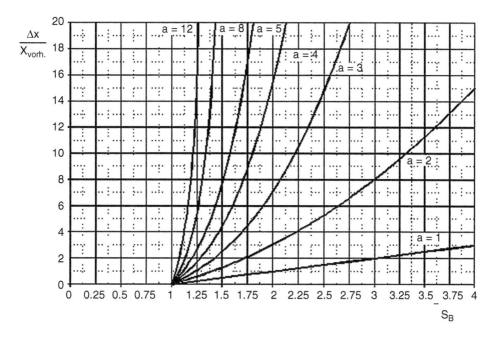

Abb. 5.3 Zusammenhang zwischen Sicherheit S und relativer Lebensdauerreserve

Es stellt sich die Frage, welche Zunahme der Zuverlässigkeit damit verbunden ist. Diese ungleich schwierigere Aufgabe soll in Abschn. 5.4 umfassend behandelt werden.

5.4 Zusammenhang zwischen Zuverlässigkeit bzw. Schadenswahrscheinlichkeit und Sicherheit bei gleichbleibender Lebensdauer

Mit Blick auf Abb. 5.4a steht im Feldeinsatz eines Bauteils das Ausfallverhalten in Form eines Wöhlerliniensystems ggf. mit einem Normpunkt [x_N, B_N bei R_N] einem realen Betriebspunkt mit einer vorhandenen Beanspruchung $B_{vorh.}$ und einer geforderten Lebensdauer $x_{vorh.}$ gegenüber. Zum Zeitpunkt $x_{vorh.}$ besitzt das Bauteil eine Sicherheit bzw. Belastungsreserve gegenüber der Beanspruchbarkeit $B_{vers.}$. Und eine Lebensdauerreserve in Bezug auf $x_{vers.}$. Im Rahmen einer Zuverlässigkeitsbewertung zum Zeitpunkt $x_{vorh.}$ ist die Kenntnis der aktuellen Zuverlässigkeit (s. Abb. 5.4b) von Bedeutung, die im Folgenden betrachtet werden soll.

Die Berechnung der aktuellen Zuverlässigkeit, der Zuverlässigkeit, die zum Zeitpunkt $x_{vorh.}$ bei einer Beanspruchung $B_{vorh.}$ vorliegt, setzt die Kenntnis der Lebensdauerverteilung auf einem bekannten Horizont B_N voraus, die i. d. R. zum Normpunkt und nach Auswertung eines zweiten Horizontes den Wöhlerlinienexponenten a führt.

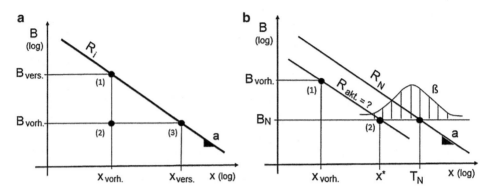

Abb. 5.4 Aktuelle Zuverlässigkeit von Bauteilen (**a**) Grundmodell (**b**) Transformationsansatz

Ausgehend vom Betriebspunkt $B_{vorh.}$ und $x_{vorh.}$ (Punkt 1) wird mit Hilfe des Wöhlerlinienansatzes auf den Normhorizont transformiert. Wir schreiben

$$B_{vorh.}^a \cdot x_{vorh.} = B_N^a \cdot x^* \tag{5.13}$$

bzw.

$$x^* = \left(\frac{B_{vorh.}}{B_N}\right)^a \cdot x_{vorh.} \tag{5.14}$$

Der Lebensdauerwert x^* ist eine Zeitvariable des genormten Horizontes B_N (Punkt 2) und kann in die geltende Zuverlässigkeitsgleichung eingesetzt werden. Im Fall der Verwendung der Weibullverteilung (Gl. 3.24) kann die vorhandene, sprich aktuelle Zuverlässigkeit mit

$$R(x^*) = R_{akt.}(x_{vorh.}) = e^{-\left(\left(\frac{B_{vorh.}}{B_N}\right)^a \cdot \frac{x_{vorh.}}{T_N}\right)^\beta} \tag{5.15}$$

berechnet werden. T_N und ß sind die Verteilungsparameter der Lebensdauerverteilung auf dem Beanspruchungshorizont B_N. Die Anwendung der (Gl. 5.15) wird im Abschn. 5.5 am Beispiel der Bewertung der aktuellen Zuverlässigkeit von Wälzlagern erfolgen.

Ein zweiter Ansatz bezieht sich auf Abb. 5.5. Wenn nur ein einziger Lebensdauerhorizont mit $x_i = x_N$ betrachtet wird, entsteht mit (Gl. 5.1) ein Zusammenhang zwischen den dargestellten Zuverlässigkeitshorizonten und auch Beanspruchungshöhen mit

$$B_i = B_N \cdot \sqrt[a \cdot \beta]{\frac{-\ln R_i}{-\ln R_N}}. \tag{5.16}$$

Der Beweis der Gültigkeit ist in Abschn. 5.3 bereits mit dem Zusammenhang der Lebensdauer- und Beanspruchungsstreuspannen zwischen zwei Zuverlässigkeitshorizonten (s. Gl. 5.5 5.6 und 5.7) erfolgt.

5.4 Zusammenhang zwischen Zuverlässigkeit bzw. Schadenswahrscheinlichkeit...

Abb. 5.5 Aktuelle Zuverlässigkeit bei konstanter Lebensdauer

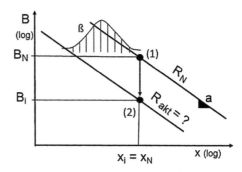

Umgestellt nach R_i erhalten wir die Möglichkeit zur Berechnung der Zuverlässigkeit im Punkt B_i und x_i in Bezug auf einen Normpunkt B_N und $x_N = x_i$. Erfolgen kann die Berechnung von R_i bzw. $R_{akt.}$ dann mit

$$R_{akt} = R_N^{\left(\frac{B_L}{B_N}\right)^{a \cdot \beta}}. \tag{5.17}$$

Je geringer die vorhandene Beanspruchung gegenüber B_N ist, desto höher ist die aktuelle Zuverlässigkeit. Bei höheren Beanspruchungen sinkt die Zuverlässigkeit – ein Versagen wird wahrscheinlicher.

Wird B_N als Grenzwert einer zuverlässigkeitsbewerteten Beanspruchbarkeit $B_{vers.}$ betrachtet, ist in (Gl. 5.17) der Reziprokewert der Sicherheit S_B enthalten. Gleichung 5.17 wird dann zu

$$R_{akt} = R_N^{\left(\frac{1}{S_B}\right)^{a \cdot \beta}}. \tag{5.18}$$

Aus dieser Gleichung kann nun eine Sicherheitsgleichung durch Umstellung nach S_B gewonnen werden. Für die Sicherheit S_B gilt

$$S_B = {}^{a \cdot \beta}\sqrt{\frac{\ln R_N}{\ln R_i}} \stackrel{\wedge}{=} \frac{B_N}{B_i}. \tag{5.19}$$

R_i kann als bei einer Auslegung geforderten Zuverlässigkeit interpretiert werden. Der Abstand zwischen zwei Zuverlässigkeitshorizonten wird in die „klassische" Sicherheitszahl überführt.

Zwecks späterer Verwendung soll in Gleichung (5.17) der Term des Beanspruchungsverhältnisses mit dem Wöhlerexponenten entsprechend des Zusammenhangs (Gl. 5.6) in (Gl. 5.20) überführt werden

$$R_{akt} = R_N^{\left(\frac{x_i}{x_N}\right)^{\beta}}, \tag{5.20}$$

womit eine lebensdauerbasierte Abschätzung der aktuellen Zuverlässigkeit erfolgen kann. In Analogie zu (Gl. 5.18 und 5.19) ist hier ebenfalls ein Zusammenhang zur Lebensdauersicherheit S_x gegeben. Wir schreiben

$$R_{akt} = R_N^{\left(\frac{1}{S_x}\right)^\beta} \quad (5.21)$$

$$S_x = \sqrt[\beta]{\frac{\ln R_N}{\ln R_i}} \stackrel{\wedge}{=} \frac{x_N}{x_i} \quad (5.22)$$

Es wird auf das Beispiel 3 verwiesen.

5.5 Aktuelle Zuverlässigkeit von Wälzlagern

Die komplexe Schädigung von Wälzlagern wurde bereits in Abschn. 3.3.6 behandelt. Auch bzgl. der Verteilungsfunktion und der Auslegungspraxis, für eine nominelle Lebensdauer L_n mit einer Zuverlässigkeit R=0.9 (10 % vorzeitiger Ausfall) auszulegen, sei auf den aufgeführten Abschnitt verwiesen.

Nun sind Wälzlager typische Elemente eines Reihensystems (s. Abschn. 3.2.5), d. h. in einer Maschine wird der Ausfall eines Lagers zum Gesamtausfall führen. Es gilt damit das Produktgesetz nach Gl. (3.42). Für ein Getriebe mit 2 Wellen und 4 Lagern würde also bei Auslegung aller Lager mit R_i=0,9 die Gesamtzuverlässigkeit nur $R_{ges.}$ = 0,65 betragen, d. h. zum Zeitpunkt der nominellen Lebensdauer wären 35 % der Getriebe durch Lagerschäden ausgefallen. Dieses Ergebnis widerspricht der praktischen Erfahrung. Ursache ist die Auslegungspraxis, Lager mit $C_{vorh.} > C_{erf.}$ auszulegen, wegen des Stufensprunges der Baureihen und wegen unifizierter Wellendurchmesser.

Das bringt eine „Lebensdauerreserve" (vgl. Abschn. 5.3) oder für eine vorgegebene Lebensdauer $L_{erf.} < L_n$ eine erhöhte Zuverlässigkeit R>0,9 mit sich. Diese Modellvorstellung wird in Abb. 5.6 verdeutlicht.

Entsprechend der Auslegungspraxis wird ausgehend von der vorhandenen äquivalenten Belastung P und der geforderten Lebensdauer $L_{erf.}$ (in Umdrehungen) auf den in

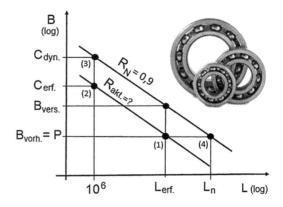

Abb. 5.6 Modellvorstellung für die relative Entlastung und Erhöhung der Zuverlässigkeit durch Vergrößerung der Tragzahl

5.5 Aktuelle Zuverlässigkeit von Wälzlager

Wälzlagerkatalogen genormten Punkt bei 10^6 Umdrehungen und einer erforderlichen Tragzahl $C_{erf.}$ mittels Wöhlerlinienansatz transformiert. Es gilt

$$P^p \cdot L_{erf} = B_{vorh.}^p \cdot L_{erf} = C_{erf}^p \cdot 10^6 = c_1. \tag{5.23}$$

Der Wöhlerlinienexponent, bei Wälzlagern mit p bezeichnet, ist für Kugellager mit 3 und für Rollenlager mit 10/3 gegeben. Für die erforderliche Tragzahl $C_{erf.}$ wird im Katalog eine entsprechende dynamische Tragzahl $C_{dyn.}$ ausgewählt, wobei i. d. R. aus oben genannten Gründen $C_{dyn.} > C_{erf.}$ gilt. Ausgehend von der dynamischen Tragzahl $C_{dyn.}$ bei 10^6 Umdrehungen wird wieder auf den vorhandenen Belastungshorizont transformiert und so für eine Zuverlässigkeit von $R_N = 90\,\%$ die nominelle Lebensdauer L_n berechnet. Die Auswahl war erfolgreich, wenn mit dem Lebensdauernachweis $L_n \geq L_{erf.}$ gilt. Für die Wöhlerkurve des ausgewählten Wälzlagers kann gemäß Abb. 5.6 geschrieben werden

$$C_{dyn}^p \cdot 10^6 = P^p \cdot L_n = B_{vers}^p \cdot L_{erf} = c_2. \tag{5.24}$$

Wird der Quotient von c_1 und c_2 (Gl. 5.23 und 5.24) gebildet, erhalten wir die Verhältnisgleichung

$$\frac{L_{erf}}{L_n} = \left(\frac{B_{vorh}}{B_{vers}}\right)^p = \left(\frac{C_{erf}}{C_{dyn}}\right)^p = \frac{c_1}{c_2}. \tag{5.25}$$

Zur Berechnung der im Betriebspunkt P und $L_{erf.}$ Vorhandenen Zuverlässigkeit $R_{akt.}$ ist die Kenntnis der Verteilungsfunktion erforderlich. Für Wälzlager gilt mit guter Näherung die Weibull-Verteilung nach Gl. (3.24)

$$R(x) = e^{-\left(\frac{x}{T}\right)^\beta} \quad \text{bzw.} \quad R(x) = e^{-(\alpha \cdot x)^\beta}. \tag{5.26}$$

Aus der Norm [5.06] kennen wir ß = 1,5. Durch Nutzung der (Gl. 4.49) können wir die charakteristische Lebensdauer T bzw. den Reziprokwert α mit

$$T = \sqrt[1,5]{\frac{-\ln 0{,}368}{-\ln 0{,}9}} \cdot L_n = 4{,}48 \cdot L_n \quad \text{bzw.} \quad \alpha = \frac{1}{4{,}48 \cdot L_n} \tag{5.27}$$

bestimmen. Führen wir eine bezogene Lebensdauer mit $x = L/L_n = T/L_n$ ein, wird (Gl. 5.26) zu

$$R(x) = e^{-\left(\frac{L_n}{T} \cdot \frac{L}{L_n}\right)^\beta} \quad \text{bzw.} \quad R(x) = e^{-\left(\alpha' \cdot \frac{L}{L_n}\right)^\beta}. \tag{5.28}$$

Für die vereinfachten Lageparameter gilt

$$\frac{T}{L_n} = 4{,}48 \quad \text{bzw.} \quad \alpha' = 0{,}223 \tag{5.29}$$

Tab. 5.1 Zuverlässigkeit und Ausfallwahrscheinlichkeit durch Tragzahlreserve

$C_{dyn}/C_{erf.}$	1,0	1,2	1,4	1,6	1,8	2,0	2,2
$R_{p=3}$	0,900	0,947	0,969	0,981	0,987	0,991	0,994
$R_{p=10/3}$	0,900	0,951	0,973	0,984	0,990	0,993	0,995
R	0,90	0,95	0,97	0,98	0,99	0,99	0,99
F	10 %	5 %	3 %	2 %	1 %	0,8 %	0,6 %

Nutzen wir anstatt des Terms L/L_n das Tragzahlverhältnis aus (Gl. 5.25) resultiert daraus die Gleichung für die aktuelle Zuverlässigkeit für Wälzlager mit

$$R_{akt.} = e^{-\left(\alpha' \left(\frac{C_{erf.}}{C_{dyn.}}\right)^p\right)^\beta}. \tag{5.30}$$

Mit den Freiwerten α' und β sowie den für Wälzlager bekannten Wälzlagerexponenten p = 3 bzw. p = 10/3 ergeben sich die in der Tabelle aufgelisteten Zuverlässigkeiten R und Ausfallwahrscheinlichkeiten F (Tab. 5.1).

Aus der Tabelle wird erkennbar, dass für p = 3 und p = 3,33 keine nennenswerten Unterschiede auftreten, so dass hinreichend genau mit R und F als Mittelwert gerechnet werden kann.

In der Tabelle wird weiterhin deutlich, dass eine Erhöhung der Tragzahl über das 2-fache hinaus nur noch sehr geringe Verbesserungen der Zuverlässigkeit liefert. Damit wird es möglich, die durch die „Konstruktive Reserve" erzielte Zuverlässigkeitserhöhung auch für das System zu rechnen.

Gemäß (Gl. 5.25) kann das Tragzahlverhältnis auch mit einer Sicherheitszahl S_B ausgedrückt werden. Wir schreiben

$$R_{akt.} = e^{-\left(\alpha' \left(\frac{1}{S_B}\right)^p\right)^\beta}. \tag{5.31}$$

Mit der Erkenntnis des Zusammenhanges zwischen der Sicherheit S_B und der lebensdauerbezogenen Sicherheit S_x nach (Gl. 5.7) in Abschn. 5.3 kann die aktuelle Zuverlässigkeit auch mit

$$R_{akt.} = e^{-\left(\alpha' \left(\frac{1}{S_x}\right)\right)^\beta}. \tag{5.32}$$

berechnet werden. Es wird auf das Beispiel 9 verwiesen.

5.6 Zuverlässigkeit bzw. Schadenswahrscheinlichkeit bei Kollektivbeanspruchung

Der Zuverlässigkeitsarbeit bei Kollektivbeanspruchung näherten wir uns im Abschn. 4.2. Dort wurde für die Lebensdauerberechnung bei veränderlicher Zuverlässigkeit die klassische Schadensakkumulationshypothese um einen Modifizierungsterm erweitert.

5.6 Zuverlässigkeit bzw. Schadenswahrscheinlichkeit bei Kollektivbeanspruchung

Eingeführt wurde für die Berechnung der Lebensdauer in Abhängigkeit einer zu berücksichtigenden Zuverlässigkeit

$$x = \frac{\sum_{i=1}^{n} x_i}{\sum_{i=1}^{n} \frac{x_i}{X_N} \left(\frac{B_i}{B_N}\right)^a \cdot \sqrt[\beta]{\frac{-\ln R_N}{-\ln R_i}}}. \qquad (5.33)$$

Bei Nutzung der Äquivalenten Beanspruchung $B_ä$ wurde nach Abschn. 4.2.4 für die Lebensdauer

$$x = \left(\frac{B_N}{B_?}\right)^a \cdot \sqrt[\beta]{\frac{-\ln R_i}{-\ln R_N}} \cdot x_N \quad \text{mit} \quad B = \sqrt[a]{\sum B_i^a \cdot \frac{x_i}{\sum x_i}} \qquad (5.34)$$

definiert. Für die Bestimmung der „augenblicklichen" aktuellen Zuverlässigkeit eines Bauteils ist die äquivalente Beanspruchung $B_ä$ in Abhängigkeit des bis zum Zeitpunkt $x_ä$ beobachteten Kollektivs kann allgemein die Weibull-Verteilung (Gl. 5.35) verwendet werden.

$$R_{akt.} = e^{-\left(\frac{x}{T}\right)^\beta} \qquad (5.35)$$

Da die charakteristische Lebensdauer des Belastungshorizontes $B_ä$ i. d. R. nicht bekannt ist, sollte sie aus Gründen der universellen Anwendbarkeit aus einer charakteristischen Lebensdauer eines Normhorizontes mit Hilfe der Wöhlerliniengleichung festgelegt werden. Entsprechend einer Vorgehensweise nach Abb. 5.7 und mit

$$T = \left(\frac{B_N}{B}\right)^a \cdot T_N \qquad (5.36)$$

erhalten wir für die aktuelle Zuverlässigkeit nach einem repräsentativen Beobachtungszeitintervall

$$R_{akt.} = e^{-\left(\frac{x}{T_N}\left(\frac{B}{B_N}\right)^a\right)^\beta} \quad \text{mit} \quad B = \sqrt[a]{\sum B_i^a \cdot \frac{x_i}{\sum x_i}}. \qquad (5.37)$$

Abb. 5.7 Modellvorstellung für die aktuelle Zuverlässigkeit bei Kollektiven

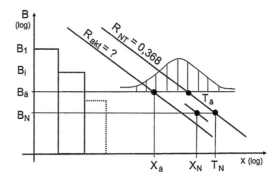

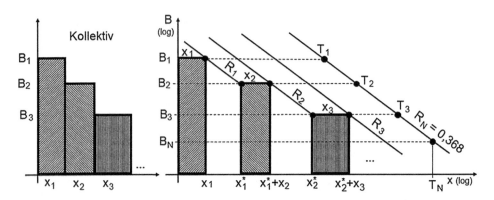

Abb. 5.8 Schema der Zuverlässigkeitsentwicklung bei Kollektivbeanspruchung

Für weitere Zeitintervalle muss kein neues Kollektiv gebildet werden, da nach Wiederholung des Lastkollektivs die selbe Belastungshöhe B_a vorliegt. „Reelle" Zuverlässigkeitswerte sind allerdings nur nach Vollendung des jeweiligen ganzzahligen Vielfachen des Beobachtungszeitintervalls ableitbar, da innerhalb der Lastfolge des Kollektivs der Reihenfolgeeinfluss der Beanspruchungshorizonte durch die Treppen-stufung keine Berücksichtigung findet und es somit zu einer Verfälschung des Zuverlässigkeitsergebnisses kommt.

Soll der Reihenfolgeeinfluss berücksichtigt werden, wird folgende Vorgehensweise nach [5.17] vorgeschlagen.

Erträgt ein Bauteil x_1 Lastwechsel der Beanspruchungshöhe B_1, besitzt das Bauteil zum Zeitpunkt x_1 entsprechend Bild 5.8 die aktuelle Zuverlässigkeit R_1 mit

$$R_1 = e^{-\left(\frac{x_1}{T_1}\right)^\beta} \quad \text{bzw.} \quad R_1 = e^{-\left(\frac{x_1}{T_N}\left(\frac{B_1}{B_N}\right)^a\right)^\beta} \tag{5.38}$$

Folgen danach x_2 Lastwechsel einer Beanspruchung B_2, verringert sich mit (Gl. 5.37) die Zuverlässigkeit R_1 auf die Zuverlässigkeit R_2 (s. Abb. 5.8) wobei der Zuverlässigkeitsansatz gemäß (Gl. 5.20) verwendet werden kann. Der Lebensdauerwert x_1^* ist dabei der theoretische Lastwechselwert, mit dem bei einer Beanspruchungshöhe B_2 die Zuverlässigkeit R_1 erreicht worden wäre. Der Wert ist mit Hilfe der Wöhlerliniengleichung zu berechnen. Es gilt :

$$R_2 = R_1^{\left(\frac{x_1^* + x_2}{x_1^*}\right)^\beta} \quad \text{mit} \quad x_1^* = \left(\frac{B_1}{B_2}\right)^a \cdot x_1 \tag{5.39}$$

Analog gilt für ein drittes Beanspruchungs- und Lastwechselwertepaar gemäß Abb. 5.8

$$R_3 = R_2^{\left(\frac{x_2^* + x_3}{x_2^*}\right)^\beta} \quad \text{mit} \quad x_2^* = \left(\frac{B_2}{B_3}\right)^a \cdot \left(x_1^* + x_2\right) \tag{5.40}$$

5.7 Zuverlässigkeitstheoretische Interferenzmodelle

Nach Verallgemeinerung der Lösungsansätze, dass Einsetzen der Zuverlässigkeiten in die Vorgängergleichung, kann für die aktuelle Zuverlässigkeit einer Kollektivbeanspruchung nach n Stufen

$$R_{akt.}^n = \exp-\left[\left(\frac{x_1}{T_1}\right)^\beta \cdot \prod_{i=2}^{n}\left(1+\frac{x_i}{x_{i-1}^*}\right)^\beta\right] \qquad (5.41)$$

mit $x_{i-1}^* = \left(\frac{B_{i-1}}{B_i}\right)^a \cdot \left(x_{i-2}^* + x_{i-1}\right)$ i = 2, 3, ..., n ; $x_0^* = 0$

geschrieben werden, womit auch der Reihenfolgeeinfluss beschreibbar wird. Eine konsequente Anwendung führt zur Erkenntnis, dass Lastwechsel hoher Beanspruchungshorizonte zu einer schnelleren Zuverlässigkeitsreduzierung führen als Lastwechsel niederer Beanspruchungen. Für virtuelle $x_{i-1}^* < 1$ ist ein Zuverlässigkeitssprung bereits nach einem Lastwechsel zu berücksichtigen. Beim Standardkollektiv ($B_{max} \Rightarrow B_{min}$) wird eine „pessimistische" Zuverlässigkeit; beim Inverskollektiv ($B_{min} \Rightarrow B_{max}$) eine „optimistische" Zuverlässigkeit eintreten. Die Realität wird je nach Reihung der Belastungshöhen, Zwischenwert einnehmen. Mit der „pessimistischen" Variante ist im Rahmen einer Auslegung ausreichend Sicherheit gegeben. Mögliche Anwendungsgebiete liegen in der diagnostischen Überwachung sicherheitsrelevanter Bauteile im Zusammenhang mit der Instandhaltungsplanung oder in der überschläglichen Abschätzung einer Zuverlässigkeit während der Auslegung.

5.7 Zuverlässigkeitstheoretische Interferenzmodelle

5.7.1 „Statisches" Interferenzmodell

In Abb. 2.31 wurde im Zusammenhang mit einer kritischen Betrachtung der Sicherheitszahl das auf Erker [5.08] zurückgehende Modell zur Interferenz von statistisch verteilter Beanspruchbarkeit B_{vers} eines Bauteils und einer statistisch verteilten Beanspruchung B_{vorh} dargestellt. Dieses Modell soll um eine mathema-tische Lösung angeführt werden (vgl. Abb. 5.9).

Wir verwenden hier den Begriff des „statischen" Interferenzmodells, weil eine Aussage zum Zeitpunkt des Ausfalls und damit zur Lebensdauer nicht möglich ist.

Das Modell basiert auf der wahrscheinlichkeitstheoretischen „Faltung" von zwei statistischen Verteilungen.

Werden beide Häufigkeitsverteilungen über der dimensionslosen Belastung bzw. Beanspruchung

$$x = \frac{B}{\overline{B}_{vorh.}} \qquad (5.42)$$

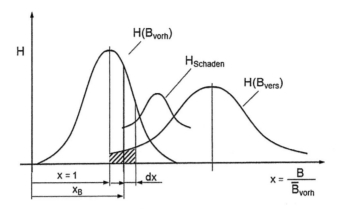

Abb. 5.9 „Statisches" Interferenzmodell

aufgetragen, wobei $\overline{B}_{vorh.}$ der Mittelwert der vorhandenen Belastungen bzw. Beanspruchungen sein soll (vgl. Abb. 5.9), so entspricht die nominelle Versagensgrenze (meist 10 %) mit dem Wert x_s der Sicherheitszahl

$$x_S = S. \tag{5.43}$$

Die Schadenswahrscheinlichkeit an der Stelle x_B ergibt sich nach dem Faltungssatz der Wahrscheinlichkeitsrechnung aus dem Produkt der Häufigkeit aller Bauteile mit einer Beanspruchbarkeit kleiner als x_B und der Häufigkeit der Beanspruchung an dieser Stelle zu

$$dW_B = H_{Bvorh.}(x) \int_{-\infty}^{x_B} H_{Bvers.}(x)\, dx \tag{5.44}$$

und damit

$$W_B = \int_{-\infty}^{+\infty} H_{Bvorh.}(x) \int_{-\infty}^{x_B} H_{Bvers.}(x)\, dx dx. \tag{5.45}$$

Dieses Integral kann für spezielle Verteilungsfunktionen gelöst werden. Als relativ einfacher Ansatz zur Berechnung der Ausfallwahrscheinlichkeit auf der Grundlage der Gaußverteilung (vgl. Abschn. 3.2.2) kann

$$\Phi(-z) = \Phi\left(-\frac{\overline{B}_{vers} - \overline{B}_{vorh}}{\sqrt{s_{vers}^2 - s_{vorh}^2}}\right) = 1 - \Phi\left(\frac{\overline{B}_{vers} - \overline{B}_{vorh}}{\sqrt{s_{vers}^2 - s_{vorh}^2}}\right). \tag{5.46}$$

angesehen werden. $\overline{B}_{vers.}$ und $\overline{B}_{vorh.}$ sind die Mittelwerte $\overline{x}$ der jeweiligen Verteilung und s_{vers}^2 bzw. s_{vorh}^2 die Varianzen. Da die Gaußverteilung elementar nicht lösbar ist, muss auch hier wie in Abschn. 3.2.4 vorgestellt mit einer Substitutionsvariablen $-z$ gearbeitet werden. $\Phi(-z)$ ist mit (Gl. 3.40) und Tafel III.3 (Kap. 3) zu lösen (Abb. 5.10).

5.7 Zuverlässigkeitstheoretische Interferenzmodelle

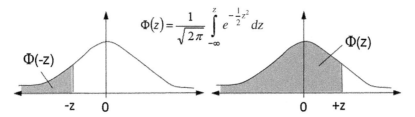

Abb. 5.10 Lage von Φ(-z) in der Standardnormalverteilung

Da die Zuverlässigkeit gesucht wird, ist die Ausfallwahrscheinlichkeit mit

$$R_S = 1 - \Phi(-z) = \Phi(z) = \Phi\left(\frac{\overline{B}_{vers} - \overline{B}_{vorh}}{\sqrt{s_{vers}^2 - s_{vorh}^2}}\right) \quad (5.47)$$

in die Zuverlässigkeit dieses statischen Systems zu überführen.

Nur für wenige Verteilungen ist eine solche „geschlossene" Lösung möglich, unter Einsatz der Rechentechnik sollte für spezielle Aufgaben eine numerische Auswertung vorgenommen werden.

Sicher ließe sich mit Hilfe dieser Zuverlässigkeit die Aussagefähigkeit der Sicherheitszahl verbessern, durch das „statische" Modell allerdings nur für elementares Versagen durch Bruch oder Streckgrenzenüberschreitung. Eine Aussage zur Zeitabhängigkeit der Schädigungsprozesse ist auf diesem Wege nicht möglich. Diese Aufgabe wurde von Haibach [5.12] mit Hilfe eines „dynamischen" Modells bearbeitet.

5.7.2 „Dynamisches" Interferenzmodell

Haibach (vgl. [5.12]) nutzt das in Abschn. 5.7.1 beschriebene „Statische" Modell zur Interferenz einer statistisch verteilten Beanspruchung mit der Streuung der Beanspruchbarkeit im Zeitfestigkeitsbereich der Wöhlerdiagramms (Abb. 5.11).

Für ein Beanspruchungsniveau zum Zeitpunkt x geht dieses Modell über in das Modell nach Abb. 5.9, womit die Möglichkeit besteht, die Zuverlässigkeit mit

$$R_d(x) = \Phi\left(\frac{\overline{B}_{vers}(x) - \overline{B}_{vorh}}{\sqrt{s_{vers}^2 - s_{vorh}^2}}\right) \quad (5.48)$$

zu ermitteln. Hingewiesen sei auf den mit zunehmender Lebensdauer veränderlichen Mittelwert $\overline{B}_{vers}$ der Beanspruchbarkeit. Um beliebige Lebensdauerpunkte hinsichtlich einer aktuellen Zuverlässigkeit abfragen zu können, ist die Verwendung einer Lebensdauergleichung nach Wöhler für die Mittelwerte der Beanspruchbarkeiten empfehlenswert.

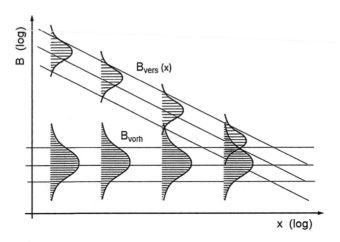

Abb. 5.11 „Dynamisches" Interferenzmodell nach Haibach [5.11]

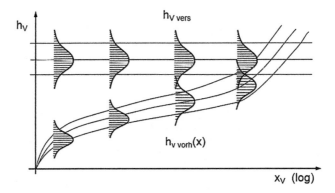

Abb. 5.12 Interferenzmodell für Verschleiß

5.7.3 Interferenzmodell für Verschleiß

Auch für Verschleiß (vgl. Abschn. 3.3.3) lassen sich in Bezug auf (Abb. 3.31 und 3.33 Interferenzmodelle generieren. Für die Ermittlung der Zuverlässigkeit, bei Betrachtung eines konstanten Beanspruchungshorizontes B_v, ist in Abhängigkeit vom Verschleißweg x_v (alternativ Verschleiß- oder Kontaktzeit t_V) Abb. 5.12 relevant. Es wird eine statistisch verteilte Verschleißhöhe $h_{v\,vers.}$ definiert, bei der es zu einem Ausfall oder zu einer Funktionsminderung kommt. Bei konstanter Beanspruchung existiert nach einem Verschleißweg bzw. einer Verschleißzeit eine ebenfalls statistisch verteilte vorhandene Verschleißhöhe $h_{v\,vorh.}$ (Abb. 5.13).

5.7 Zuverlässigkeitstheoretische Interferenzmodelle

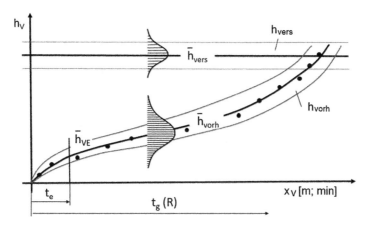

Abb. 5.13 Reduziertes Interferenzmodell

Analog zu den vorangegangenen Kapiteln kann bei Kenntnis der Mittelwerte von $h_{v\,vers.}$ und $h_{v\,vorh.}$ eine Zuverlässigkeit für x_v mit Hilfe Gl. (5.49) und Tafel III.3 berechnet werden.

$$R_V(x_v) = \Phi\left(\frac{\overline{h}_{vers} - \overline{h}_{vorh}(x_v)}{\sqrt{s_{vers}^2 - s_{vorh}^2(x_v)}}\right) \quad (5.49)$$

höhe setzt einen besonderen mathematischen Ansatz voraus. Vorgeschlagen wird in [5.18] zum Beispiel der Ansatz nach (Gl. 5.50)

$$h_v(x_v) = h_{vE} + v_v \cdot x_v^\alpha. \quad (5.50)$$

In dieser Gleichung entspricht h_{vE} der vorliegenden Verschleißhöhe nach Erreichen der Einlaufzeit te (s. Abb. 3.30), v_v ist ein Maß für die Verschleißgeschwindigkeit und α ein Korrekturexponent, mit dem die unterschiedlichen Verschleißerscheinungen (ebenfalls Abb. 3.30) beschrieben werden können. Für den rein stationären Verschleiß wird α = 1. In Abb. 5.14 sind für den Verschleiß von Komponenten von Maschinenkolben kleiner Küstenmotorschiffe als Beispiel mögliche Parameter gegeben. Für weitere Datensamm-lungen sei z. B. auf [5.18] verwiesen.

Da der Verschleißzuwachs statistischen Verteilungen folgt, müssen für unsere Verwendung die mittlere Verschleißhöhe am Ende der Einlaufphase und ggf. auch der Beschreibungskoeffizient α durch statistische Auswertung gewonnen werden. Gleiches gilt für die Varianz. Hier gilt es zunächst, den mathematischen Verlauf der Wahrscheinlichkeitslinie 84,13 % oder 15,87 % zur Bestimmung der Standardabweichung (s. Abschn. 3.2) zu beschreiben.

Die in Abschn. 5.7 beschriebenen „Interferenzmodelle" haben in der Praxis bisher keine breite Anwendung gefunden. Das mag an dem relativ hohen mathematischen Anspruch liegen, den die Lösung eines Faltungsintegrals mit sich bringt.

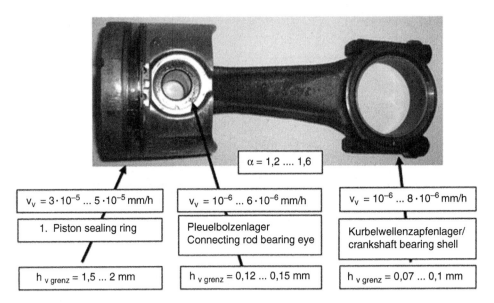

Abb. 5.14 Verschleißparameter für Dieselmotoren kleiner Schiffe

5.8 Anforderungen an Zuverlässigkeit und Ausfallwahrscheinlichkeit

Nicht unproblematisch sind zum gegenwärtigen Zeitpunkt Angaben über anzustrebende bzw. der Rechnung zu Grunde zu legender nomineller Zuverlässigkeiten R_N bzw. daraus abgeleiteter nomineller Ausfallwahrscheinlichkeiten F_N.

Im Kap. 1 werden bei der Risikobewertung (s. Abb. 2.35 oder 2.36) z. B. lediglich allgemeine Angaben wie „wahrscheinlich", „unwahrscheinlich" bzw. „extrem unwahrscheinlich" gegeben.

Konkretere Angaben gibt es da schon bei den Maschinenelementen und der Betriebsfestigkeit. Nach dem Vorbild der Wälzlager-Auslegung hat sich der Wert $R_N = 0{,}9$ und damit $F_N = 0{,}1$ als Berechnungsgrundlage weit verbreitet.

Andererseits fehlen insbesondere bei Werkstoffkennwerten wie Bruchfestigkeit und Dauerschwingfestigkeit konkrete Angaben, i. d. R. beträgt diese dann $R_N = 0{,}9$.

Veröffentlichungen zu Wöhlerdiagrammen kennzeichnen meistens neben der 10 %-Grenze ($R_N = 0{,}9$) die Linie für $R_m = F_m = 0{,}5$ und $R = 0{,}1$ ($F = 0{,}9$). In neueren statistisch definierten Datensammlungen ist die Tendenz zu höheren Zuverlässigkeits-anforderungen unverkennbar.

So legt der Stahlbau in [5.05] den Wert $R_N = 0{,}95$, der Schiffbau [5.11] wie auch die FKM-Richtlinie [5.10] für den Maschinenbau $R_N = 0{,}975$ und die DIN-Vorschrift für Zahnradwerkstoffe [5.04] $R_N = 0{,}99$ zu Grunde. Weitere Normwerte R_N sind aus der Tafel III.2.4 im Kap. 3 zu entnehmen.

Tab. 5.2 Anforderungsklassen für nominelle Zuverlässigkeiten

Risikoklasse	Anwendungsfall	Nominelle Zuverlässigkeit	Ausfallwahrscheinlichkeit
W1	Konstruktion mit sehr hoher sicherheitsrelevanter, lebens-, umwelt- und produktionsentscheidender Eigenschaft.	$R_N \geq 99{,}9\,\%$	$F_N \leq 0{,}1\,\%$
W2	Konstruktion mit erhöhter sicherheitsrelevanter, lebens-, umwelt- und produktionsentscheidender Eigenschaft.	$R_N \geq 99\,\%$	$F_N \leq 1\,\%$
W3	Maschinenbauliche Standardanwendung	$R_N \geq 90\,\%$	$F_N \leq 10\,\%$
W4	Konstruktion ohne sicherheitsrelevanter, lebens-, umwelt- und produktionsentscheidender und ohne primärer funktionell entscheidender Eigeschaft.	$R_N \geq 80\,\%$	$F_N \leq 20\,\%$

Eine einheitliche Systematik ist bisher nicht erkennbar. Es wird deshalb vorgeschlagen, Anforderungsklassen nach folgendem Muster für Bauteile zu definieren (Tab. 5.2):

Eine weitere Differenzierung nach Einsatzgebieten (Fahrzeuge, Schiffe, Flugzeuge, Reaktortechnik,….) und nach Redundanzen ist denkbar. Abbildung (5.15) gibt ein Beispiel aus dem Flugzeug- und Schiffbau wieder. Zu erkennen sind die dieser Branchen eigenen sehr hohen Sicherheitsanforderungen.

Abbildung (5.16) hingegen enthält ein anwendungsorientiertes Beispiel. In Abhängigkeit vom Einsatzfall sind allgemeine Zuverlässigkeitsklassen systematisiert.

Nach den dargestellten Zusammenhängen zwischen Sicherheit, Zuverlässigkeit und Ausfallwahrscheinlichkeit ist eine Übertragung sicherheitsrelevanter Anforderungen auf zuverlässigkeits- bzw. ausfalldefinierte Anforderungen möglich (Tab. 5.3 und 5.4).

5.9 Sicherheit, Lebensdauer, Zuverlässigkeit und Ausfallwahrscheinlichkeit – eine neue Auslegungsphilosophie

Im Abschn. 1.2 wurde die „klassische" Auslegung von Konstruktionselementen und Maschinen bereits in den Konstruktionsprozess eingeordnet. Während der Sicherheitsnachweis insbesondere für Dauerschwingfestigkeitsbereiche zum allgemeinen Auslegungsstandard gehört, kann eine Lebensdauerberechnung nur für Wälzlager und wenige weitere Konstruktionselemente zur Zeit als bekannt und üblich angesehen werden.

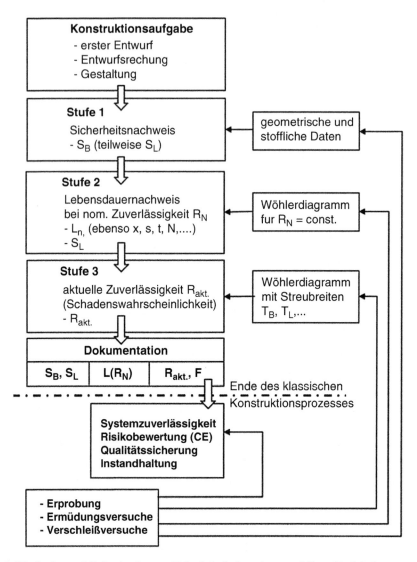

Abb. 5.15 Stufenmodell der Auslegung Sicherheit, Lebensdauer und Zuverlässigkeit

Tab. 5.3 Wahrscheinlichkeitsklassen für Gefahren nach High Speed Craft Code (HSC) [5.13] bzw. Joint Aviation Requirements

Schiffbau / Flugzeugbau		
Gefahreneintrittsklasse	Zulässige Ausfallwahrscheinlichkeit F	Geforderte Zuverlässigkeit R
Frequent (häufig)	$F \geq 10^{-3}$	**R ≤ 0,999**
Reasonable probable (möglich)	$10^{-5} \leq F < 10^{-3}$	**0,99999 ≥ R > 0,999**
Remote (unwahrscheinlich)	$10^{-7} \leq F < 10^{-5}$	**0,9999999 ≥ R > 0,99999**
Extremly remote (sehr unwahrscheinlich)	$10^{-9} \leq F < 10^{-7}$	**0,999999999 ≥ R > 0,9999999**
Extremly Improbable (nahezu unmöglich)	$F < 10^{-9}$	**R > 0,999999999**

Tab. 5.4 Wahrscheinlichkeitsklassen für den Einsatz von Getrieben nach DIN 3990 [5.04]

Maschinenbau

Anwendungsfall	Zulässige Ausfallwahrscheinlichkeit F	Geforderte Zuverlässigkeit R
Kraftfahrzeug-Achsgetriebe	$0{,}1 \leq F \leq 0{,}2$	$0{,}9 \geq R \geq 0{,}999$
Schnelllaufende Industriegetriebe	$F = 0{,}01$	$R = 0{,}99$
Industrieturbogetriebe	$F < 0{,}01$	$R > 0{,}99$
Hauptgetriebe Luft- und Raumfahrt	$0{,}001 \leq F \leq 0{,}01$	$0{,}999 \geq R \geq 0{,}99$

Das vorliegende Buch erweitert die Möglichkeiten der Lebensdauerauslegung auf Verschleiß und andere flächenabtragende Prozesse und deutet die Übertragung auf komplexe Schädigungen von Zahnflanken, Ventilsitzen, Ketten u. a. an.

Voraussetzung ist die Möglichkeit einer dem Wöhlerdiagramm ähnlichen Auftragung einer „schädigungsrelevanten Beanspruchung" über einer „charakteristischen Variable" in Echtzeit, Lastwechseln, Verschleißwegen u. a. Dieses kann in der Konstruktionsphase nur als „synthetisches Wöhlerdiagramm" mit angenommenen Werten (ein Punkt und Wöhlerlinienexponent; s. Tafel III.2.4 im Abschn. 3) geschehen. Pulsatorversuche, Verschleißversuche u. a. sind wegen des Zeitaufwandes in der Konstruktionsphase kaum möglich.

Die Grenzen bestehen derzeit – wie in Kap. 4 dargestellt – in der Berechnung der Lebensdauer für eine nominelle Zuverlässigkeit, die eine weiterführende Berechnung z. B. der Systemzuverlässigkeit nicht zulässt.

Der dritte Schritt einer neuen Auslegungsphilosophie besteht nun in der Möglichkeit der Berechnung einer aktuellen Zuverlässigkeit und einer für den Konstrukteur aussagefähigen Ausfallwahrscheinlichkeit (vgl. Kap. 5), die allerdings in der wöhlerdiagrammähnlichen Auftragung Aussagen zumindest zur Streubreite T_L oder T_B erforderlich macht.

Die Vorgehensweise wird in Abb. 5.15 verdeutlicht. Die wesentlichen Gleichungen sind in der Tab 5.5 zusammengestellt.

Die Abb. 5.15 und Tab 5.5 lassen die Vielfältigkeit der Anwendungen und die Komplexität der Auslegungspraxis erkennen.

Andererseits wird aber auch der systematische Aufbau des umfassenden Auslegungsprozesses verdeutlicht, der aufbauende Berechnungen der Systemzuverlässigkeit, der Instandhaltung und der Qualitätssicherung ermöglicht.

In Kap. 6 sollen anfallende Kosten analysiert werden. Natürlich verursachen hohe Qualität und Zuverlässigkeit Kosten, i. d. R. sind diese jedoch niedriger als jede Instandhaltung und Instandsetzung.

Tab. 5.5 Übersicht zur Berechnung von Sicherheit, Lebensdauer und Zuverlässigkeit

Methode	Gleichung	erforderliche Daten	Informationsgewinn		
			Element	System	
Klassische Sicherheit in Beanspruchungen	$S_B = \dfrac{B_{vers.}}{B_{vorh.}}$	- $B_{vers.}$ - $B_{vorh.}$ (schwingend/ruhend)	- Sicherheit S_B	—	
Lebensdauer bei nomineller Zuverlässigkeit	$L = C \cdot \left(\dfrac{1}{B}\right)^a ; R_n$ $S_L = \dfrac{L_{vorh.}}{L(R_n)}$	- Wöhlerlinie für $R_N =$ const. - $B_{vorh.}$ bzw. B-Kollektiv	- Elementlebensdauer L_i für $R_N =$ const. - Sicherheit S_L	—	
Zuverlässigkeit bzw. Ausfallwahrscheinlichkeit bei vorgegebener Lebensdauer	$R = \exp-\left(\alpha'\left(\dfrac{1}{S_B}\right)^a\right)^\beta$ bzw. $R = \exp-\left(\alpha'\left(\dfrac{1}{S_L}\right)^\beta\right)$ $F = 1 - R$	- Wöhlerlinie für $R_N =$ const., Streubreite - Sicherheit S_B bzw. S_L oder geforderte Lebensdauer	- Elementzuverlässigkeit R_i und - Ausfallwahrscheinlichkeit F_i	- Systemzuverlässigkeit $R_{ges.}$, Systemausfallwahrscheinlichkeit $F_{ges.}$ - Optimierung von Erneuerung bzw. Instandhaltung	

Quellen und weiterführende Literatur

[5.01] Bertsche, B., Lechner, G.: Zuverlässigkeit im Fahrzeug- und Maschinenbau. Ermittlung von Bauteil- und System-Zuverlässigkeiten (VDI-Buch), Springer Verlag, 3. Aufl., 2004.

[5.02] Brach, S.; Koschig, A.; Nowak, H.: Experimentelle Ermittlung der Gestaltfestigkeit von Kurbelwellen und die Wahrscheinlichkeit ihrer Vorhersage. In: Dieselmotoren Nachrichten 1: 16, WTZ, Roßlau, 1976

[5.03] Czichos, H.; Habig, K.-H.: Tribologie-Handbuch Tribometrie, Tribomaterialien, Tribotechnik, Vieweg Teubner, 2010.

[5.04] DIN 3990-1 Tragfähigkeitsberechnung von Stirnrädern. Einführung und allgemeine Einflussfaktoren, Beuth, Berlin, 2000.

[5.05] DIN VEN V 1993 Bauen in Europa Stahlbau Stahlhochbau Eurocode 3 Teil 1-1. Beuth, Berlin, 1994.

[5.06] DIN ISO 281: Wälzlager – Dynamische Tragzahlen und nominelle Lebensdauer (ISO 281-2007), Beuth, Berlin, 2010.

[5.07] Eichler, C.: Instandhaltungstechnik. Technik, Stuttgart, 1990.

[5.08] Erker, A.: Sicherheit und Bruchwahrscheinlichkeit. In: MAN Forschungsheft 8: 49, 1958.

[5.09] Fleischer, G.: Verschleiß und Zuverlässigkeit. Technik, Berlin, 1980

[5.10] Forschungskuratorium Maschinenbau: Festigkeitsnachweis Vorhaben 154 Rechnerischer Festigkeitsnachweis für Maschinenbauteile. In: FKM 183-2, Frankfurt, 1994.

[5.11] Germanischer Lloyd: Klassifikations und Bauvorschriften, I Schiffstech nik Teil I Seeschiffe, Kapitel I Schiffskörper, Abschn. 20, Betriebsfestigkeit. Germanischer Lloyd, Bremen, 1994.

[5.12] Haibach, E.: Betriebsfestigkeit – Verfahren und Daten zur Bauteilberechnung. Springer Verlag (VDI-Buch), 3. Aufl., 2006.

[5.13] Maritime and coastguard: International Code of Safety. Instructions for the Guidance of Surveyors, TSO, London, 2000.

[5.14] Mayna, A., Pauli, B.: Zuverlässigkeitstechnik. Quantitative Bewertungs verfahren. Hanser, München, Wien, 2010.

[5.15] Neuber, A.: Theory of Stress concentration for Shear Strained Prismatic Bodies with Arbitrary Nonlinear Stress-Strain-Laer. In: Journal of Applied Mechanics, S. 544–550, 1961.

[5.16] Neuber, H.: Kerbspannungslehre. Springer, Berlin Heidelberg New York, 1985.

[5.17] O'Connor, P.: Zuverlässigkeitstechnik. VCH Verlagsgesellschaft, Weinheim, 1990.

[5.18] Schnegas, H.: Kosten- und zuverlässigkeitsbasierte Auslegungsmodelle maschinenbaulicher Produkte, Shaker Verlag, Aachen, 2002.

[5.19] Thum, H.: Verschleißteile. Zuverlässigkeit und Lebensdauer. Verlag Technik, Berlin, München, 1992.

[5.20] Uhlig, H. H.: Korrosion und Korrosionsschutz. Akademie-Verlag, Berlin, 1975.

6 Kosten im Lebenszyklus technischer Gebilde – wie teuer dürfen Qualität und Zuverlässigkeit sein?

6.1 Kostenverantwortung bei der Entwicklung eines technischen Gebildes

Termingerecht auf den Markt gebrachte Produkte, deren kundenspezifische Funktionalität und Qualität sowie eine angemessene Preisbildung sind erfahrungsgemäß ein Garant für einen längerfristigen wirtschaftlichen Erfolg eines Unternehmens. Da die Marktführerschaft durch ein innovatives Erstprodukt i. d. R. durch Nachahmung oder Variation der Mitbewerber nur von sehr kurzer Dauer ist und in kürzester Zeit eine Palette gleichwertiger Produkte dem Käufer zur Auswahl steht, müssen insbesondere die Produktqualität und der mit ihr im kausalen Zusammenhang stehende Preis den aktuellen Marktbedingungen ständig angepasst werden.

Erfolgversprechende Entwicklungsstrategien sind

- gleicher Preis für höhere Qualität (Qualitätsführerschaft)
- niedrigerer Preis für gleiche Qualität (Preisführerschaft) oder
- niedrigerer Preis für höhere Qualität.

Im Zentrum steht die Qualität, die als „Gesamtheit von Merkmalen und Merkmalswerten von Produkten bezüglich ihrer Eignung, festgelegte bzw. vorausgesetzte Erfordernisse zu erfüllen" definiert wird (vgl. [6.09, 6.10]). Die vorausgesetzten und festgelegten Erfordernisse sind im Maschinenbau marktbegründete, juristisch als auch vertraglich geregelte Qualitätsforderungen, zu denen neben allgemeinen Produktbeschaffenheitsmerkmalen wie Oberflächenbeschaffenheit oder Maßgenauigkeit vor allem Merkmale wie Sicherheit, Zuverlässigkeit, Wirtschaftlichkeit, Instandhaltbarkeit oder Umweltverträglichkeit gehören. Somit ist wiederum eine Verbindung zu der im Buch betrachteten Auslegungsmethodik „Sicherheit-Lebensdauer-Zuverlässigkeit" gegeben.

Wird nun die Frage nach den qualitätsabhängigen Kosten gestellt, sei vorausgeschickt, dass jede vom Markt geforderte Funktion und qualitative Eigenschaft den Einsatz einer bestimmten technischen Lösung bedarf, die im Entwicklungsprozess nach Abschn. 1.2 festgelegt wird. Jede technische Lösung ist wiederum mit den unterschiedlichsten Aufwendungen an Material, Betriebsmitteln, menschliche Arbeit und Zeit verbunden.

Unter dem Pseudonym Material sind neben den Roh-, Hilfs- und Betriebsstoffen vor allem die konstruktiv interessanten Werkstoffe und unter Betriebsmitteln alle Maschinen und Anlagen, die der gewählten Fertigungstechnologie wie z. B. Gießen, Schweißen, Trennen, Umformen u. a. folgen, zu verstehen.

Zusammengefasst ergeben die genannten Bestandteile die Produktionsfaktoren, deren „Verzehr" in Geld bewertet mit dem Kostenbegriff gleichzusetzen ist und die zum größten Teil bereits in den Entwicklungsphasen eines technischen Gebildes festgelegt werden (vgl. [6.07]).

Der Grad der Verantwortung für die unmittelbare Kostenfestlegung liefert Abb. 6.1, worin der „Konstruktionsabteilung" mit einem Festlegungsanteil von 70 % der Selbstkosten die Hauptverantwortung zugesprochen wird. Durch den eigentlichen Konstruktionsprozess werden hingegen selber nur 6 % der Kosten verursacht (vgl. z. B. auch 6.03, 6.04, 6.11] u. a.).

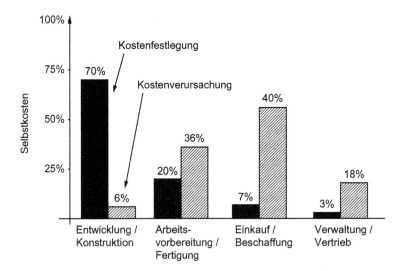

Abb. 6.1 Kostenverantwortung der Struktureinheiten

6.1 Kostenverantwortung bei der Entwicklung eines technischen Gebildes

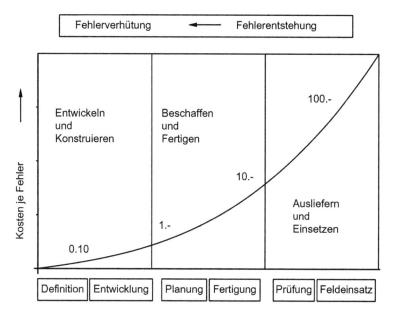

Abb. 6.2 „10er-Regel" der fehlerbedingten Kostenentwicklung (nach [6.18])

Bekannt ist weiterhin die Auswirkung von fehlerhaft ausgelegten bzw. gestalteten Maschinenelementen, die in der Mehrzahl erst während der Prüfung oder im schlimmeren Fall beim Kunden entdeckt werden. Die kostenseitigen Auswirkungen zeigt die sog. „10er-Regel der Fehlerkosten" nach Abb. 6.2 (vgl. [6.18]).

Fehler, die während der Produktentwicklung nicht erkannt und beseitigt werden, potenzieren sich demzufolge in den späteren Produktlebensphasen zu erheblichen Mehrkosten, die sich in imageschädigenden Rückrufaktionen, Gewährleistungs- oder Schadensansprüchen monetär niederschlagen.

Eine Schwierigkeit bei der konstruktiven Kostenarbeit besteht allgemein in der gegenläufigen Tendenz der Kostenbestimmbarkeit und Kostenbeeinflussbarkeit.

Infolge unzureichender und häufig unscharfer Produktinformationen über kostenbestimmende Merkmale (s. Abschn. 6.2) ist gerade in den frühen Phasen der Produktentwicklung eine Kostenbewertung sehr schwierig, wogegen die Kostenbeeinflussbarkeit am größten ist.

Damit bereits in der Produktentwicklung eine umfassende kostenorientierte Entwicklungsarbeit geleistet werden kann, wird in zunehmendem Maße auch vom konstruktiv tätigen Ingenieur ein betriebswirtschaftliches Basiswissen über die Produktkosten erwartet. Kosten, die bei der Herstellung eines Produktes entstehen und beeinflusst werden können, sollen in den nächsten Abschnitten für den ingenieurmäßigen Gebrauch aufbereitet werden.

6.2 Lebenslaufkosten eines technischen Gebildes und Modelle für ihre Berechnung

6.2.1 Lebenslaufkosten eines technischen Gebildes

Betrachten wir die einzelnen „Lebensabschnitte" eines Produktes mit den charakteristischen Phasen

- Marktforschung, Planung
- Konzept, Entwurf
- Erprobung
- Beschaffung
- Fertigung, Endprüfung
- Lagerung, Versand
- Nutzung, Instandhaltung
- Entsorgung und Recycling,

sind den einzelnen Abschnitten die unterschiedlichsten Kostenarten zuzuordnen.

Entsprechend bundesdeutschem Handelsgesetzbuch [6.06], Einkommenssteuerrecht [6.15] oder den maschinenbaulich orientierten Richtlinien (s. z. B. [6.07, 6.08, 6.17]), kann zur Darstellung der Gesamtkosten eines Produktes während seiner Lebensphasen das Kostenschema nach Abb. 6.3 genutzt werden.

In aktuellen Publikationen und Richtlinien werden die dargestellten Kosten als Life Cycle Costs oder kurz LCC bezeichnet. Die anwenderseitigen Kostenarten erlangen dabei jedoch nur aus der Sicht der Entwicklung eines Produktes Gültigkeit. Aus betriebswirtschaftlicher Sicht sind die Anwenderkosten in die herstellerseitigen Kostenbegriffe zu übersetzen. Als Beispiel seien die Instandhaltungskosten als betriebswirtschaftlicher Bestandteil der Fertigungsgemeinkosten genannt.

Angemerkt sei, dass jedes technisches Gebilde eine typische Kostenstruktur aufweist, die der entsprechenden Fachliteratur (z. B. [6.11, 6.13]) zu entnehmen ist.

6.2.2 Lebenslaufkostenmodell und Bestimmung der optimalen Nutzungsdauer eines technischen Gebildes

Ein einfaches Modell zur Beschreibung der Lebenslaufkosten nach Abschn. 6.2.1 aus der Sicht des Anwenders finden wir bei Eichler [6.12]. Es gilt die Gesamtkostengleichung

$$K = A + B \cdot t + C \cdot t^n. \tag{6.1}$$

Dabei können die Kostenanteile A, B, C wie folgt beschrieben werden:

A   alle Kosten von der Herstellung bis zum Bruttoeinkaufspreis, sowie alle Beschaffungskosten für Aufstellung, Inbetriebnahme, Qualifizierung und Umschulung des Bedienpersonals

6.2 Lebenslaufkosten eines technischen Gebildes und Modelle für ihre Berechnung

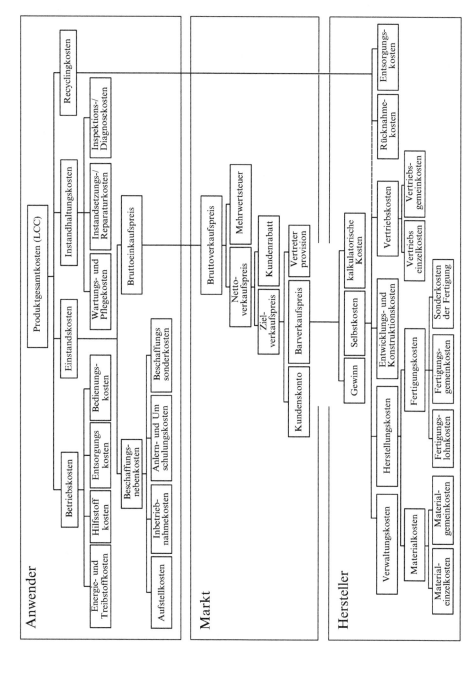

Abb. 6.3 Gesamtschema der Lebenslaufkosten eines technischen Gebildes

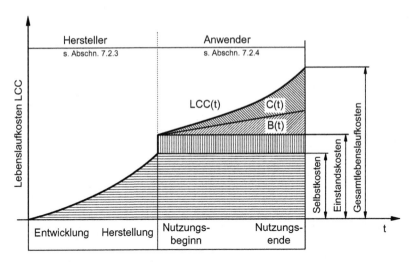

Abb. 6.4 Graphische Darstellung der LCC-Entwicklung

B alle der Nutzungsdauer proportionalen Aufwendungen für den Betrieb, wie z.B. Energie-, Treibstoff-, Hilfsstoff- und Bedienkosten, sowie alle Aufwendungen für die kontinuierlich durchzuführenden Pflege- und Wartungsarbeiten und die nach starrem Rhythmus erfolgenden Instandsetzungsmaßnahmen und

C alle mit der Nutzungsdauer wachsenden Aufwendungen für die wieder herstellenden Instandsetzungsmaßnahmen infolge Ermüdungs-, Verschleiß- und Korrosionsausfällen.

Graphisch erhalten wir Abb. 6.4, in der alle Kostenanteile als Funktion der Zeit dargestellt sind. Deutlich wird ebenfalls der Bezug zur erhöhten Sicherheit, Lebensdauer oder Zuverlässigkeit, wenn davon ausgegangen wird, dass bei steigender Qualität hinsichtlich Sicherheit, Lebensdauer und Zuverlässigkeit der Kostenanteil A i. d. R. durch bessere Werkstoffe, feinere Bearbeitungsverfahren und andere konstruktive und produktive Maßnahmen steigt – der Anteil C infolge geringerem Instandhaltungsaufwand während der Anwendungszeit jedoch zu einer Gesamtkostensenkung führt und durch den Anwender bei der Anschaffung unbedingt berücksichtigt werden sollte (s. Abb. 6.5).

Der Exponent n der Gl. (6.1) wird nach [6.12] als Instandsetzungskostenexponent definiert und nimmt bei technischen Arbeitsmitteln guter instandhaltungsgerechter Konstruktion und konsequenter vorbeugender Instandhaltung Werte im Bereich $1.1 < n < 1.8$ ein. Damit ist eine degressive Kostenentwicklung zu verzeichnen. Bei unregelmäßiger Wartung und zunehmendem Ausfallverhalten steigt der Exponent auf $n > 2$, was zu einem progressiven Kostenanstieg führt.

Wird Gl. (6.1) durch die Zeit dividiert, ergeben sich die zeitlich anfallenden Kosten K/t bzw. K^* mit

$$K^* = \frac{K}{t} = \frac{A}{t} + B + C \cdot t^{n-1}. \tag{6.2}$$

6.2 Lebenslaufkosten eines technischen Gebildes und Modelle für ihre Berechnung

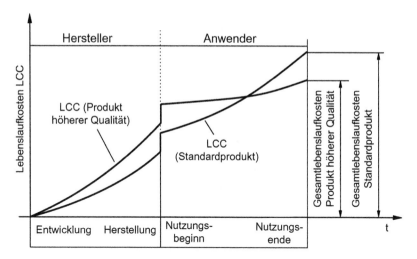

Abb. 6.5 Vergleich der Kostenentwicklung für Produkte höherer Sicherheit, Lebensdauer und Zuverlässigkeit gegenüber herkömmlichen Produkten

Abb. 6.6 Bestimmung der ökonomisch optimalen Nutzungsdauer für progressiven Instandhaltungsaufwand (nach [6.12])

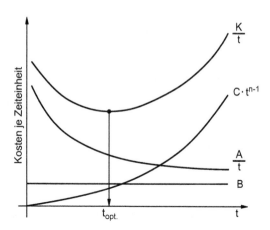

In Abb. 6.6 wird ein ausgeprägtes Kostenminimum erkennbar, das ein Maß für die minimalen Aufwendungen je Zeiteinheit ist und zum Zeitpunkt der ökonomisch optimalen Nutzungsdauer führt. Durch Differentation von Gl. (6.2) entsprechend

$$\frac{dK^*}{dt} = 0 = -A \cdot t^{-2} + (n-1) \, C \cdot t^{n-2} \tag{6.3}$$

und Auflösung von Gl. (6.3) zur Nutzungsdauer t mit

$$t_{opt.} = \sqrt[n]{\frac{A}{(n-1) \cdot C}} \quad \text{mit } n \neq 1 \tag{6.4}$$

kann die wirtschaftlich optimale Nutzungsdauer berechnet werden.

Aus betriebswirtschaftlicher Sicht ist diese Zeitdauer optimal, wenn sie mit der Abschreibungszeit (AfA-Zeit) identisch ist.

Ersetzen wir den rechnerisch einfachen Ansatz aus Gl. (6.1) durch den allgemeineren Ansatz

$$K = A + B \cdot t^* + C \cdot f(t^*), \qquad (6.5)$$

wobei die Zeit t^* ein dimensionsloses Zeitmaß mit

$$t^* = \frac{t}{t_o} \qquad (6.6)$$

sein soll und der Zeitwert t_o nach Zweckmäßigkeit später noch festgelegt wird, so ist aber auch ein Ansatz von $f(t^*)$ denkbar, der den Zusammenhang zur Zuverlässigkeit R(t) bzw. Ausfallwahrscheinlichkeit F(t) herstellt.

Setzen wir

$$f(t^*) = t^* \cdot F(t^*) = t^* \cdot (1 - R(t^*)), \qquad (6.7)$$

und dividieren Gl. (6.5) durch t^*, so erhält man die zeitlich anfallenden Kosten nach Gl. (6.2), in der C eine zeitbezogene Kostengröße ist, die zusätzlich proportional mit der Ausfallwahrscheinlichkeit auftritt. Gleichung (6.5) lautet dann

$$K^* = \frac{A}{t^*} + B + C \cdot (1 - R(t^*)) \qquad (6.8)$$

und mit der Weibull-Verteilung nach Gl. (3.24)

$$K^* = \frac{A}{t^*} + B + C \cdot \left(1 - e^{-(\alpha \cdot t)^\beta}\right). \qquad (6.9)$$

Mit dem charakteristischen Wert $\alpha = 1/t_o$ und Gl. (6.6) folgt

$$K^* = \frac{A}{t^*} + B + C \cdot \left(1 - e^{-t^{*\beta}}\right). \qquad (6.10)$$

Da für die optimale Nutzungsdauer in diesem Falle keine geschlossene Lösung möglich ist, bilden wir ohne den Kostenanteil B, der wie gezeigt auf das Optimum ohnehin keinen Einfluss hat, die dimensionslose Kostenkennzahl

$$\frac{K^*}{A} = \frac{K}{t^* \cdot A} = \frac{1}{t^*} + \frac{C}{A} \cdot \left(1 - e^{-t^{*\beta}}\right). \qquad (6.11)$$

6.3 Herstellerseitige Lebenslaufkosten und Zuverlässigkeit

Abb. 6.7 Dimensionslose Kostenkennzahl für Weibull-Exponent ß = 2

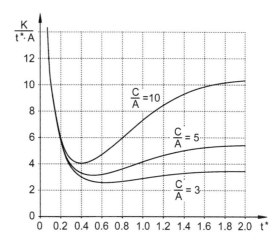

Die Auswertung dieser Gleichung ergibt bei Variation von C/A und ß die in Abb. 6.7 aufgetragenen Kurvenverläufe, aus denen die optimale Nutzungszeit $t_{opt.}$ abzulesen ist. Für ß = 1 (d. h. für die Exponentialverteilung) existiert kein $t_{opt.}$. Für „zufällige" Ausfälle ist ein solches Kostenoptimum auch nicht zu erwarten.

Die Anwendung des Kostenansatzes wird im Beispiel 11 demonstriert.

Zum besseren Verständnis der Gesamtkostenkomponenten A, B und C nach Gl. (6.1) sollen diese in den folgenden Abschnitten unter den konstruktiven Gesichtspunkten Sicherheit, Lebensdauer und Zuverlässigkeit näher beschrieben werden.

6.3 Herstellerseitige Lebenslaufkosten und Zuverlässigkeit

6.3.1 Allgemeine Kostenstruktur bei der Entwicklung und Herstellung technischer Gebilde

Zum Kostenanteil A der Lebenslaufkosten nach Abschn. 6.2.2 gehören die Selbstkosten, die sich aus den Kostenanteilen für Entwicklung und Konstruktion (EKK), Herstellung (HK), Verwaltung (VWGK), Vertrieb (VK) und Produktrücknahme (RK) gemäß Gl. (6.12) zusammensetzen.

$$SK = HK + EKK + VWGK + VK + RK \qquad (6.12)$$

Unter den Selbstkosten sind somit alle Kosten zu verstehen, die bei der Erstellung eines Produktes (Kostenträgers) anfallen. Neben den in Abschn. 6.1 bereits genannten Entwicklungs- und Konstruktionskosten (EKK) sind besonders die Herstellkosten (HK) von konstruktiver Bedeutung.

Herstellkosten sind die Aufwendungen, die durch den Verbrauch von Gütern und die Inanspruchnahme von Diensten für die Herstellung eines Vermögensgegenstandes, seine Erweiterung oder für eine über seinen ursprünglichen Zustand hinausgehende Verbesserung

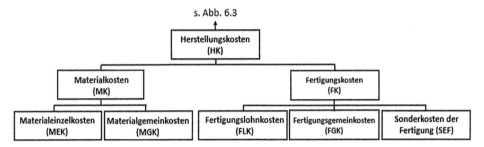

Abb. 6.8 Kostenschema der Herstellkosten

entstehen. Dazu gehören die Materialkosten (MK), Fertigungskosten (FK) und die Sonderkosten der Fertigung (SEF). Bei der Berechnung der Herstellkosten dürfen auch angemessene Teile der Materialgemeinkosten (MGK), Fertigungsgemeinkosten (FGK) und des Werteverzehrs des Anlagevermögens, soweit er durch die Fertigung veranlasst ist, eingerechnet werden (vgl. [6.06]). Schematisch kann diese gesetzliche Festlegung mit Gl. (6.13) bzw. Abb. 6.8 dargestellt werden.

$$HK = MEK + MGK + FLK + FGK + SEF \qquad (6.13)$$

In der Auslegungsphase eines Produktes sind besonders die volumen- und masseabhängigen Materialeinzelkosten relevant, für die unter Berücksichtigung der einzelnen Komponenten des technischen Gebildes Gl. (6.14) gilt.

$$MEK = \sum_{i=1}^{n} V_{bi} \cdot k_{vi} = \sum_{i=1}^{n} m_{bi} \cdot k_{mi} \qquad (6.14)$$

Die Faktoren k_{vi} und k_{mi} bezeichnen darin die Kosten je Volumen- bzw. Masseeinheit und V_{bi} und m_{bi} die Bruttovolumen bzw. -massen der unbearbeiteten Grundelemente eines technischen Gebildes.

Während die Massen und Volumen durch den Konstrukteur abzuschätzen sind, müssen die k-Faktoren durch das betriebliche Rechnungswesen zur Verfügung gestellt werden. Erfahrungsgemäß steigen die Kosten mit zunehmender Qualität der Werkstoffe, die wiederum für eine höhere Sicherheit und Zuverlässigkeit oder eine längere Lebensdauer erforderlich sind.

Unter Berücksichtigung der den Komponenten nicht unmittelbar zuordbaren Gemeinkosten, ergibt sich für die Materialkosten eines technischen Gebildes die Kostengleichung

$$MK = (1 + g_M) \sum_{i=1}^{n} V_{bi} \cdot k_{vi} = (1 + g_M) \sum_{i=1}^{n} m_{bi} \cdot k_{mi}. \qquad (6.15)$$

Der Gemeinkostenzuschlag g_M ist als prozentualer Anteil der Materialgemeinkosten in Bezug auf die Materialgesamtkosten eines Abrechnungszeitraumes zu ermitteln.

Ähnlich den Materialkosten lassen sich auch für die Fertigungskosten Einzel- und Gemeinkosten definieren. Für die Fertigungseinzelkosten, die auch als Fertigungslohnkosten bezeichnet werden, gilt

6.3 Herstellerseitige Lebenslaufkosten und Zuverlässigkeit

$$FLK = \sum_{i=1}^{n} t_i \cdot k_{Fi}. \qquad (6.16)$$

Der Zeitanteil t_i entspricht je nach Herstellungsart der Erstellzeit t_e oder Montagezeit t_m, die sich wiederum aus den konstruktiv abhängigen Bearbeitungszeitwerten Grundzeit t_G, Erholzeit t_{Er}, Verteilzeit t_V und Rüstzeit t_R zusammensetzen können (vgl. z. B. [6.11]).

Gemeinsam mit den Fertigungsgemeinkosten gilt für ein technisches Gebilde

$$FK = (1+g_F)\sum_{i=1}^{n} t_i \cdot k_{Fi}. \qquad (6.17)$$

Der Kostenfaktor k_{Fi} ist dabei der Kostenanteil je Zeiteinheit, der z. B. mit der Werkstoffart und dem Gütegrad variiert und durch das Rechnungswesen dem Konstrukteur vorgegeben werden muss. Die Zeitanteile t_i sind in einem starken Maße von der vorliegenden Geometrie und dem Bearbeitungsumfang z. B. durch spezielle Oberflächenqualitäten oder Toleranzen abhängig.

Je größer die Dimensionen, komplizierter die Geometrien und feiner die Toleranzen vorgegeben werden, umso längere Bearbeitungszeiten sind zu erwarten und umso höher werden die Fertigungskosten ausfallen.

6.3.2 Kostenentwicklungsgesetze und Zuverlässigkeit

Wird nun nach der Höhe der Kosten in Abhängigkeit von der Zuverlässigkeit gefragt, besteht zunächst die Notwendigkeit, einen Zusammenhang zwischen den Kosten und der Zuverlässigkeit herzustellen.

Gehen wir davon aus, dass die Zuverlässigkeit eine Funktion der Belastung, Geometrie und des Werkstoffes ist, lassen sich über den Werkstoff und die Geometrie eindeutig Beziehungen insbesondere zu den Materialkosten herstellen.

$$R = f(Belastung, Geometrie, Werkstoff, ...) \qquad (6.18)$$

Betrachten wir nun den Entwicklungs- und Konstruktionsprozess eines Produktes, werden vor allem während der Entwurfsphase (vgl. Abschn. 1.2) die in Gl. (6.18) genannten Komponenten miteinander in Beziehung gebracht.

Im einfachsten Fall kann für die überschlägige Dimensionierung der Ansatz

$$\text{Geometrie} = \frac{\text{Belastung}}{\text{Beanspruchbarkeit}}$$

$$\text{Kosten} = f(\text{Zuverlässigkeit}) \qquad (6.19)$$

geschrieben werden, in dem die erforderliche Geometrie über die Masse bzw. das Volumen zu den Materialeinzelkosten (MEK) und über die zu bearbeitenden Flächen zu den Fertigungslohnkosten führt. Die Beanspruchbarkeit ist wiederum eine Funktion der

Zuverlässigkeit, d. h., dass unter den vorliegenden Belastungen zu einem betrachteten Zeitpunkt eine bestimmte Beanspruchbarkeit vorliegen wird.

Eine ähnliche Beziehung kann für die Nachweisrechnung aufgezeigt werden, bei der mit der Beziehung

$$\text{Beanspruchung} = \frac{\text{Belastung}}{\text{Geometrie}}$$

$$\text{Zuverlässigkeit} = f(\text{Kosten}) \tag{6.20}$$

Zuverlässigkeit und Kosten funktionell verknüpft sind. Gerade die Geometrie in Form von charakteristischen Abmessungen finden wir in der Fachliteratur als Bewertungskriterium für die Kosten (vgl. z. B. [6.03, 6.11]). Unter Berücksichtigung der Kosten und einer charakteristischen Größe eines Basisproduktes können die Kosten eines Folgeproduktes mit den empirischen Gleichungen

$$MK_2 = MK_1 \left(\frac{L_2}{L_1}\right)^3 \tag{6.21}$$

bzw.

$$FK_2 = FK_1 \left(\frac{L_2}{L_1}\right)^2 \tag{6.22}$$

überschläglich bestimmt werden. Denkbar ist auch die Verwendung von Leistungskennziffern wie etwa Volumen- oder Masseströme je Zeiteinheit, oder andere Kennzifffern. Eine Kostengleichung z. B. für Investitionskosten lautet nach [6.03]

$$IK_2 = IK_1 \left(\frac{N_2}{N_1}\right)^m . \tag{6.23}$$

Der Exponent m ist produktabhängig. Für Getriebe werden für m die Werte 0,6 bis 0,75 genannt (vgl. [6.03]).

Die Gl. (6.21), (6.22) and (6.23) zeigen den proportionalen Anstieg der betrachteten Kosten, der auch aus vielen Angebotskatalogen für Baureihen bekannt ist.

Abbildung 6.9 zeigt am Beispiel der Kostenentwicklung von 3 Wälzlagerreihen die Kostenentwicklung zum einen als Funktion der Geometriegröße Innendurchmesser der Wälzlager und zum anderen als Funktion der Tragzahl $C_{dyn.}$.

Sind keine Kostenexponenten bekannt, empfiehlt sich die Ermittlung einer empirischen Kostenfunktion als *Polynom n-ten Grades* in der Form

$$K = f(L) = a_n L^n + a_{n-1} L^{n-1} + \ldots + a_1 L + a_0. \tag{6.24}$$

Abb. 6.9 Materialeinzelkosten für Wälzlager. **a** als Funktion des Durchmessers d; **b** als Funktion der Tragzahl C

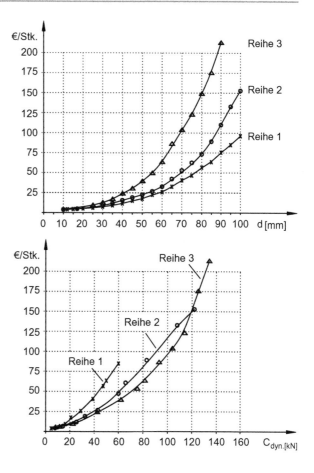

L bezeichnet darin eine charakteristische Geometrie- oder Leistungskennziffer und a_i produktspezifische Kostenanteilskoeffizienten, die wie die Gemeinkostenzuschläge durch das Rechnungswesen zur Verfügung zu stellen sind.

Da, wie in Gl. (6.19) gezeigt, die Geometriegröße L in einem funktionalen Zusammenhang zur Zuverlässigkeit steht, kann Gl. (6.24) auch in der Form

$$K = f(R) = a_n \, f(R)^n + a_{n-1} \, f(R)^{n-1} + \ldots + a_1 \, f(R) + a_0 \qquad (6.25)$$

geschrieben werden.

Am Beispiel der Wälzlagerauslegung soll im Folgenden der Zusammenhang zwischen der Zuverlässigkeit und der charakteristischen Leistungskennziffer Tragzahl näher erläutert werden.

6.3.3 Zusammenhang von Kosten, Zuverlässigkeit und Bauteilgröße am Beispiel der Wälzlagerauslegung

Im Abschn. 5.3 sind wir bereits darauf eingegangen, dass die aktuelle Zuverlässigkeit von Wälzlagern mit Hilfe der berechneten erforderlichen Tragzahl $C_{erf.}$ und der das gewählte Lager charakterisierenden vorhandenen Tragzahl $C_{vorh.}$ mit Gl. (5.28) berechnet werden kann. Die Tragzahl C ist somit eine wälzlagerspezifische Kennziffer, die in einem unmittelbaren Zusammenhang zur Zuverlässigkeit steht.

Entsprechend Abb. 6.9 und Gl. (6.25) kann die Tragzahl zur zuverlässigkeitsbezogenen Kostenermittlung herangezogen werden, wobei für die geltenden Materialeinzelkosten die Gleichung

$$MEK = f(C) = a_2 \, C^2 + a_1 \, C + a_0 \quad \text{mit } C = f(R) \tag{6.26}$$

gilt. Ein Polynom 2. Ordnung erscheint für die Auslegungsphase mit hinreichender Genauigkeit und mathematisch vertretbarem Aufwand als ausreichend.

Gefragt ist nun der funktionale Zusammenhang zur Zuverlässigkeit.

Ausgehend von der bekannten Lebensdauergleichung

$$L = \left(\frac{C}{P}\right)^p \; [10^6 \; Umdrehungen] \tag{6.27}$$

kann $C_{erf.}$ mit den Gleichungen

$$C_{erf.}^U = \sqrt[p]{\frac{L_{erf.}}{10^6}} \cdot P \tag{6.28}$$

bzw.

$$C_{erf.}^h = \frac{\sqrt[p]{\dfrac{L_{erf.}}{500}}}{\sqrt[p]{\dfrac{33\,{}^1\!/\!_3}{n}}} \cdot P \tag{6.29}$$

durch Vorgabe einer geforderten Lebensdauer in Umdrehungen mit Gl. (6.28) und in Stunden mit Gl. (6.29) bei äquivalenter Belastung P berechnet werden.

Beträgt bei der Wälzlagerauswahl $C_{erf.} = C_{vorh.}$, so wird die erforderliche Lebensdauer bei äquivalenter Beanspruchung mit R = 0.9 erreicht; bei $C_{erf.} < C_{vorh.}$ liegt im Betriebspunkt R > 0,9 vor. Einen genauen Wert liefert Gl. (5.30).

Die beiden Zuverlässigkeitshorizonte sind mit dem Wöhlerlinienansatz aus Gl. (3.32) mit

$$C_{vorh.}^p \cdot 10^6 = P^p \cdot L_{vorh.} \tag{6.30}$$

für R = 0,9 und

6.3 Herstellerseitige Lebenslaufkosten und Zuverlässigkeit

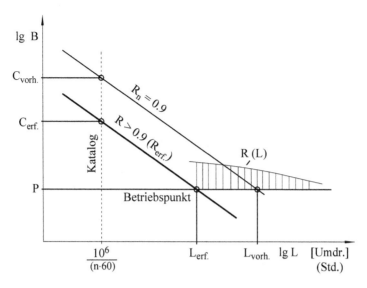

Abb. 6.10 Allgemeines Auslegungsschema für Wälzlager

$$C_{erf.}^p \cdot 10^6 = P^p \cdot L_{erf.} \tag{6.31}$$

für $R > 0.9$ bzw. $R_{erf.}$ beschreibbar (s. Abb. 6.10).

Soll nun ein Lager mit einer bestimmten Zuverlässigkeit gewählt werden, ist $C_{vorh.}$ so zu bestimmen, dass bei der Belastung P zum Zeitpunkt $L_{erf.}$ die Zuverlässigkeit $R_{erf.}$ vorliegt. Dazu ist eine wahrscheinlichkeitstheoretische Transformation von $L_{erf.}$ für $R_{erf.}$ auf $L_{vorh.}$ für $R = 0.9$ notwendig, die im Folgenden kurz dargelegt werden soll.

Für den Belastungshorizont P kann mit der Zuverlässigkeitsgleichung nach Weibull allgemein

$$R = e^{-(\alpha \cdot L)^\beta} \tag{6.32}$$

geschrieben werden. Die Freiwerte α und β sind Abschn. 5.5 zu entnehmen.

Gleichfalls gilt für den Belastungshorizont P für die Einzelzuverlässigkeiten

$$R_{erf.} = e^{-(\alpha \cdot L_{erf.})^\beta} \tag{6.33}$$

und

$$R_n = 0.9 = e^{-(\alpha \cdot L_{vorh.})^\beta}. \tag{6.34}$$

Da die Freiwerte für dieselbe Verteilung identisch sind, kann aus den Gl. (6.33) und (6.34) die Beziehung

$$\alpha^\beta = \frac{-\ln R_{erf.}}{L_{erf.}^\beta} = \frac{-\ln 0.9}{L_{vorh.}^\beta} \tag{6.35}$$

Abb. 6.11 Kostenentwicklung in Abhängigkeit von der Zuverlässigkeit

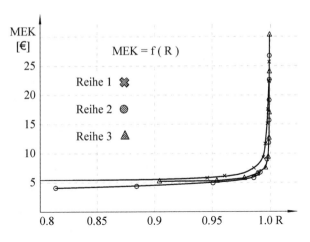

abgeleitet werden, wonach für die Lebensdauer $L_{vorh.}$

$$L_{vorh.} = \sqrt[\beta]{\frac{-\ln 0.9}{-\ln R_{erf.}}} \cdot L_{erf.} \tag{6.36}$$

folgt. Mit Gl. (6.30) erhalten wir für die notwendige Tragzahl $C_{vorh.}$

$$C_{vorh.}^{U} = \sqrt[p]{\frac{L_{erf.}}{10^6}} \cdot P \cdot \sqrt[p \cdot \beta]{\frac{-\ln 0.9}{-\ln R_{erf.}}} \tag{6.37}$$

und mit Gl. (6.28)

$$C_{vorh.}^{U} = C_{erf.} \cdot \sqrt[p \cdot \beta]{\frac{-\ln 0.9}{-\ln R_{erf.}}}. \tag{6.38}$$

Zweckmäßiger schreiben wir $C_{Rerf.}$ für das berechnete $C_{vorh.}$, denn auch bei dieser Berechnungsmethode kann infolge der Baureihenstufung das $C_{vorh.}$ abweichen. Die Tragzahl wird mit Gl. (6.38) aber in jedem Fall so bestimmt, dass $R_{erf.}$ erreicht wird.

Verknüpfen wir abschließend Gl. (6.38) mit der Kostengleichung (6.26) erhalten wir eine Gleichung, in der die Abhängigkeit der Kosten von der Zuverlässigkeit funktionell beschrieben wird.

Mit Bezug auf die Wälzlagerreihen aus Abb. 6.9a, b erhalten wir die Kostenanstiegsgraphen in Abb. 6.11.

Deutlich ist die progressive Zunahme der Kosten bei steigender Zuverlässigkeit zu erkennen. Strebt die Zuverlässigkeit gegen 1, streben die Kosten gegen wirtschaftlich nicht mehr vertretbare Grenzen.

Die Frage „Was kostet Zuverlässigkeit?" kann mit der vorgestellten Vorgehensweise bereits in der Auslegungsphase beantwortet werden.

Für andere Maschinenelemente, Baugruppen oder Produkte sind analoge Algorithmen aufzustellen.

6.4 Anwenderseitige Lebenslaufkosten und Zuverlässigkeit

6.4.1 Allgemeine Kostenstruktur bei der Nutzung technischer Gebilde

Eine Systematisierung der anwenderseitigen Lebenslaufkosten zeigt Abb. 6.12, die den Kostenanteilen B und C der Gesamtkostengleichung aus Abschn. 6.2.2 zuzurechnen sind.

Mit Bezug auf die Auslegungskriterien Sicherheit, Lebensdauer und Zuverlässigkeit sind aus der Gruppe der Beschaffungsnebenkosten (BNK) die Aufstell-, Inbetriebnahme- und Anlern-/Umschulungskosten als indirekte Kosten zu bezeichnen.

Die Art und Weise der Aufstellung, die Berücksichtigung der Umgebungsbedingungen wie Schwingungen, Klima, Atmosphäre sind bedeutsam für beste Einsatzbedingungen und damit für die Erreichung einer geforderten Zuverlässigkeit.

In unmittelbarer Abfolge stehen die Inbetriebnahmekosten (K_{IB}), da die konzipierte Zuverlässigkeit nur unter Einhaltung bestimmter Betriebsparameter erreicht werden kann. Beeinflussbar sind hierdurch mögliche Frühausfälle.

Ähnlich den Umgebungsbedingungen haben auch eingesetzte Energie-, Treib- oder Hilfsstoffe als innere Faktoren einen Einfluss auf die Zuverlässigkeit.

Beispiele sind einzuhaltende Betriebsdrücke, geeignete Schmier- oder Kühlmittel, deren vorgesehene Intensität bzw. Konsistenz maßgebend sind. Eine mangelnde Qualität z. B. von Schmiermitteln kann zwar hilfsstoffkostenmindernd wirken, jedoch durch einen größeren Schädigungseinfluss die Instandhaltungskosten nach Abb. 6.13 anheben.

Präventive Kosten sind nach Abb. 6.13 die Diagnose- und Inspektionskosten K_I, in denen alle Aufwendungen für Kontrollen des Schädigungsmaßes, in erster Linie für eine Sichtkontrolle bzw. Messung des Abnutzungsgrades bei Verschleiß eingerechnet werden. Der Umfang der durchzuführenden Inspektionen hängt von der Zuverlässigkeitsforderung.

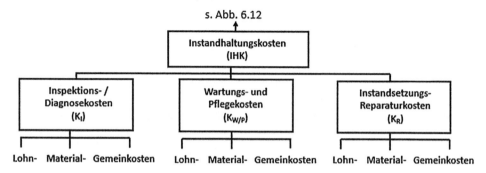

Abb. 6.12 Anwenderseitige Lebenslaufkosten

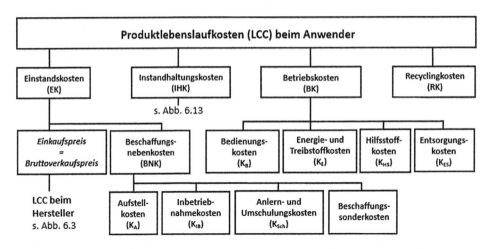

Abb. 6.13 Instandhaltungskosten des Anwenders

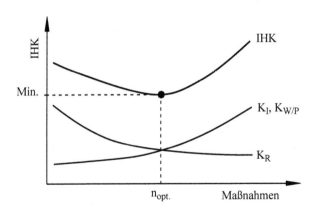

Abb. 6.14 Wechselbeziehung der Instandhaltungskosten

Durch Wartungs- und Pflegeaufwendungen $K_{W/P}$ sollen optimale Umgebungsbedingungen geschaffen werden. Durch Säubern, Schmieren, Fetten, Schraubennachziehen u. a. soll die Schädigungsgeschwindigkeit reduziert und die „konstruierte" Zuverlässigkeit gewährleistet werden.

Beide Teilkostenarten sind durch den Konstrukteur durch das instandhaltungsgerechte Konstruieren (vgl. [6.14]) beeinflussbar.

Mit Abb. 6.14 wird die Wechselwirkung der Aufwendungen für vorbeugende und pflegende Maßnahmen mit denen der Reparatur- und Instandsetzungsmaßnahmen skizziert. Mit häufigeren Wartungen können demzufolge die Reparatur- und Instandsetzungsaufwendungen reduziert werden.

6.4 Anwenderseitige Lebenslaufkosten und Zuverlässigkeit

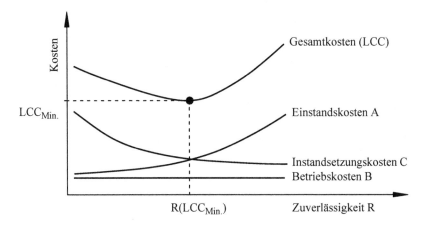

Abb. 6.15 Zusammenhang von Kosten und Zuverlässigkeit

Die Instandhaltungskosten, insbesondere die Reparatur- und Instandsetzungskosten K_R, finden wir wieder im Kostenbestandteil B des Modells aus Abschn. 6.2.2.

Mit Abb. 6.15 entsteht ein Zusammenhang zur Zuverlässigkeit. Danach steigen bei höherer Zuverlässigkeit folgerichtig die Einstandskosten A, wogegen der mit der Anwendungszeit proportional steigende Kostenanteil C fällt.

Dieses hängt mit einer höheren Grenznutzungsdauer infolge höherer Zuverlässigkeit zusammen (s. Abschn. 6.4.2). Ohne spezielle Berücksichtigung des ausgeprägten Minimums, welches i. d. R. nicht mit der geforderten Zuverlässigkeit übereinstimmt, wird erkennbar, das Systeme höherer Zuverlässigkeit einen bereits erwähnten hohen Einstandskostenanteil A zugunsten niedriger Instandsetzungskosten aufweisen und Systeme niedrigerer Zuverlässigkeit zwar kostengünstiger in der Anschaffung sind, dafür aber höhere Folgekosten bedingen (s. Abschn. 6.2.2).

Da besonders die Instandsetzungskosten in einer direkten Beziehung zur Zuverlässigkeit und damit auch zur Lebensdauer und Sicherheit stehen, sollen sie in den folgenden Ausführungen näher behandelt werden. Thematisch einzuordnen sind die Betrachtungen in die kosten- und zuverlässigkeitsbasierte Instandhaltung, die in neuerer Literatur unter dem Synonym RCM-Management geführt wird.

6.4.2 Kosten und Zuverlässigkeit bei der Instandhaltung

Unter Instandhaltung wird die Gesamtheit aller Maßnahmen zur Erhaltung und Wiederherstellung der Funktionsfähigkeit technischer Gebilde verstanden, wofür gemäß Abb. 6.13 Kosten für Pflege/Wartung ($K_{W/P}$), Diagnose/Inspektion (K_I) und Instandsetzung (K_R) entstehen.

Bei der Instandsetzung sind die

- wiederherstellende und
- vorbeugende

zu unterscheiden. Während die wiederherstellende Instandsetzung lediglich die Reparatur nach dem Versagen betrifft, bedarf die vorbeugende Instandsetzung eine zuverlässigkeitstheoretische Vorgehensweise, die vorrangig bei der zuverlässigkeitsbasierten Instandhaltung (RCM) zur Anwendung kommt. Die Grundlagen hierfür werden bereits bei der Auslegung und Gestaltung des Produktes festgelegt.

Eine instandhaltungsgerechte Auslegung wird immer dann notwendig, wenn Schädigungsprozesse durch Ermüdung, Verschleiß oder andere flächenabtragende Prozesse (s. Abschn. 3.3) während der vorgesehenen Nutzungsdauer des technischen Gebildes mit einer gewissen Wahrscheinlichkeit zum Versagen führen.

Typische Verschleißteile, wie z. B. Fahrzeugreifen, Brems- und Kupplungsbeläge und andere bekannte Elemente und Baugruppen, sind während der Gesamtnutzungsdauer t_N des technischen Gebildes oft mehrfach zu erneuern, wodurch die genannten Kosten entstehen. Denkbar ist die Unterteilung der Nutzungsdauer t_N in n gleiche Intervalle.

Mit der Anzahl der Instandsetzungsintervalle n gilt für die Reparatur- bzw. Instandsetzungskosten

$$K_R = (n-1) \cdot k_E. \tag{6.39}$$

Der Faktor k_E entspricht darin dem Kostenanteil je Instandsetzung. Es werden n-1 Instandsetzungsintervalle berücksichtigt, da davon ausgegangen wird, dass am Ende des letzten Intervalls keine Reparatur vorgenommen wird und deshalb keine Kosten anfallen.

Für die Elemente oder Baugruppen, die bei einer Instandsetzung erneuert werden, verwendet die Instandhaltungstheorie den Begriff der Grenznutzungsdauer t_G, die als

- mittlere Grenznutzungsdauer $\overline{t}_G$ für R = 0,5 oder
- Mindestgrenznutzungsdauer $t_{G\min}$ für R = variabel

aus der Zuverlässigkeitsfunktion berechnet werden kann. Die Mindestgrenznutzungsdauer $t_{G\min}$ kann in Bezug auf die geforderte Zuverlässigkeit berechnet werden. Einen möglichen Zahlenwert liefern die Anforderungsklassen in Abschn. 5.8 (s. Tab. 5.2).

Mit der Anzahl der Instandsetzungsintervalle n gilt für die mittlere Nutzungsdauer $\overline{t}_N$

$$\overline{t}_N = n \cdot \overline{t}_G \tag{6.40}$$

bzw.

$$t_{N\min} = n \cdot t_{G\min} \tag{6.41}$$

für die Mindestnutzungsdauer einer geforderter Zuverlässigkeit.

Ist die Grenznutzungsdauer mit der Varianz s_G^2 statistisch verteilt, gilt für die Erneuerung von und mit gleichartigen Elementen wegen des Additionsgesetzes der Einzelvarianzen

$$s_{ges}^2 = \sum s_i^2 \tag{6.42}$$

6.4 Anwenderseitige Lebenslaufkosten und Zuverlässigkeit

und für die Varianz der Nutzungsdauer

$$s_N^2 = n \cdot s_G^2. \quad (6.43)$$

Wegen der einfachen Handhabbarkeit wird in der Instandhaltungstheorie gern mit der Exponentialverteilung

$$R(t) = e^{-\lambda \cdot t} \quad (6.44)$$

als Sonderfall der Weibull-Verteilung (vgl. Abschn. 3.2) mit dem charakteristischen Wert

$$t_o = \frac{1}{\lambda} \quad (6.45)$$

gearbeitet. Für $t = t_o$ ergibt sich $R(t_o) = 0{,}368$ bzw. $F(t_o) = 0{,}632$. Bei Kenntnis von t_o und Vorgabe einer zu erreichenden Zuverlässigkeit $R(t_G)$ kann aus Gl. (6.44) eine einfache Gleichung für die Grenznutzungsdauer t_G abgeleitet werden. Geschrieben wird

$$t_G = t_o \cdot -\ln R(t_G). \quad (6.46)$$

Bei Verwendung der Weibull-Verteilung kommt noch der Formparameter ß hinzu, sodass gilt

$$t_G = t_o \cdot \sqrt[\text{ß}]{-\ln R(t_G)}. \quad (6.47)$$

Wird nun die Kostengleichung (6.39) mit Gl. (6.41) verknüpft, erhalten wir eine Gleichung der Form

$$K_R = \left(\frac{t_N}{t_G} - 1\right) \cdot k_E \Rightarrow MIN. \quad (6.48)$$

Die Instandsetzungskosten sind demzufolge abhängig von der Gesamtnutzungszeit t_N, von den Aufwendungen je Instandsetzung k_E und von der zuverlässigkeitsabhängigen Grenznutzungsdauer t_G.

Während eine Verringerung der Nutzungszeit oder der Instandsetzungsaufwendungen bei konstanter Zuverlässigkeit zu einer Kostenreduzierung führen, steigen die Kosten bei Vergrößerung der geforderten Zuverlässigkeit infolge kürzerer Grenznutzungszeiten. Maßnahmen, mit denen die Instandsetzungskosten reduziert werden können, sollen wie folgt dargestellt werden. Eine Kostenreduzierung tritt ein, wenn für

t_N eine Nutzungszeit definiert wird, die auf die wirkliche Anwendungszeit abgestimmt wird. Denkbar ist die Verwendung von Erfahrungstabellen (s. z. B. Tafel IV.1 Kap. 4) oder aber der Einsatz der gesetzlich vorgegebenen AfA-Tabellen (vgl. [6.05]), deren angegebene Abschreibungszeiten um die betriebsfreien Zeiten reduziert werden müssen.

k_E die Regeln des instandhaltungsgerechten Konstruieren und Gestalten (z.B. Gewährleistung von Zugänglichkeit, Austauschbarkeit) umgesetzt werden. Konkrete Vorgehensweisen sind der Fachliteratur z. B. [6.14] zu entnehmen.

t_G im Bezug auf die geforderte Zuverlässigkeit z. B. durch höherwertige Werkstoffe und feinere Bearbeitungstechnologien vergrößert wird, wodurch die Instandsetzungsintervalle reduziert werden. Die angegebene Maßnahme ist gleichzusetzen mit der Erhöhung der Zuverlässigkeit zum Zeitpunkt der Grenznutzungsdauer.

Da i. d. R. eine Maschine aus mehreren nach der Systemzuverlässigkeit verknüpften Elementen besteht, die im Sinne der Instandhaltung während der Lebensdauer der Maschine zu unterschiedlichen Zeitpunkten erneuert werden, sollen abschließend noch einige einführenden Zusammenhänge zur Systemzuverlässigkeit mit Erneuerung dargelegt werden, da auch sie einen ökonomischen Charakter tragen.

In der Praxis des Betreibens technischer Systeme ist es ökonomisch unerlässlich, dass die Funktionsfähigkeit

- bei Ausfall durch Reparatur oder Erneuerung oder
- vorbeugend nach einer bestimmten Nutzungsdauer

wiederhergestellt wird.

Das einfachste Erneuerungsmodell besteht darin, dass ein ausgefallenes Element unter Vernachlässigung der Reparaturzeit zum Zeitpunkt t_E erneuert wird.

Für die Zuverlässigkeit R(t) dieses Elementes gilt zum Erneuerungszeitpunkt

$$R(t - t_E) = 1 \tag{6.49}$$

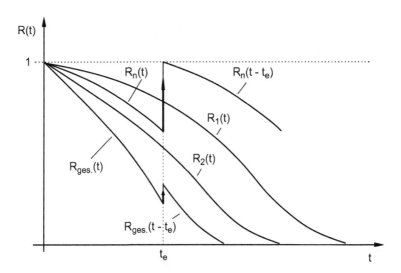

Abb. 6.16 Element- und Systemzuverlässigkeit bei Erneuerung des n-ten Elementes zum Zeitpunkt t_e

und die Systemzuverlässigkeit $R_{ges.}$ (t) erhöht sich zu diesem Zeitpunkt durch eine Sprungfunktion, die sich aus der Systemstruktur berechnen lässt (s. Abb. 6.16).

Für ein nichtredundantes System gilt nach der Erneuerung des n-ten Elementes

$$R_{ges.}(t) = R_1(t) \cdot R_2(t) \cdot \ldots \cdot R_{n-1}(t) \cdot R_n(t - t_e) \qquad (6.50)$$

mit $t \geq t_e$.

Beim Auftreten weiterer Erneuerungen sind weitere Zeittransformationen vorzunehmen.

Wird zur Beschreibung der Elementzuverlässigkeiten z. B. die Weibullfunktion benutzt, so lautet diese mit Gl. (3.23)

$$R(t - t_e) = e^{-[\alpha(t - t_e)]^\beta} \qquad (6.51)$$

mit $t \geq t_e$.

Die Weibullfunktion wird so „dreiparametrig", d.h. sie kann mit t_e an sog. „ausfallfreie Zeiten"

$$0 \leq t \leq t_e \qquad (6.52)$$

angepasst werden.

Dreiparametrige Weibullverteilungen werden in [6.02] in anderem Zusammmenhang in ähnlicher Form verwendet.

Bei mehrfacher Erneuerung von Systemen führt die theoretische Behandlung auf die Definition einer sog. „Erneuerungsfunktion" H(t). Für Systeme wird dann die Nutzung der Markoff-Theorie erforderlich. Es wird auf [6.04] verwiesen.

6.5 Target Costing – ein Werkzeug für die retrograde Bestimmung erlaubter Kosten – wie teuer dürfen Sicherheit, Lebensdauer und Zuverlässigkeit sein?

6.5.1 Grundbegriffe des Target Costing

Entgegen den traditionellen Kostenbetrachtungen, bei denen i. d. R. erst nach der Entwicklung eines Produktes der Preis kalkuliert und festgelegt wird, besteht immer mehr die Notwendigkeit, vom Markt vorgegebene Preise retrograd auf die Wertschöpfungspartner aufzuteilen.

Dem neuen Trend folgend bestimmt nicht mehr der Hersteller auf der Basis der aufgewendeten Kosten den Marktpreis, sondern der Markt bestimmt die im Unternehmen erlaubten Kosten (vgl. [6.04]).

Für die Konstruktions- und Entwicklungsabteilung bedeutet das genau wie für alle anderen Abteilungen die Vorgabe von Grenzkosten, die durch geeignete Wirkprinzipien, Werkstoffe, Geometrien und Fertigungstechnologien ohne Einschränkung der funktionellen und qualitativen Marktforderungen, zu denen auch Sicherheit, Lebensdauer und Zuverlässigkeit gehören, konstruktiv einzuhalten sind.

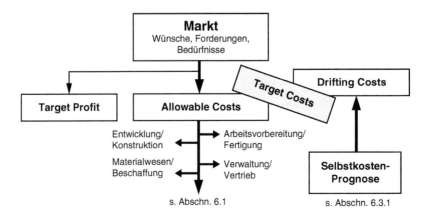

Abb. 6.17 Grundschema für das Zielkostenmanagement

Eine Möglichkeit, den vom Markt vorgegebenen Preis im konstruktiven Sinne bis auf die Komponenten des herzustellenden Produktes aufzuschlüsseln, bietet das in den 70er-Jahren in Japan entwickelte *Target Costing*, welches seit Mitte der 90er-Jahre auch in Deutschland von betriebswirtschaftlichen Gremien unter dem Arbeitstitel *Zielkostenmanagement* verstärkt diskutiert wird.

Beim Target Costing werden auf der Basis eines vom Markt und den Mitbewerbern vorgegebenen wettbewerbsfähigen Marktpreises (*Target Price*), der durch Marktbeobachtung, Preisexperimente, Experten- oder indirekte Kundenbefragung (Conjoint Measurement) unter Berücksichtigung demographischer, geographischer und psychographischer Gesichtspunkte ermittelt werden kann, nach Abzug eines unternehmerisch angestrebten Gewinns (*Target Profit*) die maximal erlaubten Kosten (*Allowable Costs*) berechnet.

In einem gegenläufigen Prozess werden durch die einzelnen Abteilungen auf der Basis der aktiv verwendeten Verfahren, Technologien und Arbeitsprozesse die derzeit aufzuwendenden Kosten (*Drifting Costs*) im klassischem Sinne nach Abschn. 6.3.1 prognostiziert und mit den erlaubten Kosten verglichen.

In Abhängigkeit von der vorliegenden Kostendifferenz wird der Grad der notwendigen Innovationstätigkeit bei der Produktgestaltung, den anzuwendenden Verfahren, Technologien oder Arbeitsprozessen abgeleitet.

Sind die Drifting Costs größer als die Allowable Costs werden durch die Unternehmensleitung zur besseren Motivation und Kostenakzeptanz Zielkosten (*Target Costs*) als Zwischenziele festgelegt (Abb. 6.17).

Am Ende liegt für das herzustellende Produkt bereits vor der eigentlichen Entwicklungsarbeit ein Zielpreis vor, der auch hinsichtlich der geforderten Sicherheit, Lebensdauer und Zuverlässigkeit einen Kostenrahmen bildet.

Zur Gewährleistung der Marktakzeptanz muss dieser Kostenrahmen durch alle wertschöpfenden Komponenten und erforderlichen Fertigungshandlungen eingehalten werden.

6.5 Target Costing – ein Werkzeug für die retrograde Bestimmung erlaubter...

		Funktionen							
		1	2	3		... i ...		f	
		w_1	w_2	w_3		w_i		w_f	100%
Komponenten	1	w_{11} W_{11}	w_{12} W_{21}	w_{13} W_{31}		w_{1i} W_{i1}		w_{1f} W_{f1}	W_1
	2	w_{21} W_{12}	w_{22} W_{22}	w_{23} W_{32}		w_{2i} W_{i2}		w_{2f} W_{f2}	W_2
	3	w_{31} W_{13}	w_{32} W_{23}	w_{33} W_{33}		w_{3i} W_{i3}		w_{3f} W_{f3}	W_3
	..j..					w_{ji} W_{ij}			..W_j..
	k	w_{k1} W_{1k}	w_{k2} W_{2k}	w_{k3} W_{3k}		w_{ki} W_{ik}		w_{kf} W_{fk}	W_k
		100 %	100 %	100 %		100 %		100 %	100 %

Abb. 6.18 Wichtungsmatrix für die funktions- und komponentenbezogene Kostenaufteilung eines Kostenrahmens

6.5.2 Aufteilung der Kosten auf die auszulegenden Systemkomponenten

Beim Übergang von der Konzept- in die Entwurfsphase stellt sich den meisten Konstrukteuren angesichts eines vorgegebenen Kostenrahmens die Frage, „Wie teuer dürfen denn nun die einzelnen Komponenten des zu konstruierenden Gebildes sein?". Die Zielkostenwichtungsmatrix aus Abb. 6.18 stellt hierzu ein Arbeitsschema vor, mit dem der zur Verfügung stehende Kostenrahmen auf die einzelnen Komponenten unter Beachtung der funktionellen Bedeutung aufgeteilt werden kann.

Die Kosten gelten dabei für alle Aufwendungen, die einschließlich aller Maßnahmen hinsichtlich Sicherheit, Lebensdauer und Zuverlässigkeit maximal aufzubringen sind.

Nach der Wichtung der vom Markt geforderten Funktionen mit den Faktoren w_i, zu der im Rahmen einer wirtschaftlich – technischen Bewertung primär auch die sicherheits- und zuverlässigkeitsrelevante Bedeutung der betrachteten Funktion gehört, werden <u>alle</u> für das Produkt erforderlichen Komponenten in ihrer Wichtigkeit für die einzelnen Funktionen mit den Wichtungsanteilen w_{ji} prozentual beurteilt.

Das Produkt aus Funktionswichtung w_i und funktionsbezogener Komponentenwichtung w_{ji} ergibt den funktions- und komponentenbezogenen Wichtungsanteil W_{ij}. Es gilt

$$W_{ij} = w_{ji} \cdot w_i \qquad (6.53)$$

mit $j = 1\ldots k$ und $i = 1\ldots f$.

Die Wichtungsfaktoren w_i und w_{ji} können z. B. durch den paarweisen Vergleich aller vorhandenen Funktionen bzw. Komponenten mit Hilfe der Präferenzmethode ermittelt werden (s. z. B. [6.01]).

Aus der Summe aller Wichtungsanteile W_{ij} einer Komponente ergibt sich die Gesamtbedeutung der Komponente für das Gesamtprodukt. Es gilt

$$\sum_{i=1}^{f} W_{ij} = W_j \qquad (6.54)$$

Der Wichtungsfaktor W_j ermöglicht die prozentuale Zuordnung der erlaubten Grenzkosten zu den einzelnen Komponenten. Die Kostenzuordnung erfolgt mit der Beziehung

$$\text{Wichtungsanteil } W_j \stackrel{\wedge}{=} \text{prozentualer Gesamtkostenanteil } K_j \qquad (6.55)$$

unter Berücksichtigung von

$$\sum_{j=1}^{k} W_j = 1 \qquad (6.56)$$

und

$$\sum_{j=1}^{k} K_j = 1 \qquad (6.57)$$

Die so ermittelten Kosten ergeben den Kostenrahmen für die einzelnen Komponenten, der im EKP zur Verfügung steht und durch geeignete Wirkprinzipien und Wirkgeometrie unter Einhaltung geforderter Funktionalität, Qualität und Zuverlässigkeit umgesetzt werden muss.

Da in der Praxis nicht immer die hundertprozentige Einhaltung dieser Grenzkosten garantiert werden kann, sind durch das Kostenmanagement zulässige Toleranzkostenfelder zu schaffen, in denen sich die Zielkostenanteile bewegen dürfen, wenn sie im Gesamtrahmen die Allowable Costs nicht übersteigen.

Werden die Grenzkosten des Toleranzkostenfeldes merklich überschritten, werden Änderungen am Gesamtkonzept des Produktes erforderlich.

Denkbar ist z. B. ein Kompromiss bei der Sicherheits- bzw. Zuverlässigkeitsforderung, die wie gezeigt einen entscheidenden Anteil an der Kostenbildung trägt.

Quellen und weiterführende Literatur

[6.01] Beitz, W.; Pahl, G., Feldhusen, R.-J., Grote, K.-H. Konstruktionslehre – Grundlagen erfolgreicher Produktentwicklung. Methoden und Anwendung. Springer, Berlin Heidelberg New York, 2013.
[6.02] Bertsche, B.; Lechner, G.: Zuverlässigkeit im Maschinenbau. Ermittlung von Bauteil- und Systemzuverlässigkeiten. Springer, Berlin Heidelberg New York, 2004.
[6.03] Bronner, Albert: Angebots- und Projektkalkulation. Springer, Berlin Heidelberg New York, 1998.
[6.04] Buggert, W.; Wielpütz, A.: Target Costing – Grundlagen und Umsetzung des Zielkostenmanagements. Carl Hanser, München Wien, 1995.
[6.05] Bundesministerium der Finanzen: AfA-Tabellen, Alphabetisches Verzeichnis der Anlagegüter, amtliche AfA-Tabellen mit Erläuterungen. Die Wirtschaft, Stuttgart, 1998.
[6.06] Bundesministerium für Justiz: Handelsgesetzbuch. Beck'sche Verlagsbuchhandlung, München, 1991.
[6.07] Deutsches Institut für Normung: DIN 32990 Teil 1 Begriffe zu Kosteninformationen. Beuth Verlag, Berlin, 1989.
[6.08] Deutsches Institut für Normung: DIN 32992 Teil 1-3 Kosteninformationen Berechnungsgrundlagen. Beuth Verlag, Berlin, 1989.
[6.09] Deutsches Institut für Normung: DIN 55350 Teil 11 Begriffe der Qualitätssicherung und Statistik. Beuth Verlag, Berlin, 1992.
[6.10] Deutsches Institut für Normung: DIN EN ISO 8402 Qualitätsmanagement und Qualitätssicherung. Beuth Verlag, Berlin, 1995.
[6.11] Ehrlenspiel, K.; Kiewert, A.; Lindemann, U.: Kostengünstig Entwickeln und Konstruieren. Springer, Berlin Heidelberg New York, 5. Auflage, 2013.
[6.12] Eichler, Christian: Instandhaltungstechnik. Verlag Technik, Stuttgart, 1990.
[6.13] Gerhard, Edmund: Kostenbewusstes Entwickeln und Konstruieren. Expert Verlag, Renningen-Malmsheim, 1994.
[6.14] van der Mooren, Aart L.: Instandhaltungsgerechtes Konstruieren und Projektieren. Springer, Berlin Heidelberg New York, 1991.
[6.15] Schmidt, L.: Einkommenssteuergesetz. Beck'sche Verlagsbuchhandlung, München, 1996.
[6.16] Schnegas, H.: Kosten- und zuverlässigkeitsbasierteAuslegungsmodelle maschinenbaulicher Produkte, Shaker Verlag, Aachen, 2002.
[6.17] Verein Deutscher Ingenieure: VDI 2225 Blatt 2 – Technisch-wirtschaftliches Konstruieren. VDI, Düsseldorf, 1998.
[6.18] Verein Deutscher Ingenieure: VDI 2247 – Qualitätsmanagement in der Produktentwicklung. VDI, Düsseldorf, 1994 (zurückgezogen 2012).

7 Sicherheit – Lebensdauer – Zuverlässigkeit Anwendungsfälle und Beispiele

Beispiel 1   Sicherheit gegen Streck- und Fließgrenzenüberschreitung, Einfluss der Vergleichsspannungshypothesen

Beispiel 2   Sicherheitsnachweis bei Schwingbeanspruchung für Dauer- Schwingfestigkeit (Nennspannungskonzept); Abschätzung der Ausfallwahrscheinlichkeit

Beispiel 3   Lebensdauernachweis und Sicherheit im Kurzlebigkeitsbereich (Zeitfestigkeit) bei einem Beanspruchungshorizont.

Beispiel 4   Lebensdauerberechnung mittels linearer Schadensakkumulationshypothesen bei Ermüdung (Kollektivbelastung)

Beispiel 5   Auswertung von Ermüdungsversuchen (Gauß/Weibull) Generieren eines Wöhlerdiagramms Lebensdauer und Zuverlässigkeitsberechnung

Beispiel 6   Bestimmung von Verteilungsparametern (Weibull) aus einem Wöhlerlinienfeld. Generieren einer Wöhlerliniengleichung. Lebensdauer und Zuverlässigkeitsberechnung unter Kollektivbelastung.

Beispiel 7   Auswertung von Verschleißgrößen

Beispiel 8   Systemzuverlässigkeit einer Zweikreisbremse

Beispiel 9   Wälzlager mit erhöhter Einzelzuverlässigkeit. Systemzuverlässigkeit für 4 Lager.

Beispiel 10   Aktuelle Zuverlässigkeit am Beispiel eines Zahnrades mit Evolvente

Beispiel 11   Zuverlässigkeit und ökonomische Nutzungsdauer

Beispiel 1: Sicherheit gegen Streck- und Fließgrenzenüberschreitung, Einfluss der Vergleichsspannungshypothesen

Aufgabe: Eine Dehnschraube wird beim Anziehen durch Zug und Torsion beansprucht. Die im Dehnschaft vorhandenen Spannungen werden zu $\sigma_z = 120$ N/mm² und $\tau_t = 50$ N/mm² bestimmt. Die Schraube ist aus E 335 gefertigt. Wie groß ist die Sicherheit gegen Streck- bzw. Fließgrenzenüberschreitung?

Lösung: Aus Tafel II.2 des Anhangs Kap. 2 sind die Festigkeitswerte $\sigma_B = 600$ N/mm²; $\sigma_S = 340$ N/mm²; $\tau_F = 220$ N/mm² abzulesen.

1. Sicherheit nach der Gestaltänderungshypothese Gl. (2.33)

$$\sigma_{Vvorh.} = \sqrt{\sigma_x^2 + 3\tau_{xy}^2}, \quad \alpha = \sqrt{3} = 1,73$$

Mit $\sigma_x = \sigma_z = 120$ N/mm² und $\tau_{xy} = \tau_t = 50$ N/mm² folgt

$$\sigma_{Vvorh.} = \sqrt{120^2 + 3 \cdot 50^2}$$

$$\underline{\sigma_{Vvorh.} = 147,98 \, N/mm^2}$$

$$S_{Fvorh.} = \frac{\sigma_S}{\sigma_{Vvorh.}} = \frac{340}{147,98}$$

$$\underline{\underline{S_{Fvorh.} = 2,29}}$$

2. Sicherheit nach der Bach'schen Hypothese Gl. (2.34) mit Gl. (2.39)

$$\alpha = \frac{\sigma_S}{\tau_F} = \frac{340}{220} = 1,545$$

$$\sigma_{Vvorh.} = \sqrt{120^2 + 1,545^2 \cdot 50^2}$$

$$\underline{\sigma_{Vvorh.} = 142,7 \, N/mm^2}$$

$$S_{Fvorh.} = \frac{\sigma_S}{\sigma_{Vvorh.}} = \frac{340}{142,7}$$

$$\underline{\underline{S_{Fvorh.} = 2,38}}$$

3. Sicherheit aus Teilsicherheiten Gl. (2.51)

$$\frac{1}{S^2} = \frac{1}{S_\sigma^2} + \frac{1}{S_\tau^2}$$

$$S_\sigma = \frac{\sigma_S}{\sigma_z} = \frac{340}{120} = \underline{2,83}$$

$$S_\tau = \frac{\tau_F}{\tau_t} = \frac{220}{50} = \underline{4,40}$$

$$\frac{1}{S^2} = \frac{1}{2,83^2} + \frac{1}{4,40^2} = 0,1765$$

$$\underline{\underline{S_{Fvorh.} = 2,38}}$$

Während der Unterschied der Ergebnisse für 2. und 3. nur auf Rundungsfehlern beruht, ist die Differenz zu 1. im unterschiedlichen α begründet.

Beispiel 2: Sicherheitsnachweis bei Schwingbeanspruchung für Dauer-Schwingfestigkeit (Nennspannungskonzept); Abschätzung der Ausfallwahrscheinlichkeit

Aufgabe: Ein Wellenabsatz wurde mit den geometrischen Daten d = 56 mm, D = 65 mm, Kerbradius r = 1 mm mit $R_z = 10$ µm gestaltet.
Die Belastungen betragen $M_t = 1000 \pm 900$ Nm und $M_b = \pm 600$ Nm. Als Werkstoff wurde E 295 gewählt, die Sicherheit soll $S \geq 1,2$ sein.

Lösung: *Bestimmung der Beanspruchungen (Nennspannungen):*
Widerstandsmomente für den kleineren Durchmesser d:

$$W_b = \frac{\pi \cdot 56^3}{32} = 17241 \; mm^3 \quad W_t = \frac{\pi \cdot 56^3}{16} = 34482 \; mm^3$$

Beanspruchungen:

$$\sigma_{bm} = 0 \quad \sigma_{ba} = \frac{600 \cdot 10^3}{16330} = 34,8 \; \frac{N}{mm^2}$$

$$\tau_{tm} = \frac{1000 \cdot 10^3}{34482} = 29 \ \frac{N}{mm^2} \quad \tau_{ta} = \frac{900 \cdot 10^3}{34482} = 26{,}1 \ \frac{N}{mm^2}$$

Bestimmung der Beanspruchbarkeiten für den Wellenabsatz (gekerbtes Bauteil)
Zur Reduktion der Ausschlagfestigkeiten ergeben sich mit
d/D = 0,861 und r/t = 0,22 mit t = 4,5
aus Tafel II.4.2 für die Formzahlen α_{kb} = 2,7 und α_{kt} = 1,8
aus Tafel II.4.8 für den Gesamteinfluss k = 0,72 · 0,95 = 0,68
und für Rz = 10 µm für den Oberflächeneinfluss O_F = 0,94.
Aus den Tafeln II.4.6 und II.4.7 und (Gl. 2.19) folgt für die Kerbwirkungszahlen
β_{Kb} = 2,7 und β_{Kt} = 1,8 und damit für die Reduktionsfaktoren nach (Gl. 2.20)

$$\gamma_{kb} = \frac{2{,}7}{0{,}94 \cdot 0{,}68} = 4{,}22 \quad \text{und} \quad \gamma_{kt} = \frac{1{,}8}{0{,}94 \cdot 0{,}68} = 2{,}81.$$

Aus dem Smith-Diagramm (Tafel II.3.2) werden die zum Versagen
führenden Spannungen abgelesen für

$$\sigma_{bm} = 0 \quad \text{die Ausschlagspannung} \quad \sigma_{bA} = \sigma_{bW} = 240 \ N/mm^2$$

und für

$$\tau_{tm} = 29 \ N/mm^2 \quad \text{der Wert} \quad \tau_{tA} = 145 \ N/mm^2.$$

Für die reduzierten Spannungen ergibt sich

$$\sigma_{bAK} = \frac{\sigma_{bA}}{\sigma_{kb}} = \frac{240}{4{,}22} = 56{,}87 \ N/mm^2$$

$$\tau_{tAK} = \frac{\tau_{tA}}{\gamma_{kt}} = \frac{145}{2{,}81} = 51{,}6 \ N/mm^2.$$

Wählen wir den Überlastfall I, so ergeben sich die Teilsicherheiten zu

$$S_b = \frac{\sigma_{bAK}}{\sigma_{ba}} = \frac{56{,}87}{34{,}8} = 1{,}63 \quad \text{und} \quad S_\tau = \frac{\tau_{tAK}}{\tau_{ta}} = \frac{51{,}6}{26{,}1} = 1{,}97.$$

Die Gesamtsicherheit errechnet sich nach Gl. (2.51) zu

$$\frac{1}{S_{ges.}} = \sqrt{\frac{1}{1{,}63^2} + \frac{1}{1{,}97^2}} \quad \underline{\underline{S_{ges.} = 1{,}25 > 1{,}2.}}$$

Nach Abschn. 5.4 und 5.5 kann auch die Zuverlässigkeit/Ausfallwahrscheinlichkeit abgeschätzt werden.

7.3 Beispiel 3: Lebensdauernachweis und Sicherheit im Kurzlebigkeitsbereich...

Setzen wir voraus, dass die Modellvorstellung auch für die zusammengesetzte Beanspruchung gilt, so kann nach

(Gl. 5.31) $R_{akt.} = e^{-\left[\alpha' \cdot \left(\frac{1}{S_{ges.}}\right)^a\right]^\beta}$ bzw. (Gl. 5.18) $R_{akt.} = R_N^{\left(\frac{1}{S_{ges.}}\right)^{a \cdot \beta}}$ mit der berechneten Gesamtsicherheit die aktuelle Zuverlässigkeit ermittelt werden.

Sind die statistischen Verteilungsparameter und auch der Wöhlerexponent nicht gegeben, kann mit Tafel III.2.4 eine „Synthetische Wöhlerlinie" erzeugt werden.

Mit $a=6$ und $T_x=4$ als gemittelte Werte für eine Normalkerbe (Wellenabsatz mit Radius) nach Tafel III.2.4 ergeben sich mit Hilfe von Tafel III.1.4.2 für einen Normpunkt $R_N=0{,}9$ und $x_N=1$

$$ß = 2{,}22 \quad \text{und} \quad \alpha' = 0{,}362$$

und damit

$$R_{akt.} = e^{-\left[0{,}362\left(\frac{1}{1{,}25}\right)^6\right]^{2{,}22}} \quad \text{alternativ} \quad R_{akt.} = 0{,}9^{\left(\frac{1}{1{,}25}\right)^{6 \cdot 2{,}22}} \quad R_{akt.} = 0{,}994.$$

Für die Ausfallwahrscheinlichkeit folgt

$$F_{akt.} = 1 - R_{akt.} = 1 - 0{,}994 \quad F_{akt.} = 0.006 \,\hat{=}\, 0{,}6\ \%.$$

Insbesondere im relativen Vergleich ist diese Ausfallwahrscheinlichkeit wesentlich aussagekräftiger als die Sicherheit.

Das Bauteil würde damit den Anforderungen der Klasse W2 genügen (vgl. Abschn. 5.8, Tab. 5.2)

Beispiel 3: Lebensdauernachweis und Sicherheit im Kurzlebigkeitsbereich (Zeitfestigkeit) bei einem Beanspruchungshorizont

Aufgabe: Für ein nachweispflichtiges Hebezeug wird u.a. für ein Gelenkauge zur Krafteinleitung in einen Hydraulikzylinder eine Mindestlebensdauer von $N_{erf.} = 10^5$ LW und eine Sicherheit von $S_B=2{,}5$ bei einer Belastung von $F_{erf.} = 5$ kN gefordert. Die Forderung ist insofern berechtigt, da es sich um ein doppelschnittiges Auge einer Aluminiumkonstruktion mit wenig ausgeprägten Dauerschwingfestigkeiten handelt und der Hydraulikzylinder für den Anschluss an Stahllaschen ausgelegt ist. Zusätzlich ist die Frage nach der aktuellen Zuverlässigkeit gestellt.

Lösung: Wegen der komplexen Form entschließt sich der Hersteller zu Pulsatorversuchen für das Auge und die Umgebung.

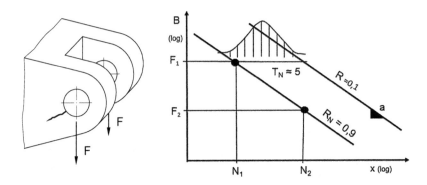

Es werden zutreffende Horizonte mit Überlastung gefahren mit $F_1 = 20$ kN und $F_2 = 12$ kN. Viele Anrisse liegen im gleichen Bereich (s. Skizze), wobei der Prüfkörper jeweils nur an einem Auge belastet wurde, da sich damit die Anzahl auf die Hälfte reduziert.

Die Auswertung ergab für $R_N = 0,9$
die Lastwechselzahlen
$N_1 = 0,66 \cdot 10^4$ und $N_2 = 1,4 \cdot 10^5$ LW
mit einer Streubreite von $T_x = T_N \approx 5$.
Damit folgt der Wöhlerexponent nach Gl. (3.58) zu

$$a = \frac{\log N_1 - \log N_2}{\log F2 - \log F_1} = 5,98 \cong 6,0$$

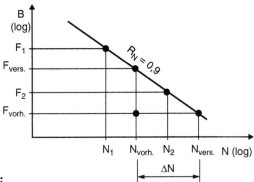

Ermittlung der erreichbaren Sicherheit S_B:

Mit (Gl. 5.02) Abschn. 5.2 berechnen wir für die geforderte Lebensdauer $N_{erf.} = 10^5$ LW die Belastung $F_{vers.}$ die mit $R_N = 0,9$ zum Ausfall führen würde. (Gl. 5.02 mit $R_i = R_N$)

$$F_{vers.} = \sqrt[a]{\frac{N_1}{N_{vorh.}}} \cdot F_1 = \sqrt[6]{\frac{0,66 \cdot 10^4}{10^5}} \cdot 20 \; kN = 12,71 \; kN$$

7.3 Beispiel 3: Lebensdauernachweis und Sicherheit im Kurzlebigkeitsbereich... 205

Mit (Gl. 2.3) Kap. 2 folgt die **Sicherheit S_B**

$$S_B = \frac{F_{vers.}}{F_{vorh.}} = \frac{12{,}71 \; kN}{5 \; kN} = \underline{2{,}54} \qquad S_B > S_{Berf.}$$

Mit (Gl. 4.9) Abschn. 4.1 bestimmen wir die **erreichbare Lebensdauer $N_{vers.}$** bei der ein Ausfall mit $R_N = 0{,}9$ eintritt.

$$N_{vers.} = \left(\frac{F_1}{F_{vorh.}}\right)^6 \cdot N_1 = \left(\frac{20 \; kN}{5 \; kN}\right)^6 \cdot 0{,}66 \cdot 10^4 \, LW$$

$$N_{vers.} = 27033600 \; LW \approx \underline{27 \cdot 10^6 \, LW} > N_{vorh.}$$

Mit Hilfe der klassischen Nachweismethoden konnten die geforderte Sicherheit und Lebensdauer aber auch Belastungs- und Lebensdauerreserven nachgewiesen werden.

Zusatzfrage: Welche Lebensdauer $N_{vorh.}$ könnte erreicht werden, wenn genau eine Sicherheit von $S_B = 2{,}5$ eingehalten werden soll ?

Folgt aus $F_{erf.} = F_{vorh.} = 5$ kN und $S_B = 2{,}5$ die zum Versagen führende Belastung $F_{vers.} = S_B \cdot F_{erf.} = 2{,}5 \cdot 5$ kN $= 12{,}5$ kN und mit $(N_1; F_1)$ (oder ebenso aus $N_2; F_2$)
$N_{vorh.} = N_1 \, (F_1/F_{vers.})^a = 0{,}66 \cdot 10^4 \, (20/12{,}5)^6 = \underline{1{,}11 \cdot 10^5 \; LW}$.

Aktuelle Zuverlässigkeit R_{akt}

Weitere Informationen bzgl. Zuverlässigkeit (vgl. Kap. 5) und Ausfallwahrscheinlichkeit können relativ einfach gewonnen werden, um z. B. Aussagen zur Systemzuverlässigkeit oder Instandhaltung zu gewinnen. Als Zwischenergebnis ergibt sich die Sicherheit in Lebensdauer bzw. Lastwechseln aus

$$S_x = \frac{N_{vers.}}{N_{vorh..}} \quad \text{mit} \quad N_{vers.} = N_1 \left(\frac{F_1}{F_{vorh.}}\right)^a = 0{,}66 \cdot 10^4 \left(\frac{20}{5}\right)^6$$

$$\underline{N_{vers.} \approx 27 \cdot 10^6 \; LW} \quad \text{und mit (Gl. 5.6) damit} \quad S_x = \frac{27 \cdot 10^6}{10^5} = \underline{270}$$

Lebensdauerreserve ΔN mit (Gl. 5.8) $\Delta N = N_{vers.} - N_{vorh.} \approx 26{,}9 \cdot 10^6 \, LW$.

Ermittlung statistischer Parameter für die Weibullverteilung

Mit einer aus den Versuchswerten $x_{0,9} \ldots x_{0,1}$ ermittelten Streubreite von $T_N \cong 5$ folgt mit Hilfe von Tafel III.1.4.2

$$\beta \approx \frac{3{,}084}{\ln T_x} = \frac{3{,}084}{\ln 5} = 1{,}916 \approx 1{,}92 \quad \text{und für} \quad R_N = 0{,}9 \quad \text{und} \quad x_N = 1$$

$$\alpha' \approx \sqrt[\beta]{0{,}1053} \cdot x_N = \sqrt[1{,}92]{0{,}1053} \approx 0{,}31.$$

Damit lässt sich auf unterschiedlichem Weg die aktuelle Zuverlässigkeit $R_{akt.}$ berechnen:

(nach Gl. 5.18)	(nach Gl. 5.21)	(nach Gl. 5.31)	(nach Gl. 5.32)
$R_{akt} = R_N^{\left(\frac{1}{S_B}\right)^{a \cdot \beta}}$	$R_{akt} = R_N^{\left(\frac{1}{S_x}\right)^{\beta}}$	$R_{akt.} = e^{-\left(\alpha' \left(\frac{1}{S_B}\right)^a\right)^{\beta}}$	$R_{akt.} = e^{-\left(\alpha' \left(\frac{1}{S_x}\right)\right)^{\beta}}$

$$R_{akt.} = 0{,}99999$$

Damit genügt das Bauteil den Ansprüchen der Klasse W1 (s. Abschn. 5.8).

Beispiel 4: Lebensdauerberechnung mittels linearer Schadensakkumulationshypothesen bei Ermüdung (Kollektivbelastung)

Aufgabe: Für ein gekerbtes Bauteil liegt ein Wöhlerdiagramm mit $N_G = 10^6$ LW, $\sigma_D = \sigma_{zdw} = 420$ N/mm² und a = 5 vor. Im „Feldeinsatz" wurden in einem Beobachtungszeitraum $\Sigma n^*_i = 2500$ Lastspitzen gezählt. Die Klassierung der Beanspruchungen ergab die in der Tabelle aufgelistete Kollektivverteilung. Das Bauteil wurde unter Verwendung des Werkstoffes 20MnCr5 mit $\sigma_B = 1000$ N/mm² und $\sigma_{zdw} = 420$ N/mm² so ausgelegt, dass die Kerbbeanspruchung in der höchsten Kollektiv-Klasse $\sigma_1 = 680$ N/mm² beträgt. Das Bauteil soll mindestens $N_{erf.} \geq 8 \cdot 10^6 LW$ ertragen, was nachzuweisen ist.

A: Der Nachweis ist mit den üblichen linearen Schadensakkumulationshypothesen für Miner, Corten/Dolan und Haibach zu führen.

B: Die Lebensdauer ist mit dem Äquivalenzfaktor eines Vergleichskollektivs zu bestimmen.

Klasse	1	2	3	4	5	6	7	8	9
σ_i N/mm²	680	600	520	440	364	280	200	120	40
σ_i/σ_1	1	0,882	0,765	0,647	0,535	0,411	0,294	0,176	0,059
n_i^*	1	4	15	50	130	260	490	750	800

Lösung A

Es wird eine Tabellenrechnung mit Anwendung von Gleichung (4.19) bzw. (4.20) durchgeführt.

$$N = \frac{\sum n_i^*}{\sum \frac{n_i^*}{N_i}} \quad \text{mit} \quad N_i = N_G \cdot \left(\frac{\sigma_D}{\sigma_i}\right)^{a,b}$$

7.4 Beispiel 4: Lebensdauerberechnung mittels linearer Schadensakkumula...

Für die Hypothesen gilt
Miner $a = 5;\ b \to \infty$
Corten/Dolan $a = b = 5$
Haibach $a = 5;\ b = 2a - 1 = 9$.

Die Rechnung nach dem Rechenschema ergibt nach
Miner $N_M = 17{,}7 \cdot 10^6\ \text{LW}$
Haibach $N_H = 13{,}5 \cdot 10^6\ \text{LW}$
Corten/Dolan $N_{CD} = 9{,}9 \cdot 10^6\ \text{LW}$.

Auswerteschema zur Lebensdauerberechnung Beispiel 4

Klasse	1	2	3	4	5	6	7	8	9		
σ_i/σ_1	1	0,882	0,765	0,647	0,535	0,411	0,294	0,176	0,059		
n_i^*	1	4	15	50	130	260	490	750	800	$\Sigma n_i^* = 2500$	
$\sigma_i\ \text{N/mm}^2$	680	600	520	440	364	280	200	120	40		
N_i (Miner)	0,0899	0,1681	0,3437	0,7924	8	8	8	8	8	$\cdot 10^6$	$a = 5;\ b \to \infty$
N_i (Haibach)	0,0899	0,1681	0,3437	0,7924	3.625	38.44	794.3	0,0788	1500	$\cdot 10^6$	$a = 5;\ b = 9$
N_i (C/D)	0,0899	0,1681	0,3437	0,7924	2.045	7.594	40.84	525.2	0,127	$\cdot 10^6$	$a = b = 5$
n_i^*/N_i {M}	11.12	23.79	43.64	63.09	0	0	0	0	0	$\cdot 10^{-6}$	$\Sigma n_i^*/N_i = 141{,}6 \cdot 10^{-6}$
n_i^*/N_i {H}	11.12	23.79	43.64	63.09	35.86	6.76	0.61	0.09	0.00..	$\cdot 10^{-6}$	$\Sigma n_i^*/N_i = 185{,}0 \cdot 10^{-6}$
n_i^*/N_i {C/D}	11.12	23.79	43.64	63.09	63.56	34.24	12	1.43	0.00..	$\cdot 10^{-6}$	$\Sigma n_i^*/N_i = 252{,}8 \cdot 10^{-6}$
Ergebnis	nach Miner:	$N\{M\} = 2500 / 141{,}6 \cdot 10^{-6} = 17{,}7 \cdot 10^6\ \text{LW}$									
	nach Haibach:	$N\{H\} = 2500 / 185{,}0 \cdot 10^{-6} = 13{,}5 \cdot 10^6\ \text{LW}$									
	nach Corten/Dolan:	$N\{C/D\} = 2500 / 252{,}8 \cdot 10^{-6} = 9{,}9 \cdot 10^6\ \text{LW}$									

Die Forderung $N_{erf.} \geq 8 \cdot 10^6\ \text{LW}$ kann als erfüllt angesehen werden, da die C/D-Hypothese stets die ungünstigsten Werte liefert. Wegen der Unterdrückung des Langlebigkeitseinflusses ist sie für allgemeine Vergleiche jedoch geeignet. Sie ist auch die Basis für die Ableitung der Äquivalenzfaktoren, mit denen eine sehr einfache Lebensdauerrechnung möglich ist.

Lösung B

Die Rechnung kann vereinfacht werden, wenn für das Kollektiv ein „typisches Beanspruchungskollektiv" nach Tafel IV.4 zutrifft. Das „Beobachtungskollektiv" mit $\Sigma n_i^* = 2500\ \text{LW}$ muss dazu auf $\Sigma n_i = 10^6\ \text{LW}$ transformiert werden. Der Transformationsfaktor α beträgt $\alpha = 10^6/2500 = 400$.

i	1	2	3	4	5	6	7	8	9	
n_i^*	1	4	15	50	130	260	490	750	800	$\Sigma = 2500$
n_i	400	1600	6000	$2 \cdot 10^4$	$5{,}2 \cdot 10^4$	$1{,}04 \cdot 10^5$	$1{,}96 \cdot 10^5$	$3{,}0 \cdot 10^5$	$3{,}2 \cdot 10^5$	
Σn_i	400	2000	8000	$2{,}8 \cdot 10^4$	$8{,}0 \cdot 10^4$	$1{,}84 \cdot 10^5$	$3{,}80 \cdot 10^5$	$6{,}8 \cdot 10^5$	10^6	

Die Auftragung ergibt (zum Vergleich mit Tafel IV.4.1 am besten auf Transparentpapier) eine gute Übereinstimmung mit dem Kollektiv 5, das für a = 5 nach Interpolation den Äquivalenzfaktor

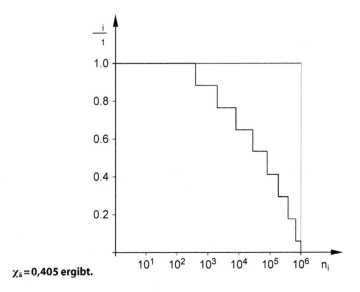

$\chi_{\text{ä}} = 0{,}405$ **ergibt.**

Aus der Definition des Äquivalenzfaktors nach Gl. (4.41) folgt

$$\sigma_{\text{ä}} = \chi_{\text{ä}} \cdot \sigma_1 \quad \text{d.h. es gilt}$$

$$\sigma_{\text{ä}} = 0{,}405 \cdot 680 \ N/mm^2.$$

Die Lebensdauer kann nun z. B. mit dem Dauerfestigkeitspunkt $(\sigma_D; N_G)$ aus

$$N = N_G \cdot \left(\frac{\sigma_D}{\sigma_{\text{ä}}}\right)^a \qquad \sigma_{\text{ä}} = 275{,}4 \ N/mm^2 \qquad N = 10^6 \cdot \left(\frac{420}{275{,}4}\right)^5 \qquad N = 8{,}25 \cdot 10^6 \ LW$$

berechnet werden. Die Differenz zu $NL\{C/D\} = 9{,}9 \cdot 10^6$ LW erklärt sich mit der nicht vollständigen Übereinstimmung mit dem Vergleichskollektiv.

Die Äquivalenzspannung $\sigma_{\text{ä}} = \sigma_{\text{vorh. ä}}$ kann benutzt werden, um eine „Sicherheit gegen Dauerschwingbruch" zu berechnen:

$$S_D = \frac{\sigma_{vers.}}{\sigma_{vorh.}} = \frac{\sigma_{zdw}}{\sigma_{\text{ä}}}$$

$$S_D = \frac{420}{275{,}4} = 1{,}53.$$

7.5 Beispiel 5: Auswertung von Ermüdungsversuchen (Gauß / Weibull)... 209

Die Sicherheit gegen Überschreiten der Bruchgrenze ergibt mit der maximalen Beanspruchung des Kollektivs in der Klasse 1

$$S_B = \frac{\sigma_B}{\sigma_1} = \frac{1000}{680} = \underline{1,47}.$$

Eine Sicherheit gegenüber dem Auslegungspunkt $N_{erf.}$ besteht mit

$$S_N = \frac{N_{CD}}{N_{erf}} = \frac{9,9 \cdot 10^6}{8 \cdot 10^6} = \underline{1,23}$$

Die Lebensdauerreserve ΔN für die Hypothese nach Corten/Dolan beträgt

$$\Delta N = N_{CD} - N_{erf.} = \underline{1,9 \cdot 10^6} \text{ LW}.$$

Beispiel 5: Auswertung von Ermüdungsversuchen (Gauß / Weibull) Generieren eines Wöhlerdiagramms Lebensdauer und Zuverlässigkeitsberechnung

Aufgaben: Für ein dimensioniertes Bauteil wurden in einem Wöhlerversuch die dargestellten Versuchsergebnisse gemäß nachfolgender Wertetabelle (Urliste) ermittelt:

Horizont 1		Horizont 2	
350 N/mm²		100 N/mm²	
Probe 1	61.305 LW	Probe 1	927.100 LW
Probe 2	42.150 LW	Probe 2	852.600 LW
Probe 3	26.430 LW	Probe 3	482.310 LW
Probe 4	35.300 LW	Probe 4	1.426.230 LW
Probe 5	81.570 LW	Probe 5	1.173.700 LW
Probe 6	66.230 LW	Probe 6	640.270 LW
Probe 7	47.075 LW	Probe 7	1.292.850 LW
Probe 8	72.840 LW	Probe 8	775.340 LW
Probe 9	52.100 LW	Probe 9	995.630 LW
Probe 10	56.210 LW	Probe 10	1.090.420 LW

A Bestimmen Sie die Verteilungsfunktionen R(x) für die Versuchshorizonte nach Gauß und Weibull.

B Zeichnen Sie auf der Basis der Weibull-Verteilung im doppellogarithmischen Papier das Wöhlerlinienfeld für R = 0,9, R = 0,5 und R = 0,1.

C Ermitteln Sie für den Wahrscheinlichkeitshorizont R = 0,9 die Berechungsformel zur Bestimmung der ertragbaren Lastwechselzahlen in Abhängigkeit von der Beanspruchung.

D Untersuchen Sie, ob das zu montierende Bauteil bei einer Beanspruchung von 200 N/mm² die Lebensdauer von 100.000 LW mit R = 0,95 erreicht.

E Welche Beanspruchung darf nicht überschritten werden, wenn 100.000 LW mit einer Wahrscheinlichkeit von R = 0,95 erreicht werden sollen?

F Welche aktuelle Zuverlässigkeit liegt bei 75.000 LW und einer Beanspruchung von 150 N/mm² vor?

A Bestimmen Sie die Verteilungsfunktionen R(x) für die Versuchshorizonte nach Gauß und Weibull

Sortieren der Zufallswerte in einer Wertetabelle (aufsteigende Ordnung).

Horizont 1 350 N/mm²				Horizont 2 100 N/mm²		
Rang i	Probe	LW		Rang i	Probe	LW
1	Probe 3	26.430	←MIN.	1	Probe 3	482.310
2	Probe 4	35.300		2	Probe 6	640.270
3	Probe 2	42.150		3	Probe 8	775.340
4	Probe 7	47.075		4	Probe 2	852.600
5	Probe 9	52.100		5	Probe 1	927.100
6	Probe 10	56.210		6	Probe 9	995.630
7	Probe 1	61.305		7	Probe 10	1.090.420
8	Probe 6	66.230		8	Probe 5	1.173.700
9	Probe 8	72.840		9	Probe 7	1.292.850
10	Probe 5	81.570	MAX→	10	Probe 4	1.426.230

Bestimmung der Parameter $\bar{x}$ und s für die Gauß-Verteilung mit dem Wahrscheinlichkeitspapier (s. Abschn. 3.2.3)

- Schätzen der Ausfallwahrscheinlichkeiten $F(x) = \dfrac{3i-1}{3n+1}$ mit n = 10 und

  i = Rang 1 bis 10 → Eintrag der Wertepaare in das Wahrscheinlichkeitspapier

Rang i	Horizont 1 (350 N/mm²) x [LW]	Horizont 2 (100 N/mm²) x [LW]	F(x)
1	26.430	482.310	0,0645
2	35.300	640.270	0,1613
3	42.150	775.340	0,2581
4	47.075	852.600	0,3548
5	52.100	927.100	0,4516
6	56.210	995.630	0,5484
7	61.305	1.090.420	0,6452
8	66.230	1.173.700	0,7419
9	72.840	1.292.850	0,8387
10	81.570	1.426.230	0,9355

7.5 Beispiel 5: Auswertung von Ermüdungsversuchen (Gauß / Weibull)…

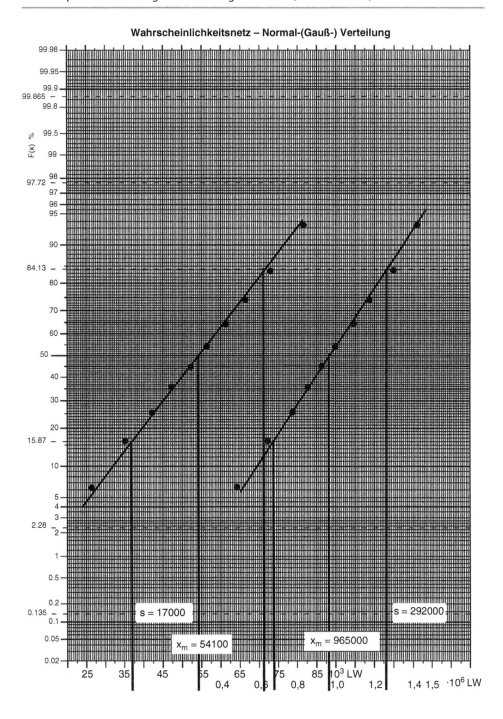

Horizont 1 - mit $\bar{x}$ = 54.100 LW und s = 17.000 LW

$$R(x) = \frac{1}{17000\sqrt{2\pi}} \int_{x}^{+\infty} e^{-\frac{(x-54100)^2}{2\cdot 17000^2}} dx$$

Horizont 2 - mit $\bar{x}$ = 965.000 LW und s = 292.000 LW

$$R(x) = \frac{1}{292000\sqrt{2\pi}} \int_{x}^{+\infty} e^{-\frac{(x-965000)^2}{2\cdot 292000^2}} dx$$

Alternative Parameterbestimmung (s. Abschn. 3.1)

$$\bar{x} = \frac{1}{n}\sum_{i=1}^{n} x_i = \frac{1}{10}\sum_{i=1}^{10} x_i \quad \text{und} \quad s = \sqrt{s^2} \quad \text{mit} \quad s^2 = \frac{1}{n-1}\sum_{i=1}^{n}(x_i - \bar{x})^2 = \frac{1}{9}\sum_{i=1}^{10}(x_i - \bar{x})^2$$

Horizont 1 - mit $\bar{x}$ = 54.121 LW und s = 17.077 LW
Horizont 2 - mit $\bar{x}$ = 965.645 LW und s = 292.293 LW

Bestimmung der Parameter T und β für die Weibull-Verteilung mit dem Wahrscheinlichkeitspapier (s. Abschn. 3.2.3).

– **Schätzen der Ausfallwahrscheinlichkeiten** $F(x) = \frac{i-0,3}{n+0,4}$ mit n = 10 und i = Rang 1 bis 10 → Eintrag der Wertepaare in das Wahrscheinlichkeitspapier

Rang i	Horizont 1 (350 N/mm²) x [LW]	Horizont 2 (100 N/mm²) x [LW]	F(x)
1	26.430	482.310	0,0673
2	35.300	640.270	0,1635
3	42.150	775.340	0,2596
4	47.075	852.600	0,3558
5	52.100	927.100	0,4519
6	56.210	995.630	0,5481
7	61.305	1.090.420	0,6442
8	66.230	1.173.700	0,7404
9	72.840	1.292.850	0,8365
10	81.570	1.426.230	0,9327

7.5 Beispiel 5: Auswertung von Ermüdungsversuchen (Gauß / Weibull)...

Horizont 1 - mit T = 60.500 LW und ß = 3,22

$$R(x) = e^{-\left(\frac{x}{60500}\right)^{3,22}}$$

Horizont 2 – mit T = 1.080.000 LW und ß = 3,34

$$R(x) = e^{-\left(\frac{x}{1080000}\right)^{3,34}}$$

Alternative Parameterbestimmung mittels Regressionsanalyse (EXCEL) (s. Abschn. 3.2.3 ab Gl. 3.29)

Horizont 1

i	x	F(x) Weibull	ln x	ln(-ln(1-F(x)))	ln x - (ln x)m	(ln x - (ln x)m)^2	(ln x - x)(ln(-ln...)-y)	F(x) Gauss
1	26430	0,0673	10,18226	-2,66384	-0,66673	0,44453	1,42730	0,0645
2	35300	0,1635	10,47164	-1,72326	-0,37735	0,14239	0,45288	0,1613
3	42150	0,2596	10,64899	-1,20202	-0,20000	0,04000	0,13578	0,2581
4	47075	0,3558	10,75950	-0,82167	-0,08949	0,00801	0,02672	0,3548
5	52100	0,4519	10,86092	-0,50860	0,01193	0,00014	0,00017	0,4516
6	56210	0,5481	10,93685	-0,23037	0,08786	0,00772	0,02572	0,5484
7	61305	0,6442	11,02362	0,03292	0,17463	0,03049	0,09710	0,6452
8	66230	0,7404	11,10089	0,29903	0,25190	0,06345	0,20710	0,7419
9	72840	0,8365	11,19602	0,59398	0,34703	0,12043	0,38767	0,8387
10	81570	0,9327	11,30922	0,99269	0,46023	0,21181	0,69761	0,9355
xm = 54121	s = 17077		Σ ln x = 108,48989	Σ ln(-ln(...)) = -5,23113		Σ(ln x - (ln x)m)^2 0,85718	Σ (...) = 2,76043	
			(ln x)m = 10,84899	(ln(-ln(...)))m = -0,523113266		**ß = 3,22**		
bx = 3,22						**T = 60562**		
ax = -35,46091882								

Horizont 2

i	x	F(x) Weibull	ln x	ln(-ln(1-F(x)))	ln x - (ln x)m	(ln x - (ln x)m)^2	(ln x - x)(ln(-ln...)-y)	F(x) Gauss
1	482.310	0,0673	13,08634	-2,66384	-0,64813	0,42007	1,38746	0,0645
2	640.270	0,1635	13,36965	-1,72326	-0,36482	0,13310	0,43784	0,1613
3	775.340	0,2596	13,56106	-1,20202	-0,17341	0,03007	0,11773	0,2581
4	852.600	0,3558	13,65605	-0,82167	-0,07842	0,00615	0,02341	0,3548
5	927.100	0,4519	13,73982	-0,50860	0,00535	0,00003	0,00008	0,4516
6	995.630	0,5481	13,81113	-0,23037	0,07666	0,00588	0,02244	0,5484
7	1.090.420	0,6442	13,90207	0,03292	0,16760	0,02809	0,09319	0,6452
8	1.173.700	0,7404	13,97567	0,29903	0,24120	0,05818	0,19830	0,7419
9	1.292.850	0,8365	14,07236	0,59398	0,33789	0,11417	0,37745	0,8387
10	1.426.230	0,9327	14,17055	0,99269	0,43608	0,19016	0,66101	0,9355
xm = 965645	s = 292293		Σ ln x = 137,34469	Σ ln(-ln(...)) = -5,23113		Σ(ln x - (ln x)m)^2 0,79573	Σ (...) = 2,65792	
			(ln x)m = 13,73447	(ln(-ln(...)))m = -0,523113266		**ß = 3,34**		
bx = 3,34						**T = 1078497**		
ax = -46,39933864								

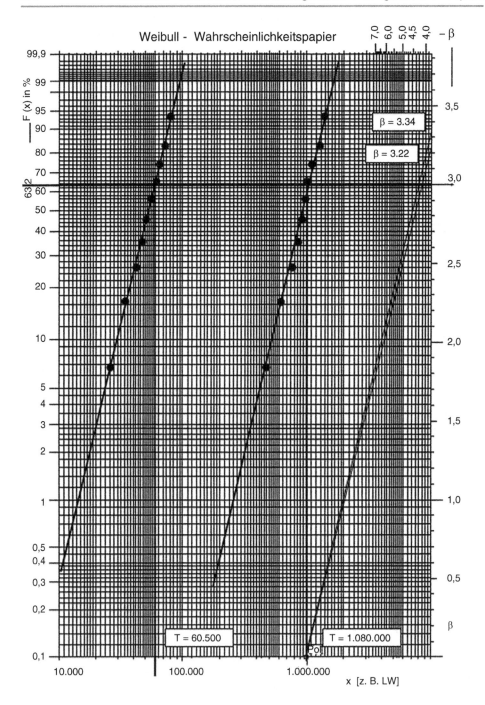

B Zeichnen Sie auf der Basis der Weibull-Verteilung im doppellogarithmischen Papier das Wöhlerlinienfeld für R = 0,9, R = 0,5 und R = 0,1

Berechnung der Lebensdauern für R = 0,9; R = 0,5 und R = 0,1 gemäß Abschn. 4.2.2

Horizont 1 - 350 N/mm² $\quad x = \sqrt[3,22]{-\ln(R)} \cdot 60.500$

Horizont 2 - 100 N/mm² $\quad x = \sqrt[3,34]{-\ln(R)} \cdot 1.080.000$

	Horizont 1	Horizont 2
	350 N/mm²	100 N/mm²
$x_{0,9}$ für R = 0,9	30.077 LW	550.570 LW
$x_{0,5}$ für R = 0,5	53.991 LW	967.758 LW
$x_{0,1}$ für R = 0,1	78.387 LW	1.386.346 LW
$x_{0,95}$ für R = 0,95	24.052 LW	443.827 LW

Alternativ wäre eine Berechnung der Lebensdauern mit Gauß nach Abschn. 4.2.1 möglich.

C Ermitteln Sie für den Wahrscheinlichkeitshorizont R = 0,9 die Berechnungsformel zur Bestimmung der ertragbaren Lastwechselzahlen in Abhängigkeit von der Beanspruchung

$$B_i^a \cdot x_i = 350^a \cdot 30.077 = 100^a \cdot 550.570$$

$$\left(\frac{100}{350}\right)^a = \left(\frac{30077}{550570}\right) \quad a = \frac{\log 30077 - \log 550570}{\log 100 - \log 350} = 2,32$$

$$x_i = \left(\frac{350}{B_i}\right)^{2,32} \cdot 30.077 \quad \text{oder} \quad x_i = \left(\frac{100}{B_i}\right)^{2,32} \cdot 550.570$$

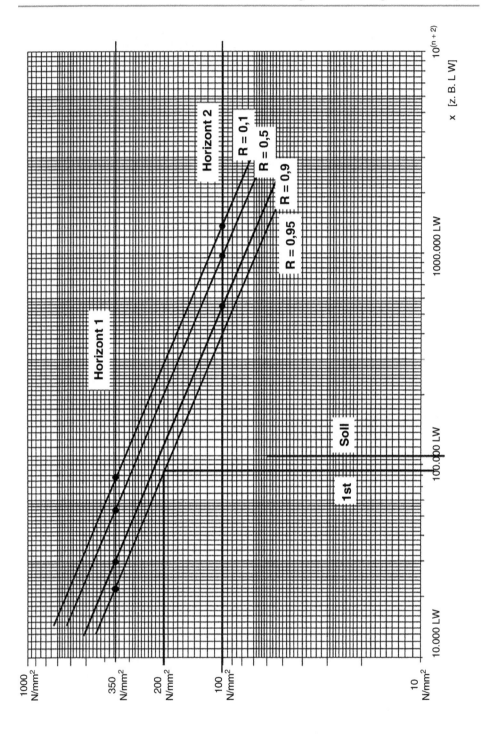

D Untersuchen Sie, ob das zu montierende Bauteil bei einer Beanspruchung von 200 N/mm² die Lebensdauer von 100.000 LW mit R = 0,95 erreicht

Nach Ermittlung von $x_{0,95}$ nach Teilaufgabe B:

$$x_{0,95} = \left(\frac{350}{200}\right)^{2,32} \cdot 24.052 = \underline{88.104 \ LW}$$

oder mit Gl. 4.51

$$x_{err.} = \left(\frac{B_N}{B_{vorh.}}\right)^a \cdot x_N \cdot \sqrt[\beta]{\frac{\ln R_{Ausl.}}{\ln R_N}}$$

$$x_{0,95} = \left(\frac{350}{200}\right)^{2,32} \cdot 30.077 \cdot \sqrt[3,22]{\frac{\ln 0,95}{\ln 0,9}} = \underline{88.104 \ LW}$$

Eine Lebensdauer von 100.000 LW bei einer Zuverlässigkeit von R = 0,95 wird <u>nicht</u> erreicht.

E Welche Beanspruchung darf nicht überschritten werden, wenn 100.000 LW mit einer Wahrscheinlichkeit von R = 0,95 erreicht werden sollen?

Aus Gl. 4.50 folgt $B_i = B_N \cdot \sqrt[a \cdot \beta]{\frac{-\ln R_i}{-\ln R_N}} \cdot \sqrt[a]{\frac{x_N}{x_i}}$ und damit

$$B_{grenz.} = 350 \frac{N}{mm^2} \cdot \sqrt[2,32 \cdot 3,22]{\frac{\ln 0,95}{\ln 0,9}} \cdot \sqrt[2,32]{\frac{30.077}{100.000}} = \underline{189,4 \ \frac{N}{mm^2}}$$

F Welche aktuelle Zuverlässigkeit liegt bei 75.000 LW und einer Beanspruchung von 150 N/mm² vor?

Die Lösung finden wir durch Verwendung von (Gl. 5.15) mit

$$R_{akt.}(75.000) = e^{-\left(\left(\frac{150}{350}\right)^{2,32} \cdot \frac{75.000}{60.500}\right)^{3,22}} = \underline{0,996}.$$

Beispiel 6: Bestimmung von Verteilungsparametern (Weibull) aus einem Wöhlerlinienfeld. Generieren einer Wöhlerliniengleichung. Lebensdauer und Zuverlässigkeitsberechnung unter Kollektivbelastung

Aufgabe: In einem Wöhlerversuch wurde auf 2 Horizonten an jeweils 100 Bolzen das Ausfallverhalten untersucht und statistisch ausgewertet. Als Ergebnis liegt ein Wöhlerdiagramm mit den klassischen Horizonten für R = 0,9, R = 0,5 und R = 0,1 vor. Die Verteilungsparameter wurden leider nicht notiert. Abgelesen werden können folgende Werte:

Horizont	R = 0,9	R = 0,5	R = 0,1
340 N/mm²	45.000 LW	68.000 LW	91.000 LW
160 N/mm²	219.000 LW	331.000 LW	443.000 LW

Bei der Beobachtung eines Baggers in einem repräsentativen Zeitraum von 3 Stunden wurden folgende Betriebszustände und zugehörigen Beanspruchungen am Bolzen analysiert:

Betriebszustand	Füllen	Heben	Schwenken
σ	300 N/mm²	270 N/mm²	85 N/mm²
xi (in 3 Stunden)	73	57	57

Aufgaben / Fragen:
Für den Bolzen der Schaufel eines Baggers ist die Lebensdauer in Betriebsstunden zu bestimmen, die mit einer Wahrscheinlichkeit von 95 % im Feldeinsatz erwartet werden kann. Die Abschätzung der Lebensdauer ist mit Hilfe der Schadensakkumulationshypothese nach Corten/Dolan durchzuführen.

A   Darstellung der Wöhlerlinien (R = 0,9, R = 0,5, R = 0,1).
B   Ermittlung vorliegender Verteilungsparameter T, ß nach Weibull.
C   Aufstellen der Wöhlerliniengleichung für $R_N = 0,95$.
D   Ermittlung der ertragbaren Lastwechselzahlen X_i für die Betriebszustände und Berechnung der im realen Feldeinsatz mit R_N zu erwartenden Betriebszeit.
E   Welche Betriebszeit ist bei einer Wahrscheinlichkeitsklasse W2 ($R_N \geq 99$ %) einzuhalten?

7.6 Beispiel 6: Bestimmung von Verteilungsparametern (Weibull)…

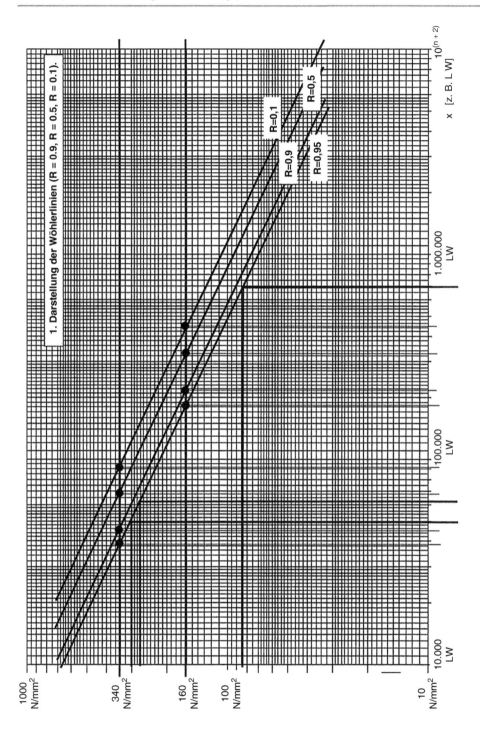

220 7 Sicherheit – Lebensdauer – Zuverlässigkeit Anwendungsfälle und Beispiele

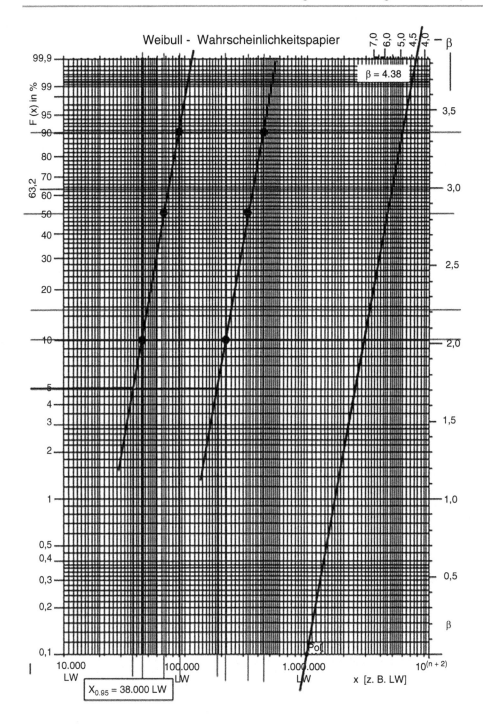

B Ermittlung vorliegender Verteilungsparameter T, ß nach Weibull

Zur Verfügung stehen 2 Horizonte. Mit Hilfe von Tafel III.1.4.2 sind T und ß auf unterschiedlichem Weg bestimmbar – z. B. mit dem Horizont 340 N/mm²:

$$T_x = \frac{x_{0,1}}{x_{0,9}} = \frac{91.000}{45.000} = 2,02 \quad \text{und} \quad \beta \approx \frac{3.084}{\ln T_x} \text{ oder } \frac{3.084}{\ln x_{0,1} - \ln x_n} = 4,38$$

$$T \approx \sqrt[\beta]{9.491} \cdot x_n = \sqrt[4,38]{9.491} \cdot 45.000 = 75.221 \; LW$$

Genutzt werden kann auch mit ausreichender Genauigkeit das Wahrscheinlichkeitspapier.

C Aufstellen der Wöhlerliniengleichung für $R_N = 0{,}95$

Bestimmung der Lebensdauern $x_{0,95}$ auf beiden Horizonten mit (Gl. 4.48)

Horizont 340 N/mm² $\quad x_i = \sqrt[4,38]{\dfrac{-\ln 0,95}{-\ln 0,9}} \cdot 45.000 \, LW = 38.180 \; LW$ und

Horizont 160 N/mm² $\quad x_i = \sqrt[4,38]{\dfrac{-\ln 0,95}{-\ln 0,9}} \cdot 219.000 \, LW = 185.810 \; LW$.

Bestimmung des Wöhlerlinienexponenten a z. B. mit

$$a = \frac{\log 45000 - \log 219000}{\log 160 - \log 340} = 2,1 \quad \text{oder} \quad a = \frac{\log 38180 - \log 185810}{\log 160 - \log 340} = 2,1$$

Aufstellen der Lebensdauergleichung für R = 0,95 nach (Gl. 4.9):

$$X_i = \left(\frac{B_N}{B_i}\right)^a \cdot X_N \qquad X_i = \left(\frac{340}{B_i}\right)^{2,1} \cdot 38180$$

Andere Normpunkte sind natürlich auch anwendbar.

D Ermittlung der ertragbaren Lastwechselzahlen X_i für die Betriebszustände und Berechnung der im realen Feldeinsatz mit $R_N = 0{,}95$ zu erwartenden Betriebszeit

Mit der aufgestellten Lebensdauergleichung für den Zuverlässigkeitshorizont
R = 0,95 werden die bei den einzelnen Belastungsstufen ertragbaren Lebensdauerwerte berechnet. Wir erhalten mit

$$X_i = \left(\frac{340}{B_i}\right)^{2,1} \cdot 38180$$

Betriebszustand	Füllen	Heben	Schwenken
σ	300 N/mm²	270 N/mm²	85 N/mm²
x_i (in 3 Stunden)	73	57	57
X_i	49.658 LW	61.955 LW	701.717 LW

Mit diesen Werten und Gl. 4.19 (denkbar wäre auch Gl. 4.20) werden die im realen Feldeinsatz ertragbaren Lastwechsel bei $R_N = 0{,}95$ berechnet und in Betriebsstunden umgerechnet.

$$X = \frac{\sum_{i=1}^{n} x_i}{\sum_{i=1}^{n} \frac{x_i}{X_i}} \rightarrow X = \frac{73+57+57}{\frac{73}{49658}+\frac{57}{61955}+\frac{57}{701717}} = \frac{187}{2{,}471 \cdot 10^{-3}} = 75668{,}45 \ LW$$

$$\frac{3\,Std.}{187} = \frac{x}{75668{,}45} \quad x = \frac{3\,Std. \cdot 75668{,}45}{187} = 1214 \ Std.$$

Ein Bolzen wird 1214 Stunden mit einer Wahrscheinlichkeit von 95 % ohne Ausfall erreichen und damit einer Risikoklasse W3 genügen.

E Welche Betriebszeit ist bei einer Wahrscheinlichkeitsklasse W2 ($R_N \geq 99$ %) einzuhalten?

Nach Anwendung von (Gl. 4.52) erhalten wir

$$x = \frac{\sum_{i=1}^{n} x_i}{\sum_{i=1}^{n} \frac{x_i}{X_N}\left(\frac{B_i}{B_N}\right)^a \cdot \sqrt[\beta]{\frac{-\ln R_N}{-\ln R_i}}}$$ und damit eine Lebensdauer von 55429 LW oder

889 Betriebsstunden bei $R = 0{,}99$.

Beispiel 7: Auswertung von Verschleißgrößen

Aufgabe: Bei einem Verschleißversuch (Pin-on-Desk-Test) mit einem Tribometer wurde auf einem Beanspruchungshorizont von $\tau_R = 1{,}5$ N/mm² bei $n = 20$ Probekörpern die Zeit t_V bis zum Erreichen der Verschleißhöhe $h_V = 3$ mm gemessen.

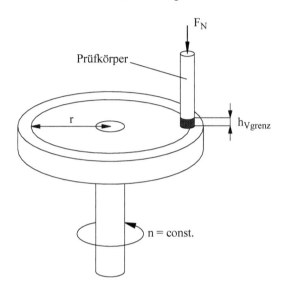

($n = $const. $= 500$ min^{-1}, $r = 100$ mm)

Rang i	Probekörper	t_V [s]		Rang i	Probekörper	t_V [s]
1	6	52	←MIN	11	11	235
2	17	98		12	2	253
3	12	125		13	13	260
4	4	137		14	7	271
5	18	170		15	16	275
6	14	195		16	9	292
7	1	200		17	20	298
8	19	205		18	3	310
9	5	218		19	15	341
10	10	220	MAX →	20	8	377

7 Sicherheit – Lebensdauer – Zuverlässigkeit Anwendungsfälle und Beispiele

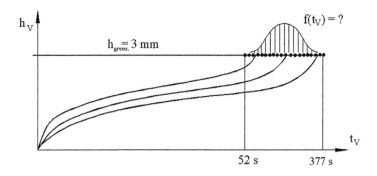

Die Verschleißhöhe $h_{grenz} = 3$ mm wird an 20 Pins nach 20 unterschiedlichen Zeitspannen t_V erreicht $t_{Vmin.} = 52$ s und $t_{Vmax} = 377$ s.

Aufgaben:

A   Aufstellen der Gauß- und Weibullgleichungen für die Zuverlässigkeit.
B   Wieviel Prozent einer ausgelieferten Menge wird nach $t_V = 180$ s die Grenzverschleißhöhe $h_{vgrenz} = 3$ mm erreichen?
C   Welche Zeit tv darf nicht überschritten werden, damit nur 5 % der ausgelieferten Produkte verschlissen sind?

Bestimmung der Parameter $\bar{x}$ und s für die Gauß-Verteilung mit Gl. 3.5, 3.6 und 3.7 nach Abschn. 3.1.

$$\bar{x} = \frac{1}{20}\sum_{i=1}^{20} x_i = 226,6 \ s \quad s^2 = \frac{1}{19}\sum_{i=1}^{20}(x_i - \bar{x})^2 = 6795 \ s^2 \quad s = \sqrt{s^2} = 82,43 \ s$$

oder mit dem Wahrscheinlichkeitspapier

$$F(t_V) = \frac{3i-1}{3n+1} \quad \text{mit } n = 20 \text{ und } i = \text{Rang 1 bis 20}$$

Rang i	t_V [s]	$F(t_V)$		Rang i	t_V [s]	$F(t_V)$
1	52	0,0328	←MIN	11	235	0,5245
2	98	0,0819		12	253	0,5737
3	125	0,1311		13	260	0,6229
4	137	0,1803		14	271	0,6721
5	170	0,2295		15	275	0,7213
6	195	0,2786		16	292	0,7705
7	200	0,3278		17	298	0,8196
8	205	0,3770		18	310	0,8688
9	218	0,4262		19	341	0,9180
10	220	0,4754	MAX→	20	377	0,9672

7.7 Auswertung von Verschleißgrößen

- Eintragen der Wertepaare [tv, F(t$_v$)] in das Wahrscheinlichkeitspapier

Verwenden wir die Parameter aus dem Wahrscheinlichkeitspapier erhalten wir die Gleichung für die Zuverlässigkeit (Abb. 3.6)

$$R(t_V) = \frac{1}{83\sqrt{2\pi}} \int_{t_V}^{+\infty} e^{-\frac{(t_V - 226)^2}{2 \cdot 6889}} dt_V$$

Bestimmung der Parameter T und β für die Weibull-Verteilung mit dem Wahrscheinlichkeitspapier

- Schätzung der Ausfallwahrscheinlichkeiten F(t$_v$)

$$F(t_V) = \frac{i - 0,3}{n + 0,4} \quad \text{mit } n = 20 \text{ und } i = \text{Rang 1 bis 20}$$

Rang i	t$_V$ [s]	F(t$_V$)		Rang i	t$_V$ [s]	F(t$_V$)
1	52	0,0343	←MIN	11	235	0,5245
2	98	0,0833		12	253	0,5735
3	125	0,1324		13	260	0,6225
4	137	0,1814		14	271	0,6716
5	170	0,2304		15	275	0,7206
6	195	0,2794		16	292	0,7696
7	200	0,3284		17	298	0,8186
8	205	0,3775		18	310	0,8676
9	218	0,4265		19	341	0,9167
10	220	0,4755	MAX →	20	377	0,9657

- Eintragen der Wertepaare [tv, F(t$_v$)] in das Wahrscheinlichkeitspapier
- Werte ablesen: T = 260 s ß = 2,43
- Daraus ergibt sich für die Zuverlässigkeit die folgende Gleichung:

$$R(t_V) = e^{-\left(\frac{t_V}{260s}\right)^{2,43}}$$

Gauß-Verteilung	Weibull-Verteilung
$R(t_V) = \dfrac{1}{83\sqrt{2\pi}} \int_{t_V}^{+\infty} e^{-\frac{(t_V - 226)^2}{2 \cdot 6889}} dt_V$	$R(t_V) = e^{-\left(\frac{t_V}{260s}\right)^{2,43}}$

B Wieviel Prozent einer ausgelieferten Menge wird nach $t_V = 180$ s die Grenzverschleißhöhe $h_{vgrenz} = 3$ mm erreichen?

Lösung mit Gauß:

Substitution: $z = \dfrac{x - \bar{x}}{s} = \dfrac{180 - 226}{83} = -0,5542$ *Arbeit mit der* Tafel III.1.3.1

$$\Phi(-z) = 1 - \Phi(z) \quad (-0,5542) = 1 - \Phi(0,5542) = 1 - 0,71 = 0,29$$

Rund 29 % der ausgelieferten Menge wird nach $t_V = 180$ s die Grenzverschleißhöhe $h_{grenz.} = 3$mm erreicht haben.

Lösung mit Weibull:

Mit $R(t_V) = e^{-\left(\frac{t_V}{260s}\right)^{2,43}}$ und $t_V = 180$ s erhalten wir $R(180s) = 0,664$.

$F(180s) = 1 - R(180s) = 0,336$ führt zur Antwort. Rund 33,6 % der ausgelieferten Menge wird nach $t_V = 180$ s die Grenzverschleißhöhe $h_{grenz.} = 3$mm erreicht haben.

C Welche Zeit t_v darf nicht überschritten werden, damit nur 5 % der ausgelieferten Produkte verschlissen sind?

Lösung mit Gauß:
5 % verschlissen bis Zeit $t_V \rightarrow 0,05 = \Phi(-z)$ da $z < \bar{x}$
   Aus Tafel IV.2 $\rightarrow \Phi(-z) = 1 - \Phi(z) \rightarrow \Phi(z) = 0,95 \rightarrow z = -1,6449$

$$x = z \cdot s + \bar{x} \quad \rightarrow \quad t_V = -1,6449 \cdot 83 + 226 = \underline{89,4 s}.$$

Lösung mit Weibull:

$R(t_V) = e^{-\left(\frac{t_V}{260s}\right)^{2,43}}$ nach t_V umstellen. Es ergibt sich

$$t_V = \sqrt[2,43]{-\ln 0,95} \cdot 260 = \underline{76,6\ s}$$

Eine unsymmetrische Verteilung bringt die Abweichungen zwischen Gauß und Weibull.

Beispiel 8: Systemzuverlässigkeit einer Zweikreisbremse

Aufgabe: Trotz höchster Qualitätsansprüche ist der Ausfall des Bremssystems von Kraftfahrzeugen nicht 100-prozentig auszuschließen. Bei einer Einkreisbremse sind an 4 Rädern insgesamt 8 Bremskolben und der Bremskolben des Hauptbremszylinders in Serie geschaltet.

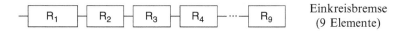
Einkreisbremse (9 Elemente)

Seriensysteme hoher Elementzahl sind wegen der multiplikativen Verknüpfung der Element-Zuverlässigkeiten R_i relativ unzuverlässig. Es ist vergleichend zu prüfen, wie sich die Trennung von Vorder- und Hinterradbremsen bzgl. der Zuverlässigkeit auswirkt.

Zweikreisbremse (10 Elemente)

Lösung (Vereinfachende Annahme $R_i = R = $ const.)

In einem Seriensystem bewirkt der Ausfall eines Elementes den Ausfall des ganzen Systems. Damit besteht die Zuverlässigkeit dieses Systems in der Wahrscheinlichkeit, dass kein Element ausfällt. Es gilt das Produktgesetz der Wahrscheinlichkeitsrechnung, welches aus den Zuverlässigkeiten R_i der einzelnen Elemente (hier $i = 9$) gebildet wird.

Einkreisbremse $\quad R_{Iges.} = R_i^9.$ (s. Gl. 3.42)

Die Berechnung der Systemzuverlässigkeit in einem Parallelsystem folgt unter Berücksichtigung der Tatsache, dass das System ausgefallen ist, wenn alle in Redundanz liegenden Elemente ausgefallen sind. Hierbei wird das Produktgesetz zweckmäßigerweise über die Ausfallwahrscheinlichkeiten F(t) der einzelnen Elemente (hier $i = 10$) aufgestellt.

Zweikreisbremse $\quad R_{IIges.} = 1 - \left(1 - R_i^5\right) \cdot \left(1 - R_i^5\right)$ (s. Gl. 3.44)

Zur Erhöhung der Aussagekraft dieser Gegenüberstellung werden 6 verschiedene Elementzuverlässigkeiten R_i angenommen.

Elementzuverlässigkeit R_i	0,90	0,95	0,975
Systemzuverlässigkeit $R_{Iges.}$ (Einkreisbremsanlage)	0,387	0,630	0,796
Systemzuverlässigkeit $R_{IIges.}$ (Zweikreisbremsanlage)	0,832	0,9488	0,9858
Ausfallwahrscheinlichkeit F_I (Einkreisbremsanlage)	0,613	0,37	0,204
Ausfallwahrscheinlichkeit F_{II} (Zweikreisbremsanlage)	0,168	0,051	0,014
relative Verbesserung F_I/F_{II}	≈ 4	≈ 7	≈ 15

Elementzuverlässigkeit R_i	0,997	0,998	0,999
Systemzuverlässigkeit $R_{Iges.}$ (Einkreisbremsanlage)	0,973	0,982	0,991
Systemzuverlässigkeit $R_{IIges.}$ (Zweikreisbremsanlage)	0,99977	0,999901	0,999975
Ausfallwahrscheinlichkeit F_I (Einkreisbremsanlage)	26,678 ‰	17,857 ‰	8,964 ‰
Ausfallwahrscheinlichkeit F_{II} (Zweikreisbremsanlage)	0,222 ‰	0,099 ‰	0,025 ‰
relative Verbesserung F_I/F_{II}	≈120	≈180	≈360

Die Verringerung der Ausfallwahrscheinlichkeit verdeutlicht die äußerst positive Auswirkung von Redundanzmaßnahmen auf die Gesamtzuverlässigkeit eines Systems.

Beispiel 9: Wälzlager mit erhöhter Einzelzuverlässigkeit. Systemzuverlässigkeit für 4 Lager

Aufgabe: Mehrere Wälzlager einer Maschine (z. B. Getriebe) bilden i. d. R. ein nichtredundantes System. Um eine ausreichende Systemzuverlässigkeit erreichen zu können, sind Elementzuverlässigkeiten R_i erforderlich, die wesentlich über der nominellen Auslegung für $R_N = 0,9$ liegen müssen. Eine gewisse Reserve wird wegen $C_{vorh.} > C_{erf.}$ bei der Katalogauswahl wegen des Stufensprunges ohnehin erzielt. Um die erforderliche Systemzuverlässigkeit zu erreichen, kann eine Lagerauswahl mit größerer Tragzahl erforderlich werden. Es sind folgende Teilaufgaben zu lösen:

A Für ein Festlager soll für einen Wellendurchmesser $\varnothing d = 25$ mm ein Rillenkugellager ausgewählt werden. Das Lager soll 2 Jahre á 365 Tage á 24 Stunden mit einer Drehzahl $n = 500$ min^{-1} und einer äquivalenten Beastung $P = 1000$ N laufen. Gefordert wird eine Überlebenswahrscheinlichkeit von 99 %. Die nach der Auswahl aktuelle Zuverlässigkeit, Lebensdauerreserve und Sicherheiten sind aus den Katalogwerten $C_{dyn.}$ zu bestimmen.

B Berechnung der Systemzuverlässigkeit. Überprüfung der geforderten Bedingung $R_{ges.vorh.} \geq 0,9$, ggf. Erhöhung von Elementzuverlässigkeiten.

Lösung:

A Bestimmung der erforderlichen Tragzahl (klassisch)

$$C_{erf.} = P \cdot \sqrt[q]{\frac{L_{erf} \cdot n \cdot 60}{10^6}} = 1\ kN \cdot \sqrt[3]{\frac{17520h \cdot 500\min^{-1} \cdot 60}{10^6}} = \underline{8,07 kN}$$

7.9 Beispiel 9: Wälzlager mit erhöhter Einzelzuverlässigkeit... 229

Zur Verfügung stehen Wälzlager mit Cdyn.:
7,2 kN - **10 kN** - 14,3 kN – 16 kN – 19,4 kN - 22,6 kN – 24,7 – 30 kN - 36 kN
Auswahl des Wälzlagers mit 10 kN. Lebensdauernachweis:

$$L_{h.} = \left(\frac{C_{dyn.}}{P}\right)^a \cdot \frac{10^6}{n \cdot 60} = \left(\frac{10\ kN}{1\ kN}\right)^3 \cdot \frac{10^6}{500 \cdot 60} = \underline{33.333\ h} \quad > \quad L_{erf.}$$

Lebensdauerreserve $\Delta L = L_{vers.} - L_{vorh.} = 33.333\ h - 17520h = \underline{15813h}$

Relative Lebensdauerreserve: $\dfrac{\Delta L}{Lvorh} = \dfrac{15813h}{17520h} = \underline{0{,}9025}$

Sicherheit S_B:

$$S_B = \sqrt[a]{1 + \frac{\Delta L}{L_{vorh}}} = \sqrt[3]{1 + 0{,}9025} = \underline{1{,}239} \quad \text{oder} \quad S_B = \frac{C_{dyn}}{C_{erf.}} = \frac{10}{8{,}07} = \underline{1{,}239}$$

Sicherheit S_L:

$$S_B^a = S_L = 1{,}239^3 = \underline{1{,}9} \quad \text{oder} \quad S_L = \frac{L_{vers.}}{Lerf.} = \frac{33333h}{17520h} = \underline{1{,}9}$$

Aktuelle Zuverlässigkeit:
Ermittlung statistischer Parameter für die Weibullverteilung:
Für die Wälzlager des Katalogs mit $T_L \oplus 13{,}7$ und $L_N = 1$ folgt mit Hilfe von Tafel III.1.4.2

$\beta \approx \dfrac{3{,}084}{\ln 13{,}7} \approx 1{,}18$ und für $R_N = 0{,}9$ und $x_N = 1$

$$\alpha' \approx \sqrt[\beta]{0{,}1053} \cdot x_N = \sqrt[1{,}18]{0{,}1053} \approx 0{,}148$$

Damit lässt sich auf unterschiedlichem Weg die aktuelle Zuverlässigkeit $R_{akt.}$ berechnen:

(nach Gl. 5.18)	(nach Gl. 5.31)	(nach Gl. 5.21)	(nach Gl. 5.32)
$R_{akt.} = R_N^{\left(\frac{1}{S_B}\right)^{a \cdot \beta}}$	$R_{akt.} = e^{-\left(\alpha' \left(\frac{1}{S_B}\right)^a\right)^\beta}$	$R_{akt.} = R_N^{\left(\frac{1}{S_L}\right)^\beta}$	$R_{akt.} = e^{-\left(\alpha' \left(\frac{1}{S_L}\right)\right)^\beta}$
Mit $S_B = \dfrac{C_{dyn}}{C_{erf.}} = 1{,}24$		$S_L = \dfrac{L_{vers.}}{L_{erf.}} = 1{,}9$	
$\underline{R_{akt.} = 0{,}952} < 0{,}99 \quad \Rightarrow n.i.O.$			

Bestimmung der erforderlichen Tragzahl (zuverlässigkeitsbasiert)

$$C_{Rerf.} = P \cdot \sqrt[a]{\frac{L_{erf} \cdot n \cdot 60}{10^6}} \cdot \sqrt[a \cdot \beta]{\frac{\ln R_N}{\ln R_{erf}}} = \underline{15{,}67 kN}$$

Zur Verfügung stehen Wälzlager mit Cdyn.:

7,2 kN - 10 kN - 14,3 kN – **16 kN** – 19,4 kN - 22,6 kN – 24,7 – 30 kN - 36 kN

Nominelle Lebensdauer: $L_h = \left(\dfrac{16\ kN}{1\ kN}\right)^3 \cdot \dfrac{10^6}{500 \cdot 60} = \underline{136.533\ h} \ > \ L_{erf}$.

Lebensdauerreserve: $\Delta L = L_{vers.} - L_{vorh.} = \underline{119.013 h}$

relative Lebensdauerreserve: $\dfrac{\Delta L}{Lvorh} = \underline{6,79}$

Sicherhietszahlen: $S_B = \dfrac{16\ kN}{8,07\ kN} = \underline{1,98}$ und $S_L = \underline{7,79}$.

Aktuelle Zuverlässigkeit: $\underline{R_{akt.} = 0,9906} \geq 0,99 \ \Rightarrow i.O.$

B Systemzuverlässigkeit für 4 Lager

Gewählt wurden für ein Getriebe mit 2 Wellen und 4 Lagern

Welle 1	$C_{dyn.}/C_{erf.}$	R_i
Lager 1 (fest)	2,2	0,993
Lager 3 (los)	2,0	0,993
Welle 2		
Lager 2 (fest)	2,0	0,991
Lager 4 (los)	1,8	0,989

Gefordert wird eine Systemzuverlässigkeit W2 mit $R_{sys.} \geq 0,99$. Da ein Getriebe bei Ausfall eines Lagers funktionsunfähig ist, liegt keine Redundanz vor, d. h. die Systemzuverlässigkeit ist nach (Gl. 3.42) zu berechnen:

$$R_{ges.} = 0,993 \cdot 0,993 \cdot 0,991 \cdot 0,989 = \underline{0,966}$$

Die anzustrebende Systemzuverlässigkeit von $R_{ges.} \geq 0,99$ wird also nicht erreicht.

7.10 Aktuelle Zuverlässigkeit am Beispiel eines Zahnrades mit Evolvente

Gehen wir von einem System mit Elementen gleicher Zuverlässigkeit aus, wird mit

$$R_{i\,erf.} = \sqrt[4]{R_{Sys.\,erf.}} = \sqrt[4]{0,99} = \underline{0,9975}$$

eine notwendige Zuverlässigkeit berechnet. Aus der folgenden Tabelle wird die erforderliche Sicherheitszahl $S_B = C_{dyn.}/C_{erf.} \geq 2,8$ für Los- und 3,0 für Festlager abgelesen.

$C_{dyn.}/C_{erf.}$	1,0	1,2	1,4	1,6	1,8	2,0	2,2
$R_{akt.(a=3)}$	0,90	0,946	0,968	0,98	0,987	0,991	0,993
$R_{akt.(a=10/3)}$	0,90	0,950	0,972	0,983	0,989	0,993	0,995

$C_{dyn.}/C_{erf.}$	2,4	2,6	**2,8**	**3,0**	3,2	3,4	3,6
$R_{akt.(a=3)}$	0,995	0,996	0,997	**0,998**	0,998	0,9986	0,9988
$R_{akt.(a=10/3)}$	0,9966	0,9975	**0,998**	0,9986	0,9989	0,999	0,9993

Übertragen auf die zur Verfügung stehenden Wälzlager mit $C_{dyn.}$:
7,2 kN - 10 kN - 14,3 kN – 16 kN – 19,2 kN – **22,7 kN – 25,7 kN** – 30 kN - 36 kN
wählen wir für die Loslager Lager mit 22,7 kN und für die Festlager 25,7 kN aus.

$$S_B = \frac{22,7\;kN}{8,07\;kN} = \underline{2,81} \quad \text{bzw.} \quad S_B = \frac{25,7\;kN}{8,07\;kN} = \underline{3,18}$$

$$R_{akt.los} = 0,997 \quad \text{bzw.} \quad R_{akt.los} = 0,9988$$

$$R_{Sys.} = 0,997 \cdot 0,9988 \cdot 0,997 \cdot 0,9988 = \underline{0,991}$$

Damit ist das gesamte Getriebe für die Wahrscheinlichkeitsklasse W2 ausgelegt.

Beispiel 10: Aktuelle Zuverlässigkeit am Beispiel eines Zahnrades mit Evolvente

Aufgabe: Für ein Evolventenzahnrad ist die aktuelle Zuverlässigkeit in Bezug auf die Zahnfußfestigkeit während der Auslegung zu ermitteln.

Grundlagen: Ausgehend vom erforderlichen Übersetzungsverhältnis i und dem verbundenen Verzahnungs- und Geometriegesetz werden bei der klassischen Zahnradgestaltung die im Bild dargestellten Basisgeometrien festgelegt und entsprechend bestehenden Erfahrungen oder baulichen Gegebenheiten angepasst.

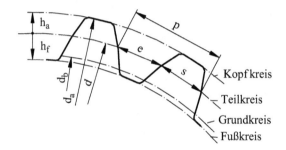

$$i = \frac{\omega_1}{\omega_2} = \frac{n_1}{n_2} = \frac{d_2}{d_1} = \frac{z_2}{z_1}$$

Abb Basisgeometrie eines Zahnrades

Die Eignung der gewählten Geometrie wird im zweiten Schritt mit der Tragfähigkeitsrechnung nachgewiesen, wobei die markanten Schädigungsfälle Zahnfußbruch und Grübchenbildung sowie Fressen an den Zahnflanken zu untersuchen sind. Im Fall der Zahnfußtragfähigkeit, die hier beispielgebend weiter behandelt werden soll, lautet der Lösungsansatz für den Tragfähigkeitsnachweis nach DIN 3990 T1 ....T41

$$\sigma_F \leq \sigma_{FP} \quad \text{mit} \quad \sigma_{FP} = \frac{\sigma_{FG}}{S_{Fu}} \stackrel{\wedge}{=} B_{zul.} \quad \text{und} \quad \sigma_F \stackrel{\wedge}{=} B_{vorh.}$$

$$S_{Fu\,vorh.} \geq S_{Fu\,erf.} \quad \text{mit} \quad S_{Fu\,vorh.} = \frac{\sigma_{FG}}{\sigma_F} \stackrel{\wedge}{=} \frac{B_{vers.}}{B_{vorh.}}$$

Diese Nachweise entsprechen der traditionellen Vorgehensweise (s. Abschn. 2.1). Die Besonderheit liegt in den zu verwendenden Korrekturfaktoren K_i bzw. Y_i, mit denen beanspruchungs- oder geometriebezogene Erscheinungen, die mit den Grundgleichungen nicht erfassbar sind, bei der Nachweisrechnung berücksichtigt werden. Die Grundgleichungen erweitern sich zu den Kennzahlgleichungen

$$\sigma_F = \frac{F_t}{b \cdot m_n} \cdot K_A \cdot K_V \cdot K_{F\beta} \cdot K_{F\alpha} \cdot Y_{Fa} \cdot Y_{Sa} \cdot Y_\epsilon \cdot Y_\beta \stackrel{\wedge}{=} B_{vorh.}$$

$$\sigma_{FG} = \sigma_{F\lim} \cdot Y_{NT} \cdot Y_{ST} \cdot Y_{\delta relT} \cdot Y_{RrelT} \cdot Y_x \stackrel{\wedge}{=} B_{vers.}$$

mit denen der Nachweis unter Verwendung der umfangreichen Kennzahlendiagramme aus *DIN 3990 Teil 1 bis 41* geführt werden kann. Eine zentrale Stellung nimmt die

7.10 Aktuelle Zuverlässigkeit am Beispiel eines Zahnrades mit Evolvente

Sicherheitszahl S_{Fu} ein. Für unsere Aufgabe gehen wir gemäß Norm z. B. von einer geforderten Sicherheit $S_{Fu} = 1{,}5$ aus.

Lösung A: Lebensdauerbetrachtung

Nach Reduzierung der Korrekturwerte - ausgenommen der Lebensdauerfaktor Y_{NT} - auf Y schreiben wir

$$\sigma_{FP} = \frac{\sigma_{FG}}{S_{Fu}} = \frac{\sigma_{F\,\text{lim.}}}{S_{Fu}} \cdot Y_{NT} \cdot Y$$

mit dem Normpunkt ($\sigma_{F\,\text{lim.}} = B_N$ $x_N = 3 \cdot 10^6$ LW $R_N = 0{,}99$)
Für den *Dauerfestigkeitsbereich* $x \geq 3 \cdot 10^6$ LW mit $R_N = 0{,}99$ gilt $Y_{NT} = 1{,}0$.
Für den *Zeitfestigkeitsbereich* $x < 3 \cdot 10^6$ LW mit $R_N = 0{,}99$ gilt für Y_{NT}

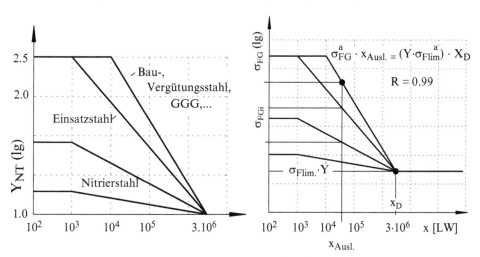

Abb Lebensdauerfaktor Y_{NT} [DIN3990] / Erweitertes $\sigma_{F\text{lim.}}$-Diagramm

Anstatt des Nomogramms aus der Norm (s. oben) können wir mit unserem Ansatz aus Abschn. 4.1 Y_{NT} und damit σ_{FP} für $x < 3 \cdot 10^6$ LW aber $R_N = 0{,}99$ wie folgt berechnen:

$$\sigma_{FP} = \frac{\sigma_{FG}}{S_{Fu}} = \frac{\sigma_{F\,\text{lim.}}}{S_{Fu}} \cdot \sqrt[a]{\frac{3 \cdot 10^6}{x_{Ausl.}}} \cdot Y.$$

Lösung B: Zuverlässigkeitsbetrachtung

Zusammen mit dem Lösungsansatz aus Kap. 5.2 folgt bei Berücksichtigung der Zuverlässigkeit im Zeitfestigkeitsbereich

$$\sigma_{FP} = \sigma_{F\lim.} \cdot \sqrt[a]{\frac{3 \cdot t 10^6}{x_{Ausl.}}} \cdot \sqrt[a \cdot \beta]{\frac{\ln R_{Ausl.}}{\ln 0{,}99}} \cdot Y \qquad \text{für } x_{stat.} \leq x_{Ausl.} < 3 \cdot 10^6 \, LW$$

und im Dauerfestigkeitsbereich:

$$\sigma_{FP} = \sigma_{F\lim.} \cdot \sqrt[a \cdot \beta]{\frac{\ln R_{Ausl.}}{\ln 0{,}99}} \cdot Y \qquad \text{für } x_{Ausl.} \geq 3 \cdot 10^6 \, LW.$$

Lösung C: aktuelle Zuverlässigkeit bei Einhaltung von S_{Fu}

Die aktuelle Zuverlässigkeit kann entsprechend Kap. 5.4 bzw. 5.5 mit

$$R_{vorh.} = 0{,}99^{\left[\left(\frac{x_{Ausl.}}{3 \cdot 10^6}\right) \cdot \left(\frac{\sigma_F}{\sigma_{FP(R=0{,}99)}}\right)^a\right]^\beta} \qquad \text{für } x_{stat.} \leq x_{Ausl.} < 3 \cdot 10^6 \, LW$$

$$R_{vorh.} = 0{,}99^{\left(\frac{\sigma_F}{\sigma_{FP(R=0{,}99)}}\right)^{a \cdot \beta}} \quad \text{bzw.} \quad R_{akt.} = e^{-\left[\alpha \cdot \left(\frac{1}{S_B}\right)^a\right]^\beta} \qquad \text{für } x_{Ausl.} \geq 3 \cdot 10^6 \, LW$$

Im Dauerfestigkeitsbereich erhalten wir mit Hilfe von Tafel III.1.4.2

	Sicherheit S_{Fu}	Wöhler-exponent a	Streubreite T_x	Parameter		Zuverlässigkeit
				α'	β	R
Zahnfuß	1,5	6	6	0,0689	1,72	0,99984
		8				0,99996
		10				0,99999
Zahnflanke	1,5	3	9	0,0374	1,4	0,99817
		5				0,99941
		8				0,99989

Durch Kombination der Teilzuverlässigkeiten für Zahnfuß und Zahnflanke erhalten wir die Systemzuverlässigkeit für den Zahn z. B. $R_{Sys} = 0{,}9998^2 = 0{,}9996$.

Beispiel 11: Zuverlässigkeit und ökonomische Nutzungsdauer

Aufgabe: Die Stadtwerke haben 20 Gehwegkehrmaschinen zum Preis von $A_1 = 28.000$ EUR je Stück angeschafft. Vom Hersteller wird die mittlere Lebensdauer $t_m(R=0,5) = 8$ Jahre angegeben.

Der Reparaturaufwand ist zunächst gering, z. B. $C_2 = 10.000$ EUR im 2. Jahr, steigt jedoch dann im 8. Jahr auf $C_8 = 300.000$ EUR an. Als besonders anfällig erweist sich das Saugsystem, eines der 3 Hauptaggregate (Fahrwerk, Kehrsystem, Saugsystem). Es ist im 8. Nutzungsjahr mit 58 % an den Reparaturkosten beteiligt.

Es soll überprüft werden, ob die ökonomische Nutzungsdauer im 8. Jahr bereits überschritten ist.

Lösung: Wegen $F(t = 8 \text{ Jahre}) = 0,5 = 300.000$ EUR ergibt sich

$F(t = 2 \text{ Jahre}) = 0,5 \cdot \dfrac{10}{300} = 0,01667$. Wird die Weibull-Funktion benutzt, so ergibt sich aus der Auftragung im Wahrscheinlichkeitspapier $T \cong 9.0 \; Jahre$

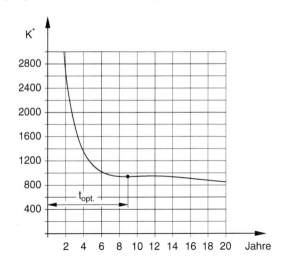

und damit $\alpha = \dfrac{1}{T} = 0,1111 \; Jahr^{-1}$

sowie $ß = 2.7$.

Der jährliche Aufwand beträgt
für $F(t \to \infty) = 1$ mit

$C = 2\, C_8 = 600.000$ EUR,
$A = 20\, A_1 = 560.000$ EUR und
$B = 0$ (hat keinen Einfluss auf das Optimum)

$$K^* = \frac{560}{0{,}111 \cdot t} + 600 \left(1 - e^{-(0{,}111 \cdot t)^{2{,}7}}\right).$$

Die optimale Nutzungsdauer liegt bei $t_{opt.}$ ⊕9 Jahre, wobei das Minimum nicht besonders ausgebildet ist (s. Abbildung oben).

Trotz der erheblichen Zunahme der Reparaturkosten überwiegt schließlich die günstigere Umverteilung der hohen Anschaffungskosten.

Stichwortverzeichnis

A
Äquivalenzfaktor, 133–135, 145, 206–208
Äquivalenzlast, 131
Amplitude
  Kollektiv, 126, 127, 129, 131, 133, 135, 165, 168, 199, 206–208, 218–222
  Spannung, 17
Anfangsbestand, 70, 72
Anforderungsklassen, 165, 190
Anriss, 21, 91, 204
Anwendungszeit, 176, 189, 191
Ausfallanteil, 70
Ausfallrate, 70, 72, 73, 75
Ausfallverhalten, 1, 67–69, 72, 99, 104, 108, 110, 151, 176
Ausfallwahrscheinlichkeit, 3, 5, 70, 72, 76, 80–82, 107, 111, 125, 136–138, 147, 156, 160, 161, 165–168, 178, 199, 201–203, 205, 227, 228
Auslegung, 1–5, 7–65, 72, 87, 99, 106, 132, 153, 154, 159, 164–166, 190, 228, 231
Auslegungsphilosophie, 147–168
Ausschlagfestigkeit, 14, 18
Ausschlagspannung, 15–17, 34, 36
Auswerteverfahren, 127, 143

B
Badewannenkurve, 72, 75, 87
Basquin, 124
Beanspruchbarkeit, 120, 148, 151, 153, 159–161, 181, 182
Beanspruchung
  äquivalente, 110, 132, 134, 157, 184
  Arten, 12

Ermüdung, 2, 3, 88, 91
Erosion, 104
Kollektive, 126–131
Korrosion, 105
ruhende, 32
schwingende, 32, 33, 36, 91, 126, 129, 133
Verschleiß, 101, 102
Beanspruchungshorizont, 129, 138, 152, 199, 203–206
Beanspruchungs-Zeitfunktion, 17
Belastungshorizont, 124, 130, 136, 138, 139, 155, 185
Beobachtungskollektiv, 130, 207
Betriebsfestigkeitslehre, 2, 3, 5, 87, 92, 93, 123, 129, 130, 147
Biegemoment, 9–11, 46
Binomialverteilung, *k-aus-n System*, 85
Blockversuch, 93
Brucharten, 12, 13
Bruchfestigkeit, 164
Bruchtheorie, 2

C
CE-Kennzeichnung, 41
Corten–Dolan, 135, 140, 149, 206, 207, 209, 218
Coulomb, 96

D
Dauerfestigkeit, 2, 14, 15, 25, 88, 89, 120, 123, 125, 131
  Schaubild nach Haigh, 15
  Schaubild nach Smith, 15

Dauerschwingfestigkeit, 13, 14, 87, 164
Dichtefunktion, 70, 72, 73, 81, 111

E
Einflussfaktor
  Gesamt-, 27
  Größe, 27, 61
  Oberfläche, 27, 62
Einlauf, 99, 100, 163
Elastizitätstheorie, 8, 9
Entwurfsrechnung, 4, 5
Erker, 159
Ermüdung, 2, 3, 38, 87, 89–96, 102, 104, 106–108, 118, 123, 130, 134, 190, 206–207
Erneuerung, 168, 190, 192, 193
Erneuerungsfunktion, 193
Erosion, 104–106
Exponential-Verteilung, 75, 181, 191

F
Fehlerkosten, 173
Festigkeitsnachweis, 24, 29
  Nennspannungskonzept, 29
  Örtliche Spannungen, 30
Fleischer, 103
Formzahl, 20, 22, 24
Fressen, 99, 100, 232
Frühausfälle, 72, 87, 187
Funktionsnachweis, 5

G
Galilei
  Carl Friedrich, 23
  Fehlerquadrate, 79
  Gauß, 73, 74, 76, 81, 137, 139, 199, 209–217, 224–226
  Verteilung, 73, 75–77, 80, 111, 112, 136–137, 160
Gefahren
  Analyse, 42
  Arten, 41
Gesamtzuverlässigkeit, 83, 154, 228
Gestaltänderungsenergie, 31
Gestaltung, 4, 5, 41, 190
Grenzlastspielzahl, 94
Grenznutzungsdauer, 100, 189–192

H
Haibach, 93, 131, 140, 161, 162, 206, 207
Histogramm, 68, 70, 76
Hypothese, 2, 24, 31, 32, 36, 92, 149, 200, 207

I
Instandhaltung, 3, 167, 168, 174, 176, 189–193, 205
Instandsetzungs
  Exponent, 176
  Intervall, 72
Integritäts Level, 44
Interferenzmodell
  dynamisches, 159–161
  statisches, 161–162
  Verschleiß, 162–164

K
Kerb
  empfindlichkeit, 23, 26
  faktor, 21
  wirkungszahl, 24–26, 60, 202
Kerben, 19, 21, 28, 29, 56
Klassenbreite, 67, 69
Klassenbreitenüberschreitung, 127
Klassenmitte, 68
Klassenzahl, 67, 68
Kollektiv
  auswertung, 223–225
  Beanspruchung, 126–131, 140, 156–159
  Beobachtung, 218
  Ermittlung, 218
Kollektive
  bezogenes, 133
  normiertes, 127
Konstruktionsprozess, 3–5, 12, 129, 165, 172, 181
Körper
  amorpher, 90
  kristalliner, 90
Korrosion, 2, 3, 72, 88–90, 104–107
Kosten
  Anlern-, 187
  Beschaffungs-, 175, 187
  Diagnose-, 188, 189
  Entwicklungs-, 175, 179, 181
  Fertigungslohn-, 175, 180, 181

Gemein-, 174, 175, 180, 181
Gesamt-, 175
Herstellungs-, 181
Inbetriebnahme-, 175, 187
Inspektions-, 175
Instandhaltungs-, 159, 174–177, 188–192
Material-, 83
Selbst-, 175, 179
Umschulungs-, 187
Verantwortung, 172
Vertriebs-, 175
Verwaltungs-, 175
Wartungs-, 175
Kostenträger, 179
Kostenverantwortung, 171–173
Kragelski, 102
Kurzlebigkeit, 88

L
Langlebigkeit, 88, 89, 101
Lastspielzahl, 92, 126
Lastwechsel, 13, 120, 158, 159, 222
Lebensdauer
  Abschätzung, 153
  Berechnung, 3, 96, 100, 108, 111, 123–141, 147, 149, 150, 156, 165, 199, 206–209
  charakterisitsche, 75, 111, 117
  Gleichung nach Palmgren, 130
  Nachweis, 123, 155, 199, 203–206, 229
  Reserve, 150, 151, 154, 205, 209, 228–230
Lebenslaufkosten
  anwenderseitige, 187–193
  herstellerseitige, 179–187
Lebensphasen, 42, 174

M
Majoritätenredundanz, 83, 85
Mean Time to Failure, 75
Mean Time between Failures, 75
Miner, 3, 111, 130, 131, 140, 206, 207
Miner-Original, 131
Mischsystem, 82, 86
Mittelspannung, 14–18, 24, 28, 29, 33, 34, 95, 127
Mittelwert, 36, 38, 68, 73, 75, 76, 81, 111, 127, 143, 156, 160, 161, 163
Mohr'scher-Kreis, 11

N
Nachweisrechnung
  Lebensdauer, 5, 232
  Sicherheit spannung, 36
  Zuverlässigkeit, 5, 182, 232
Newton, 97
Normalkraft, 9, 10, 46
Nutzungsdauer
  Gesamt-, 190
  Grenz-, 100, 189–192
  optimale, 174–179

P
Palmgren, 2, 3, 111, 123, 129–131
Parallelsystem, 83–84
Performance Level, 44, 45, 65
Perlschnurverfahren, 124
Produktsicherheit
  allgemeine, 66
  Gesetz, 66
Prüfkörper, 12, 13, 204

Q
Querkraft, 9, 10, 16

R
Rainflow Verfahren, 127, 143
RCM-Management, 189
Redundanz
  Heiße, 84, 85
  Kalte, 85
  k-aus-n, 85
  Majoritäten-, 85
  Pseudo-, 85
  warme, 85
Regression
  Weibull, 79
  Wöhler, 126
Reibung
  Arten, 96, 98
  Festkörper, 96
  Flüssigkeits-, 97–99
  Haft-, 98
  Koeffizient, 75
  Roll-, 98
Restbruch, 91

Risiko
  Analyse, 3, 42, 80
  Beurteilung, 45, 66
  Bewertung, 3, 42–44, 164, 173
Riss
  Ausbreitung, 91
  Bildungsenergie, 91
  Länge, 91

S

Schadenshäufigkeit, 38
Schädigung, 2, 3, 67–122, 123, 129, 131, 134, 154
  Teil-, 129, 130
Schätzfunktionen
  Rossow, 76
  Weibull, 79
Sicherfestigkeit, 14
Schubfestigkeit, 14
Schwellfestigkeit, 19
Schwingbeanspruchung, 15, 17, 199, 201–203
Schwingbreitenzählung, 127, 143
Seriensystem, 82–84, 227
Sicherheit
  Berechnung, 7, 17, 19, 63
  Dauerschwingbruch, 38, 208
  Gesamt-, 29–36, 202, 203
  Gewaltbruch, 36, 37
  Lebensdauer-, 153
  Nachweis, 5, 12, 34–38, 63, 165, 199, 201–203
  Teil-, 29, 34–36, 202
  Zahl, 7, 38
Sofortausfall, 88
Spannungen
  Haupt-, 9, 11, 36
  Nenn-, 29, 34, 201
  Normal-, 8
  Schub-, 8, 9, 30, 31, 118
  Vergleichs-, 36
Spannungsamplitude, 17, 131
Spannungsgefälle, 24, 25, 27, 36
  bezogenes, 25, 26, 60, 61
Spannungshorizonte, 13, 14
Spannungshypothese
  Gestaltänderungsenergie, 31, 37
  Hauptnormal-, 2
  Normalspannung, 2, 30
  Schubspannung, 11, 30, 31

Spannungskonzept
  Nennspannung, 19, 24, 28, 29, 34–36, 199, 201–203
  örtliches, 19, 24
Spannungsnachweis, 7
Spannungstensor, 8, 10, 11, 31, 36, 46–50
Spätausfälle, 76, 87
Spitzenwertzählung, 129 ff
Spitzkerben, 21, 120
Standardabweichung, 68, 73, 76, 81, 111, 163
Streckgrenzenüberschreitung, 5, 23, 32, 33, 36, 37, 161
Streubreite, 39, 40, 67, 73, 167, 168, 204, 205, 234
Streuspanne, 95, 102, 117, 120
Stützziffer, 25, 26
Summenhäufigkeit, 69
System
  nichtredundant, 106, 193, 228
  redundant, 83
Systemzuverlässigkeit, 3, 82–86, 166, 167, 192, 193, 199, 205, 227–228, 230–231, 234

T

Target Costing, 195–196
Teilschädigung, 129, 130
Torsionsmoment, 9, 10, 46
Tragzahlreserve, 158
Tribologie, 96

U

Überlastfälle, 17, 19, 35
Überlebenswahrscheinlichkeit, 70, 72, 80, 136, 228
Umlaufbiegung, 11

V

Varianz, 68, 73, 75, 163, 190, 191
Variationsbreite, 67
VDI 2221, 4
Vergleichsspannung, 24, 30–37
Versagen
  Ellipse, 32, 35
  Kennwerte, 103
  zufälliges, 72
Verschleiß
  abrasiver, 99
  adhäsiver, 99
  Diagramm, 102

Formen, 99
Intensität, 102, 122
Versuchstechniken, 93
Verteilungsfunktion, 39, 68, 69, 73, 75, 76, 138, 139, 150, 154

W
Wahrscheinlichkeitspapier
　Gauß, 139
　Weibull, 76, 114–121, 214, 220, 225–226
Wälzlagerberechnung, 5, 108, 131, 132
Wechselfestigkeit, 16, 19, 120
Weibullverteilung
　dreiparametrige, 193
　Waloddi, 75
　zweiparametrig, 127
Werkstofffestigkeit
　dynamische, 12, 125
　statische, 2, 11, 16, 23, 31, 39, 90, 123, 159–161
Wöhler, 2, 13, 87, 120, 124, 139, 140, 161, 199, 218, 234
Wöhlerdiagramm, 2, 89, 92, 94, 96, 125, 138, 167, 206
　normiert, 73, 118

Wöhlerkurvenexponent, 93, 95, 150
Wöhlerlinie, 3, 16, 88, 93, 94, 129, 131, 138, 140, 149, 168, 203
　Approximation, 87, 123

Z
Zahnrad
　Berechnung, 135–140
　Zuverlässigkeit, 199, 231–234
Zielkosten
　Management, 194
　Wichtungsfaktoren, 196
　Wichtungsmatrix, 195
Zufallsausfälle, 72
Zugfestigkeit, 14
Zuverlässigkeit
　aktuelle, 3, 152–159, 184, 199, 203, 205–206, 210, 217, 228–234
　Anforderungsklassen, 165
　erhöhte, 154
　Funktion, 186
　nominelle, 3, 125, 165, 167
　Schaltung, 82 ff
　Struktur, 86
　Theorie, 67, 69–87

Printed by Printforce, the Netherlands